Frohn · Künstler · Oberthür · Zastrow

Elektronik II Bauelemente Prüfungsaufgaben

HPI-Fachbuchreihe ELEKTRONIK

Projektleitung: W. Oberthür, Hannover

ELEKTRONIK II
Bauelemente

Prüfungsaufgaben

Autoren

MANFRED FROHN · HANS-ARNO KÜNSTLER

WOLFGANG OBERTHÜR · PETER ZASTROW

Leiter des Arbeitskreises II

WOLFGANG OBERTHÜR

mit 550 Aufgaben

3. Auflage

Richard Pflaum Verlag KG München

CIP-Kurztitelaufnahme der Deutschen Bibliothek

Elektronik. – München: Pflaum
(HPI-Fachbuchreihe Elektronik)
II. Bauelemente / Leiter d. Arbeitskreises II
Wolfgang Oberthür.
Prüfungsaufgaben / Autoren Manfred Frohn ... –
3. Aufl. – 1986.
NE: Oberthür, Wolfgang [Hrsg.]; Frohn, Manfred
[Mitverf.]

ISBN 3-7905-0496-3

Gesamtherstellung: Friedrich Pustet, Regensburg

Vorwort zur 3. Auflage

Die bundeseinheitliche, praxisorientierte Elektronikschulung, nach dem Schulungsprogramm und den Richtlinien des Heinz-Piest-Instituts, ist seit ihrer Einführung im Herbst 1969 zu einem festen Begriff im Bereich der beruflichen Erwachsenenbildung geworden. Auf freiwilliger Basis arbeiten inzwischen über 180 Anerkannte Elektronik-Schulungsstätten nach diesem Programm. Es besteht aus drei Grundlehrgängen, sowie einer Reihe von Fachlehrgängen, und dient zur Anpassung an die schnelle technische Entwicklung auf dem Gebiet der Elektronik.
Der Elektronik-Paß, als zugehöriger Qualifikationsnachweis, hat bereits eine weitgehende Anerkennung in Wirtschaft und Verwaltung gefunden. In jedem Jahr verlassen etwa 20 000 bis 22 000 weitere erfolgreiche Teilnehmer an den HPI-Lehrgängen die Schulungsstätten. Sie können die erworbenen Kenntnisse und Fertigkeiten dann unmittelbar an ihrem Arbeitsplatz nachweisen und nutzbringend einsetzen.
Um sicherzustellen, daß bei diesen umfangreichen Schulungsmaßnahmen auch voll auf Inhalt und Zielsetzung der einzelnen Lehrgänge ausgerichtete Lehrbücher und Lernmittel zur Verfügung stehen, erschien es unbedingt notwendig, eine eigene Fachbuchreihe herauszugeben. Hierzu wurden Arbeitskreise gebildet, in denen zusammen mit langjährigen und in der HPI-Elektronikschulung erfahrenen Praktikern Lehrbücher, Prüfungsaufgaben und Arbeitsblätter entwickelt worden sind.
Der hier vorliegende Band wurde primär für den Einsatz in dem Elektronik-Lehrgang II »Bauelemente der Elektronik« konzipiert. Er bildet zusammen mit den weiteren Bänden II »Lehrbuch« und »Arbeitsblätter« das Lehrmaterial für diesen Lehrgang. Darüber hinaus sind alle Bände aber auch bestens für vertiefende Übungen, selbständige Wiederholung oder Erarbeitung des Lehrstoffes sowie als übersichtliches Nachschlagewerk für die tägliche Arbeit geeignet.
Die im Juli 1983 erschienene 1. Auflage sowie die nachfolgende 2. Auflage dieses Bandes II »Bauelemente – Prüfungsaufgaben« wurden inzwischen in über 1500 Lehrgängen eingesetzt und erprobt. Dabei haben sich etwa 25 000 Teilnehmer anhand dieser Musteraufgaben mit Erfolg auf die Abschlußprüfung II vorbereitet. Die Überarbeitung konnte sich daher auf wenige kleine Korrekturen und in einigen Fällen auf die erforderliche Anpassung an die 3. Auflage des zugehörigen Lehrbuches II beschränken.
Unser besonderer Dank gilt den Autoren, die sich mit fundierter Sachkenntnis und großem Einsatz der Aktualisierung des Lehrganges II »Bauelemente der Elektronik« sowie der Entwicklung der zugehörigen Fachbücher gewidmet haben. Auch dem Verlag und seinen Mitarbeitern sei Dank gesagt für die sorgfältige Bearbeitung und Produktion dieser Fachbücher.

Hannover, Mai 1986
Heinz-Piest-Institut für Handwerkstechnik an der Universität Hannover

Dr.-Ing. Delventhal
Institutsleiter

Dipl.-Ing. Oberthür
Projektleiter

Die Autoren

Dipl.-Ing. (FH) **MANFRED FROHN**, Jahrgang 1948, studierte nach Abschluß einer Lehre als Physiklaborant an der Fachhochschule Aachen Elektrotechnik mit der Fachrichtung Nachrichtentechnik. Nach dem Studium folgte eine mehrjährige Tätigkeit als Planungsingenieur bei einer Rundfunkanstalt. 1975 begann Herr Frohn als Fachlehrer für Elektrotechnik und Elektronik bei der Handwerkskammer Aachen und führte dort neben den HPI-Lehrgängen vor allem Umschulungsmaßnahmen im Bereich der Elektronik durch. Heute ist Herr Frohn für die gesamte Aus- und Weiterbildung auf dem Gebiet der Elektrotechnik, Elektronik sowie der Radio- und Fernsehtechnik bei der Handwerkskammer Aachen als Referent zuständig. Im Rahmen dieser Tätigkeit befaßte er sich in Zusammenarbeit mit dem HPI auch mit der Weiterentwicklung des HPI-Elektronik-Schulungsprogramms.

Dipl.-Ing. **HANS-ARNO KÜNSTLER**, Jahrgang 1930, absolvierte zunächst eine Lehre als Elektrowerker in einem Elektrizitätsversorgungsunternehmen. Während der sich anschließenden Tätigkeit als Facharbeiter besuchte er das Abendgymnasium in Hannover und legte dort das Abitur ab. 1959 begann er das Studium der Hochfrequenz- und Nachrichtentechnik, das mit einer Diplomarbeit auf dem Gebiet der Digitalen Meßtechnik abgeschlossen wurde. Danach folgte eine mehrjährige Tätigkeit als projektierender Ingenieur bei einem großen Elektrokonzern. 1969 trat Herr Künstler als wissenschaftlicher Mitarbeiter in das Heinz-Piest-Institut ein, wo er sich u. a. mit Problemen der Aus- und Fortbildung auf dem Gebiet der Elektrotechnik/Elektronik befaßte. Im Rahmen der HPI-Elektronikschulung war er maßgeblich mit an der Entwicklung von Lehrunterlagen zum Fachlehrgang IV A »Leistungselektronik« beteiligt.

Dipl.-Ing. **WOLFGANG OBERTHÜR**, Jahrgang 1930, absolvierte nach dem Abitur eine Lehre als Radio- und Fernsehtechniker und war anschließend mehrere Jahre als Servicetechniker in einem Handwerksbetrieb sowie im Technischen Büro eines Geräteherstellers tätig. 1955 begann er das Studium der HF- und Nachrichtentechnik an der Technischen Hochschule Braunschweig, das mit einer Diplomarbeit auf dem Gebiet der Elektronischen Meßtechnik abgeschlossen wurde. Nach einer Tätigkeit als Entwicklungsingenieur bei einem Elektrokonzern trat Herr Oberthür als Wissenschaftlicher Mitarbeiter in das Heinz-Piest-Institut ein und befaßte sich dort u. a. auch mit aktuellen Fragen praxisnaher Aus- und Weiterbildung zur Anpassung an den technischen Fortschritt. In diesem Zusammenhang entwickelte er die technischen und organisatorischen Konzepte der HPI-Elektronikschulung mit dem Elektronik-Paß als Qualifikationsnachweis. 1970 übernahm Herr Oberthür die Leitung der Abteilung Elektrotechnik/Elektronik, von der aus dann das System der bundeseinheitlichen, praxisorientierten Elektronikschulung nach den Richtlinien des HPI aufgebaut wurde. Seit 1979 ist er gleichzeitig auch Leiter der Hauptabteilung II des HPI und einer der beiden Vertreter des Institutsleiters.

Dipl.-Ing. **PETER ZASTROW**, Jahrgang 1942, war nach seiner Ausbildung zum Radio- und Fernsehtechniker zunächst als Fachlehrer in Rehabilitationslehrgängen für Radio- und Fernsehtechnik und Elektronik in Hamburg tätig. Nach Ablegung der Meisterprüfung im Jahre 1965 folgte eine Lehrtätigkeit an einer Hamburger Berufsfachschule. 1971 nahm Herr Zastrow ein Hochschulstudium in der Fachrichtung Nachrichtentechnik in Lübeck auf, das er mit einer Diplomarbeit über die Fernsehtechnik abschloß. Er wechselte danach zur Universität Hamburg über und setzte dort sein Studium in der Elektrotechnik, der Mathematik sowie den Erziehungswissenschaften fort. Nach seinem Staatsexamen ist Herr Zastrow heute als Studienrat einer staatlichen Berufs- und Berufsfachschule in Bad Segeberg tätig. Bereits seit 1969 leitet er HPI-Elektronik-Lehrgänge sowie Meistervorbereitungslehrgänge für Elektroberufe und ist darüber hinaus auch als Koordinator in den anerkannten Elektronik-Schulungsstätten der Handwerkskammer Lübeck tätig. Schon im Alter von 25 Jahren veröffentlichte Herr Zastrow sein erstes Buch, dem inzwischen weitere Fach- und Lehrbücher auf dem Gebiete der Radio- und Fernsehtechnik folgten.

Inhaltsverzeichnis

Rahmenlehrplan für den Grundlehrgang II
Bauelemente der Elektronik

(Lehrgangsdauer: 160 Stunden)

II. 1 Oszilloskope

(ca. 4 Std.)

Einstrahl-Oszilloskope; Elektronenstrahlröhre.

X-Ablenkung; Y-Ablenkung; Bedienungselemente.

Zweistrahl- und Zweikanal-Oszilloskope; Betriebsarten.

II. 2 Passive Zwei- und Vierpole

(ca. 10 Std.)

Zweipole; Ideale Wirk- und Blindwiderstände; Reihen- und Parallelschaltungen; Reale Spulen und Kondensatoren; Reihen- und Parallelschwingkreise; Linien- und Zeigerdiagramme.

Vierpole; Grundprinzip der Vielpoltheorie; RC- und LR-Tiefpässe; CR- und RL-Hochpässe; Linien- und Zeigerdiagramme; Grenzfrequenzen; Berechnungsbeispiele.

Bandpässe und Bandsperren; Frequenz- und Phasengang.
Wien-Robinson-Brücke; T- und π-Glieder.

Impulsformer; RC-Integrierglied; CR-Differenzierglied; Verformung von Rechteckspannungen; Verhältnis t_i/τ .

Anwendungsbeispiele.

II. 3 Halbleiterdioden

(ca. 26 Std.)

Halbleiterphysik; Eigen- und Störstellenleitfähigkeit; n- und p-Halbleiter.

pn-Übergang in Durchlaß- und Sperrichtung.

Gleichrichter- und Schaltdioden; Kennlinien; Kennwerte; Grenzdaten; Kenndaten; Wärmewiderstand; Datenblätter.

Charakteristische Eigenschaften von Si-, Ge- und Se-Dioden; Kennzeichnung; Herstellungsverfahren; Gehäuseformen.

Anwendungsbeispiele; Ein- und Zweiweggleichrichterschaltungen; Diodenschalter.

Z-Dioden; Grundprinzip und Arbeitsweise; Kennwerte; Kennlinien; Datenblätter.

Anwendungsbeispiele; Spannungsstabilisierung; Spannungsbegrenzung.

Kapazitätsdioden; Grundprinzip und Arbeitsweise; Kennwerte; Datenblätter; Anwendungsbeispiele.

Schottky-Dioden; Grundprinzip; Kennlinien.

II. 4 Bipolare Transistoren

(ca. 44 Std.)

Grundprinzip; NPN- und PNP-Transistoren; Ge- und Si-Transistoren; Strom- und Spannungsverstärkung; Herstellungsverfahren.

Kennlinien; Eingangs-, Stromverstärkungs-, Ausgangs-, Rückwirkungs- und Steuerkennlinie; Vierquadranten-Kennlinienfeld.

Grenzwerte für Spannungen, Ströme, Verlustleistung; Sperrschicht- und Umgebungstemperatur; Zulässiger Arbeitsbereich.

Kennwerte; Statische Kenndaten; Gleichstromverstärkung; Sättigungsspannung; Restströme.

Dynamische Kenndaten; Vierpolparameter; Eingangswiderstand; Stromverstärkung; Ausgangsleitwert; Spannungsrückwirkung; Transistorkapazitäten; Transitfrequenz; Rauschzahl; Schaltverhalten.

Wärmewiderstand; Ersatzschaltbild; Verlustleistung; Impulsbetrieb; Kühlkörper.

Transistorarten; Bezeichnungsschema; Gehäuseformen; Datenblätter.

Einstellung des Arbeitspunktes; Thermische Arbeitspunktstabilisierung; Dimensionierung von Verstärkerstufen.

Transistor-Grundschaltungen; Emitter-, Kollektor- und Basisschaltung; Wechselstrom-Eingangs- und Ausgangswiderstände; Spannungs-, Strom- und Leistungsverstärkung; Charakteristische Eigenschaften der Grundschaltungen.

Anwendungsbeispiele; Gleichspannungsverstärker; Darlington-Transistor; Wechselspannungsverstärker; Selektive Wechselspannungsverstärker; Grenzfrequenzen; Leistungsverstärker in A-, AB-, B- und C-Betrieb. Gegentaktverstärker; Grundprinzip von Schaltverstärkern; Berechnungsbeispiele.

II. 5 Feldeffekt-Transistoren
(ca. 16 Std.)

Sperrschicht-FETs; Aufbau und Wirkungsweise; Kennlinien; Grenzdaten; Kenndaten; Wärmewiderstand; Datenblätter.

MOS-FETs; Selbstleitende und selbstsperrende MOS-FETs; Aufbau und Wirkungsweise; Kennlinien; Grenzdaten; Kenndaten; Datenblätter.

MOS-FET-Sonderbauformen; Dual-Gate-MOS-FET; VMOS-FET; SIPMOS-FET.

Einstellung der Arbeitspunkte bei den verschiedenen FET-Typen.

FET-Grundschaltungen; Source-, Drain- und Gateschaltung; Charakteristische Eigenschaften. Wechselstrom-Eingangs- und Ausgangswiderstände; Spannungsverstärkung und Phasendrehung.

Anwendungsbeispiele; Wechsel- und Gleichspannungsverstärker; Konstantstromquelle; Steuerbarer Widerstand.

II. 6 Fotohalbleiter und Anzeigeeinheiten
(ca. 16 Std.)

Lichttechnische Grundgrößen; Frequenz; Wellenlänge; Strahlungsenergie; Strahlungsleistung; Strahlstärke; Lichtstrom; Lichtmenge; Lichtstärke; Beleuchtungsstärke.

Lichtempfindliche Fotohalbleiter; Fotowiderstände; Kennlinien und Kennwerte von Fotoelementen und Solarzellen; Kennlinien und Kennwerte von Fotodioden und Fototransistoren; Anwendungsbeispiele.

Lichtemittierende Fotohalbleiter; Grundprinzip; LEDs für sichtbares und IR-Licht; Kennlinien und Kennwerte; Anwendungsbeispiele.

Optokoppler; Grundprinzip und Kennlinien; Anwendungsbeispiele.

Anzeigeeinheiten; LED-Anzeigen; 7-Segment-System; Alphanumerisches System; Punkt-Matrix-System; LCD-Anzeigen; Bauformen und Anwendungsbeispiele.

II. 7 Halbleiter mit speziellen Eigenschaften
(ca. 12 Std.)

Spannungsabhängige Widerstände; Grundprinzip und Kennlinien von VDRs; Anwendungsbeispiele.

Temperaturabhängige Widerstände; Kennlinien und Kennwerte von NTC-Widerständen; Kompensations- und Meßheißleiter; Anlaßheißleiter; Kennlinien und Kennwerte von PTC-Widerständen; Temperaturfühler; Überlastschutz; Bauformen; Anwendungsbeispiele.

Magnetfeldabhängige Halbleiter; Grundprinzip und Arbeitsweise von Feldplatten; Kennlinien und Kennwerte; Bauformen; Anwendungsbereiche; Grundprinzip, Kennlinien und Kennwerte von Hallgeneratoren; Bauformen und Anwendungsbereiche.

II. 8 Integrierte Schaltkreise
(ca. 10 Std.)

Technologische Grundlagen; Transistoren; Dioden, Widerstände, Kondensatoren und Leiterbahnen in Bipolartechnik; Anwendungsbeispiele.

ICs in MOS-Technik; Standard-MOS-Technik; Silicon-Gate-MOS-Technik; C-MOS-Technik; Anwendungsbeispiele.

ICs in Hybrid-Technik; Dickschicht- und Dünnschichtschaltungen; Anwendungsbeispiele.

Operationsverstärker; Eigenschaften und Kenndaten; Kennwerte und Bauformen; Anwendungsbeispiele; Komparator; Invertierender und nicht-invertierender Verstärker.

II. 9 Thyristoren
(ca. 16 Std.)

Unijunction-Transistoren; Aufbau und Wirkungsweise; Grenzdaten und Kenndaten; Kennlinien; Datenblätter; Anwendungsbeispiele.

Thyristordioden; Einrichtungs- und Zweirichtungs-Thyristordioden. Aufbau und Wirkungsweise; Kennwerte und Kennlinien; Anwendungsbeispiele.

Einrichtungs-Thyristortrioden; Aufbau und Wirkungsweise; Zünden und Löschen von Thyristoren; Kenndaten und Grenzdaten; Überstrom- und Überspannungsschutz; Gehäuseformen; Datenblätter; Anwendungsbeispiele; Thyristorbetrieb mit Gleichspannungs- und Wechselspannungszündung; Phasenanschnittsteuerung mit RC-Glied und Impulszündung.

Zweirichtungs-Thyristortrioden; Aufbau und Wirkungsweise; Kennlinien und Kennwerte von Triacs; Schutzmaßnahmen; Gehäuseformen; Datenblätter; Phasenanschnittsteuerung mit Triacs.

II. 10 Abschlußprüfung II
(ca. 6 Std.)

Schriftliche Prüfung (120 Minuten);
Praktische Prüfung (120 Minuten);
Abschlußbesprechung.

Erläuterungen zu den Prüfungsaufgaben für den Lehrgang II

Bei den vorliegenden Prüfungsaufgaben handelt es sich um eine Auswahl aus der weit umfangreicheren Zentralkartei von Prüfungsaufgaben zum Abschluß des Lehrganges II »Bauelemente der Elektronik«. Diese Zentralkartei des HPI enthält für den Lehrgang II vier verschiedene Aufgabentypen. Die Aufgaben vom Typ A, Typ B und Typ C werden in der schriftlichen Abschlußprüfung und die Aufgaben vom Typ P in der praktischen Abschlußprüfung eingesetzt.

Aufgaben vom Typ A sind reine Wissensfragen. Sie werden mit 1 Punkt bewertet.

Aufgaben vom Typ B sind Verständnisfragen. »Was passiert, wenn ...?« oder »Wie arbeitet ...?« Sie werden mit 2 Punkten bewertet.

Aufgaben vom Typ C sind Rechenaufgaben. Sie werden mit 3 Punkten bewertet.

Alle Aufgaben vom Typ A, B und C sind programmiert, und zwar nach dem Antwort-Auswahlsystem. Es werden dabei immer 5 mögliche, sinnvolle Antworten zur Auswahl angeboten. **Nur eine von diesen 5 Antworten ist jeweils richtig.**
Die Aufgaben vom Typ A, B und C haben 2 Kennziffern. Die 1. Kennziffer (im Kästchen oben rechts) ordnet die Aufgabe einem bestimmten Lehrabschnitt im Rahmenlehrplan zu. So bedeutet z. B. II. 4, daß diese Aufgabe zum Kapitel 4 »Bipolare Transistoren« des Lehrganges II »Bauelemente der Elektronik« gehört. Die 2. Kennziffer befindet sich am linken Aufgabenrand. Sie enthält zusätzlich eine Angabe über den Aufgabentyp sowie eine laufende Nummer in der Aufgabenkartei. Durch diese Kennziffer läßt sich jede Aufgabe identifizieren.
In den Prüfungen muß bei den Aufgaben vom Typ A, B und C die richtige Lösung mit einem Kreuz in dem dafür vorgesehenen Kästchen gekennzeichnet werden. Eine angekreuzte richtige Anwort ergibt stets die volle Punktzahl. Wurden eine falsche Anwort, keine Antwort oder mehr als eine Antwort angekreuzt, so gilt die Aufgabe als nicht gelöst und wird mit 0 Punkten bewertet.
Aufgaben, bei denen das Wort RECHNUNG erscheint, gelten nur dann als richtig gelöst, wenn der Zahlwert angekreuzt **und** auch der Ansatz sowie die schriftliche Rechnung auf dem dafür vorgesehenen Platz durchgeführt wurde.
Für eine **schriftliche Prüfung** zum Abschluß des Lehrganges II werden nach einem bestimmten Code 50 bis 55 Prüfungsaufgaben aus der Zentralkartei ausgewählt. Bei jeder Prüfung ergeben sich stets 100 erreichbare Punkte. Durch die Vielzahl vorhandener Aufgaben und durch die Variationsmöglichkeiten bei der Anwendung des Codes ist die Gewähr gegeben, daß die Zusammenstellungen für die einzelnen Prüfungen sich jeweils unterscheiden, aber stets ein gleiches Niveau haben.
Für eine **praktische Prüfung** zum Abschluß des Lehrganges II werden aus der Zentralkartei stets vier Aufgaben vom Typ P ausgewählt. Sie sind jeweils mit 25 Punkten bewertet, so daß sich auch hier bei einer Prüfungszusammenstellung immer 100 erreichbare Punkte ergeben. Alle Aufgaben vom Typ P sind sowohl den einzelnen Kapiteln des Lehrplanes als auch bestimmten Prüfungsschaltungen zugeordnet. Beispiele für Aufgaben vom Typ P sind in dem Band II »Arbeitsblätter« enthalten.
Die Gesamtpunktzahl – und damit auch die Prüfungsnote – wird aus den in der schriftlichen sowie in der praktischen Prüfung erreichten Punkten mit Hilfe bestimmter Umrechnungsfaktoren ermittelt.
Damit bei den vorliegenden Prüfungsaufgaben ein wiederholtes Durcharbeiten möglich wird, ist es zweckmäßig, die gefundenen richtigen Lösungen nicht sofort in die einzelnen Aufgaben einzutragen. Die Lösungen sollten vielmehr auf einem getrennten Blatt notiert werden.
Da es sich bei den vorliegenden Aufgaben um Original-Prüfungsaufgaben handelt, die in den Prüfungen zum Abschluß des Lehrganges II »Bauelemente der Elektronik« in den vom HPI anerkannten Elektronik-Schulungsstätten eingesetzt werden, können Lösungsbogen oder Lösungshefte nicht veröffentlicht werden. Im Pflaum-Verlag, München, ist aber ein Beiheft II »Lösungshinweise« erschienen, das das selbständige Durcharbeiten der Prüfungsaufgaben II wesentlich erleichtern kann.

Prüfungsaufgaben für die schriftlichen Prüfungen

II. 1
Oszilloskope

II. 1

Nach dem Einschalten eines Oszilloskops erscheint ohne Eingangssignal in der Mitte des Bildschirmes ein schmaler, aber sehr heller Strich.

Welche Einstellung muß verändert werden, damit ein schmaler, aber weniger heller Strich auf dem Bildschirm erscheint?

a) FOCUS (Fokussierung)

b) INTENS (Intensität)

c) X-Position

d) Y-Position

e) X-Magn. (Dehnung)

Wertigkeit **1** P

Bewertung P

II. 1

Bei einer Messung erscheint auf dem Bildschirm eines Oszilloskops in Stellung AC die in Bild 1 dargestellte sinusförmige Spannung.

Welche Einstellung des Oszilloskops muß verändert werden, damit das in Bild 2 dargestellte Oszillogramm auf dem Bildschirm erscheint?

Bild 1

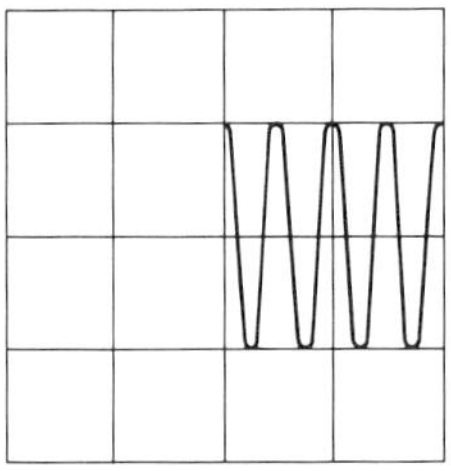

Bild 2

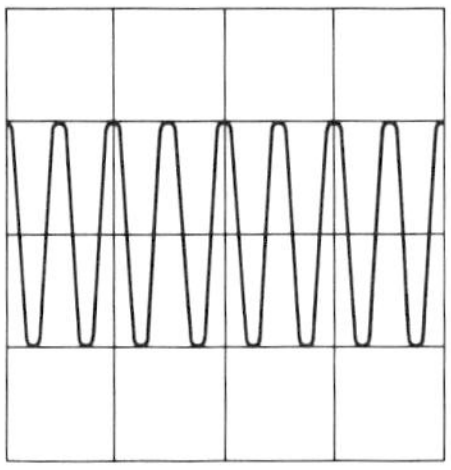

a) Die Strahlverschiebung (X-Position) muß verändert werden

b) Die Strahlverschiebung (Y-Position) muß verändert werden

c) Die Y-Ablenkung (Vert.Amp.) muß in Richtung kleinerer Spannungswerte/ Div. verändert werden

d) Die Y-Ablenkung (Vert.Amp.) muß in Richtung größerer Spannungswerte/ Div. verändert werden

e) Der Trigger-Level muß verändert werden

Wertigkeit **1** P

Bewertung P

II. 1

Bei einer Messung erscheinen auf dem Bildschirm eines Zweikanal-Oszilloskops die dargestellten Spannungsverläufe.

Auf welche Weise werden die beiden Spannungsverläufe auf dem Bildschirm erzeugt, wenn der Betriebsartenschalter für den elektronischen Umschalter in Stellung »ALT« (= alternate) steht?

Kanal A

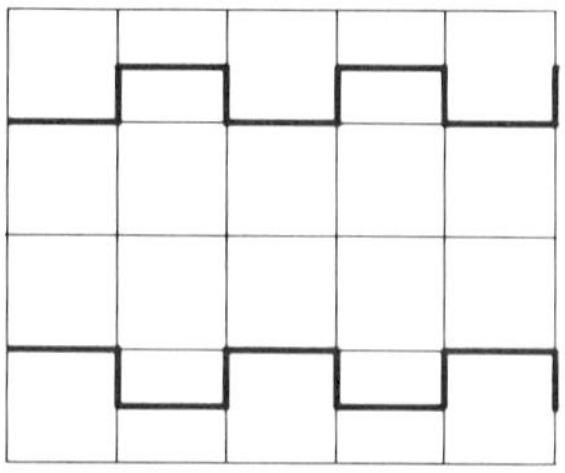

Kanal B

a) Beide Kurvenzüge werden abwechselnd erzeugt

b) Beide Kurvenzüge werden gleichzeitig mit hoher Umschaltfrequenz erzeugt

c) Beide Kurvenzüge werden völlig unabhängig voneinander erzeugt

d) Der Schalter Y-Invert wird fortlaufend umgeschaltet

e) Der +/− Triggerumschalter wird abwechselnd zwischen Kanal A und Kanal B umgeschaltet

Wertigkeit **1** P

Bewertung P

II. 1

Mit einem Oszilloskop soll die Sekundärspannung eines Transformators gemessen werden.
Einstellung des Oszilloskops: AC; X ≙ 20 ms/Div; Y ≙ 2 V/Div; Horizontal-Ablenkung = extern.
Anstelle des erwarteten sinusförmigen Verlaufes der Spannung erscheint lediglich ein senkrechter Strich.

Welche Einstellung des Oszilloskops muß verändert werden, damit die Sinusschwingung auf dem Bildschirm erscheint?

a) Die Horizontal-Ablenkung muß auf »intern« gestellt werden

b) Die X-Ablenkung (Time-Base) muß in Richtung längerer Zeiten/Div verstellt werden

c) Die Fokussierung muß nachgestellt werden

d) Der Trigger-Level muß verändert werden

e) Die Strahlverschiebung (X-Position) muß verändert werden

Wertigkeit **1** P

Bewertung P

II. 1

Bei einer Messung mit einem Tastkopf 1:1 erscheint auf dem Bildschirm eines Oszilloskops der dargestellte Spannungsverlauf.

Einstellung des Oszilloskops: AC; X ≙ 0,1 ms/Div.; Y ≙ 1 V/Div.

Bei sonst unveränderter Einstellung wird der Tastkopf 1:1 gegen einen Tastkopf 10:1 ausgewechselt.

Welche der fünf angegebenen Änderungen in der Einstellung des Oszilloskops muß vorgenommen werden, damit die Sinusschwingung wieder genau in der ursprünglichen Form auf dem Bildschirm erscheint?

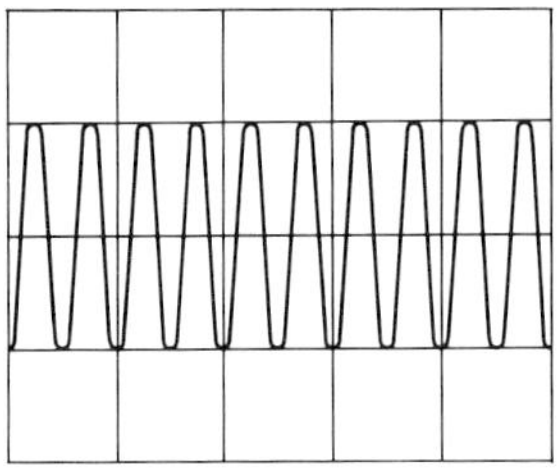

a) Die X-Ablenkung muß verändert werden, von X ≙ 0,1 ms/Div. in X ≙ 1 ms/Div.

b) Die Y-Ablenkung muß verändert werden, von Y ≙ 1 V/Div. in Y ≙ 0,1 V/Div.

c) Die Y-Ablenkung muß verändert werden, von Y ≙ 1 V/Div. in Y ≙ 10 V/Div.

d) Die X-Ablenkung muß verändert werden, von X ≙ 0,1 ms/Div. in X ≙ 10 ms/Div.

e) Die Nullinie muß durch Y-Position um 1 Div. nach oben verschoben werden.

Wertigkeit **2** P — Bewertung P

II. 1

Mit einem Zweikanal-Oszilloskop wurde die Eingangsspannung U_E und die Ausgangsspannung U_A eines Verstärkers gemessen.
In dem Oszillogramm sind beide Spannungsverläufe phasenrichtig und maßstabgerecht wiedergegeben.

Einstellung des Oszilloskops: U_E = Kanal A; X ≙ 0,2 ms/Div.; Y ≙ 0,1 V/Div.
U_A = Kanal B; X ≙ 0,2 ms/Div.; Y = 5 V/Div.

Wie groß ist die Spannungsverstärkung $V_u = U_A/U_E$ dieser Stufe?

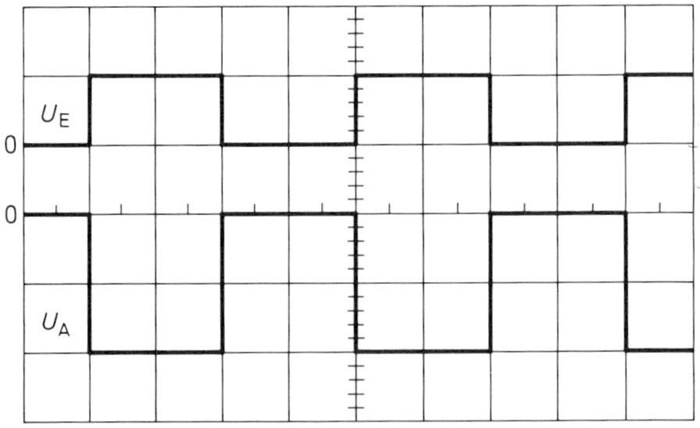

a) V_u = 10

b) V_u = 20

c) V_u = 50

d) V_u = 100

e) V_u = 200

Wertigkeit **2** P — Bewertung P

II. 1

Eine sinusförmige Spannung $U_{SS} = 10\,V$ wird auf beide Eingänge eines Zweikanal-Oszilloskops gegeben. Während an der Leuchtspur des Kanals A der richtige Spitzenwert $U_{SS} = 10\,V$ abgelesen werden kann, zeigt Kanal B einen Spitzenwert $U_{SS} = 8{,}2\,V$ an.

Worauf könnte die falsche Anzeige bei Kanal B zurückzuführen sein?

a) Der Abschwächer von Kanal B ist nicht auf den gleichen Y-Ablenkfaktor wie der Abschwächer von Kanal A eingestellt

b) Der Time-Schalter von Kanal B ist nicht auf den gleichen X-Ablenkfaktor wie der Time-Schalter von Kanal A eingestellt

c) Der Drehknopf »Cal.« der Y-Ablenkung vom Kanal B ist nicht auf die Markierung eingestellt

d) Der Drehknopf »Cal.« der X-Ablenkung ist nicht auf die Markierung eingestellt

e) Die Y-Position von Kanal B ist nicht auf den gleichen Wert wie die von Kanal A eingestellt

Wertigkeit **2** P — Bewertung P

II. 1

Bei modernen Oszilloskopen hat der Trigger-Wahlschalter meistens 5 Stellungen.

Wie erfolgt die Triggerung, wenn der Trigger-Wahlschalter in der Stellung »Mains« steht?

a) Das Triggersignal wird aus dem anliegenden Y-Signal gewonnen. Es werden immer stehende Bilder erzeugt. Ist kein Signal vorhanden, wird ein Strich abgebildet

b) Das Triggersignal wird aus dem anliegenden Y-Signal gewonnen. Ist kein Signal vorhanden, erfolgt auch keine Ablenkung

c) Die Triggerung erfolgt auf die Bildwechsel- oder Zeilenimpulse eines anliegenden Fernsehsignals

d) Das Triggersignal wird aus der Sekundärspannung des Netztrafos gewonnen

e) Das Triggersignal wird aus einer Spannung am Eingang »Trigger-Input« gewonnen

Wertigkeit **2** P — Bewertung P

II. 1

Mit dem Oszilloskop wurde die dargestellte Mischspannung gemessen.

Bild 1: Einstellung des Oszilloskops: AC; $X \triangleq 2$ ms/Div.; $Y \triangleq 5$ V/Div.

Bild 2: Einstellung des Oszilloskops: DC; $X \triangleq 2$ ms/Div.; $Y = 5$ V/Div.

Wie groß ist die Gleichspannungskomponente U_- der gemessenen Mischspannung?

Bild 1

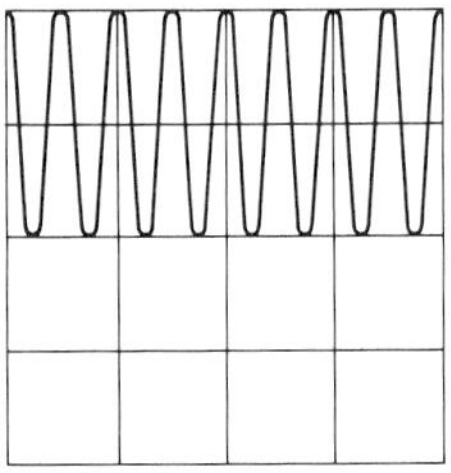

Bild 2

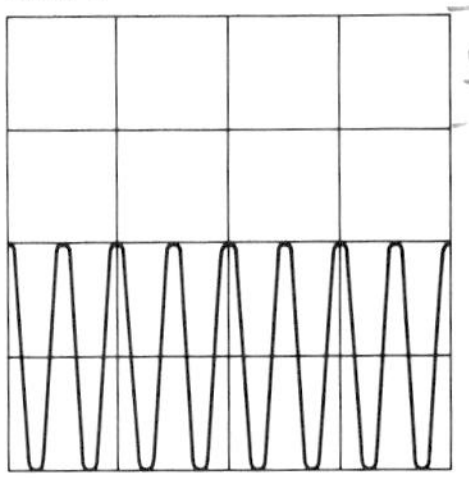

a) $U_- = +10$ V

b) $U_- = +\ 5$ V

c) $U_- = \ 0$ V

d) $U_- = -\ 5$ V

e) $U_- = -10$ V

Wertigkeit **2** P | Bewertung P

II. 1

Bei einer Messung erscheint auf dem Bildschirm des Oszilloskops die dargestellte Rechteckspannung. Die Frequenz dieser Spannung beträgt $f = 10$ kHz. Der Time-Base-Schalter ist auf 50 µs/Div. eingestellt.

Wie groß ist die Impulsdauer t_i der Rechteckspannung?

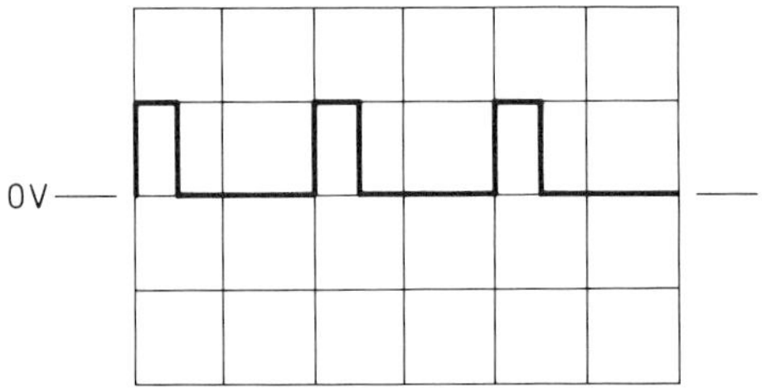

a) $t_i = 10$ µs

b) $t_i = 20$ µs

c) $t_i = 25$ µs

d) $t_i = 50$ µs

e) $t_i = 75$ µs

Wertigkeit **2** P | Bewertung P

Mit einem Oszilloskop werden die Spannungen an den Meßpunkten A und B (jeweils gegen Masse) gemessen. Einstellung des Oszilloskops: DC; X ≙ 0,1 ms/Div.; Y = 1 V/Div. Bei Messung der Spannung am Meßpunkt A erscheint in der Mitte des Bildschirmes eine Wechselspannung. Warum erscheint kein Bild mehr, wenn die Spannung am Meßpunkt B gemessen wird?

II. 1

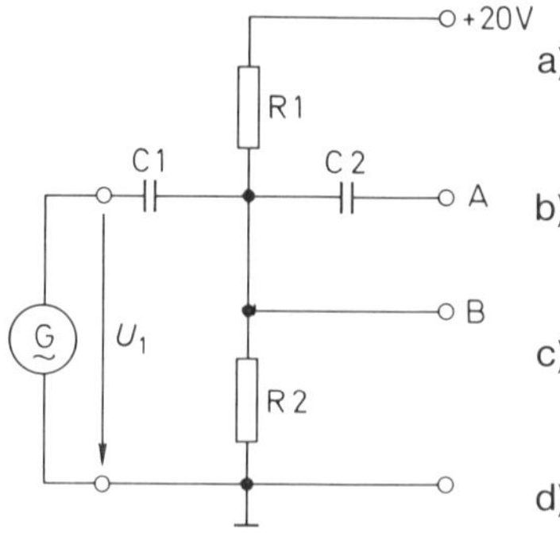

a) Der Eingangswiderstand des Oszilloskops belastet den Spannungsteiler so stark, daß die Wechselspannung zusammenbricht.

b) Weil der AC/DC-Schalter in Stellung DC steht, kann keine Wechselspannung gemessen werden.

c) Weil der Meßpunkt A nur über R2 an Masse liegt, kann keine Wechselspannung gemessen werden.

d) Weil am Meßpunkt B U_1 von einer relativ großen Gleichspannung überlagert ist.

e) An Punkt B liegt nur eine Gleichspannung, die mit einem Oszilloskop nicht gemessen werden kann.

Wertigkeit **2** P — Bewertung P

Ein Einstrahl-Oszilloskop ist auf folgende Werte eingestellt: DC; X ≙ 0,2 ms/Div.; Y ≙ 5 V/Div.; Dabei erscheint auf dem Bildschirm das dargestellte Signal. Welche Werte U_{max}, U_{min} und f hat die gemessene Spannung?

II. 1

RECHNUNG

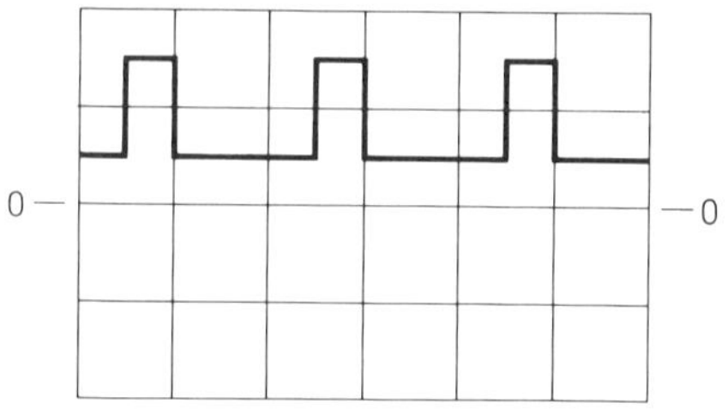

	U_{max}	U_{min}	f
a)	15 V	5 V	5 kHz
b)	7,5 V	2,5 V	2,5 kHz
c)	3 V	1 V	2,5 kHz
d)	3 V	1 V	0,25 kHz
e)	7,5 V	2,5 V	0,25 kHz

Wertigkeit **3** P — Bewertung P

II. 1

Ein Einstrahl-Oszilloskop ist auf folgende Werte eingestellt:
DC; X ≙ 0,1 ms/Div.; Y ≙ 2 V/Div.
Dabei erscheint auf dem Bildschirm das dargestellte Signal.
Welche Werte U_{SS}, U_{eff} und f hat die gemessene Spannung?

RECHNUNG

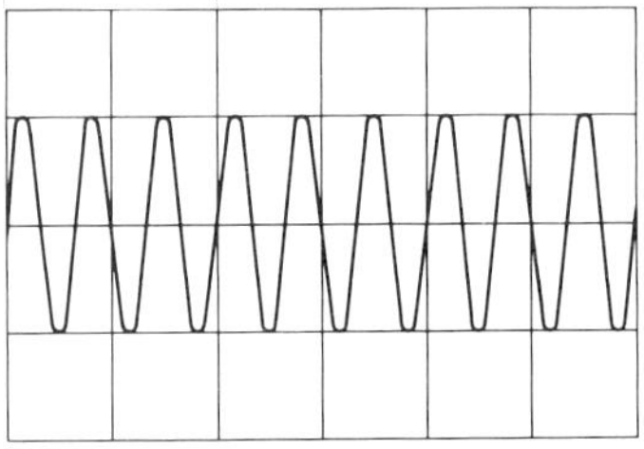

	U_{SS}	U_{eff}	f
a)	2 V	1,41 V	1,5 kHz
b)	4 V	1,41 V	15 kHz
c)	4 V	2 V	15 kHz
d)	2 V	1 V	13,3 kHz
e)	4 V	1,41 V	13,3 kHz

Wertigkeit **3** P Bewertung P

II. 1

Ein Einstrahl-Oszilloskop ist auf folgende Werte eingestellt:
DC; X ≙ 50 µs/Div.; Y ≙ 5 V/Div.
Dabei erscheint auf dem Bildschirm das dargestellte Signal.
Welche Werte t_{an}, f und U_{SS} hat die gemessene Spannung?

RECHNUNG

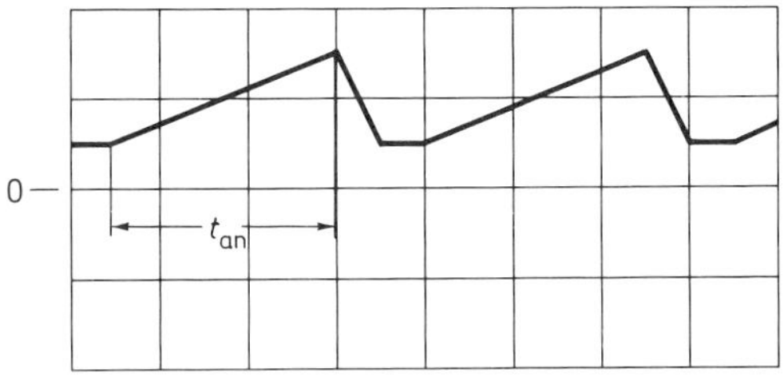

	t_{an}	f	U_{SS}
a)	10 µs	10 kHz	5 V
b)	125 µs	5,71 kHz	5 V
c)	125 µs	5,71 kHz	7,5 V
d)	125 µs	6,66 kHz	5 V
e)	15 µs	57,1 kHz	7,5 V

Wertigkeit **3** P Bewertung P

II. 2
Passive Zwei- und Vierpole

II. 2

Bei der Reihenschaltung eines ohmschen Widerstandes und einer Spule tritt zwischen der anliegenden Spannung U und dem fließenden Strom I eine Phasenverschiebung φ auf.

In welchem Bereich liegt die Phasenverschiebung φ des Stromes I, bezogen auf die Spannung U?

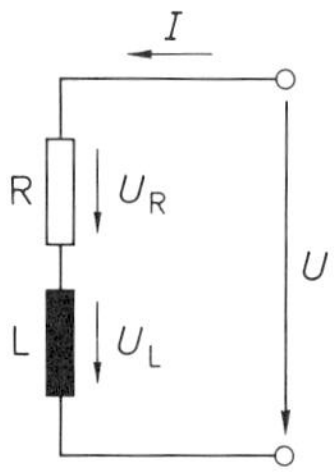

a) $0° < \varphi < 90°$

b) $0° < \varphi < -90°$

c) $0° < \varphi < 180°$

d) $-45° < \varphi < 45°$

e) $45° < \varphi < -45°$

Wertigkeit **1** P | Bewertung P

II. 2

Zu welchem der angegebenen Zweipole gehört die im Diagramm dargestellte Funktion $Z = f(f)$?

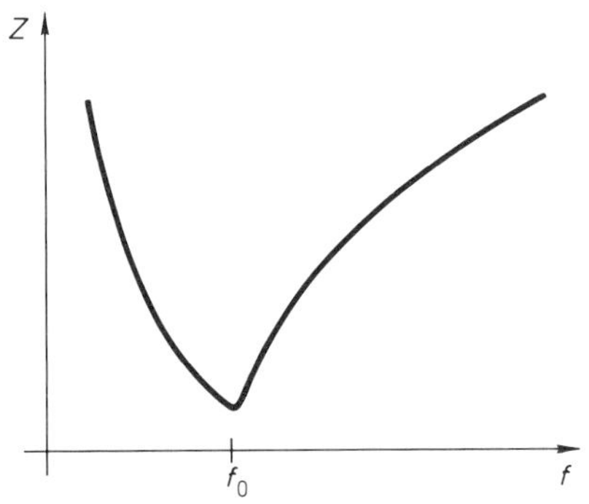

a) Zu einer Parallelschaltung von R und L

b) Zu einer Reihenschaltung von R und C

c) Zu einer Parallelschaltung von R und C

d) Zu einem Parallelschwingkreis

e) Zu einem Reihenschwingkreis

Wertigkeit **1** P | Bewertung P

II. 2

Zu welchem der angegebenen Zweipole gehört die im Diagramm dargestellte Funktion $U = f(f)$, die bei $I =$ const. ermittelt wurde?

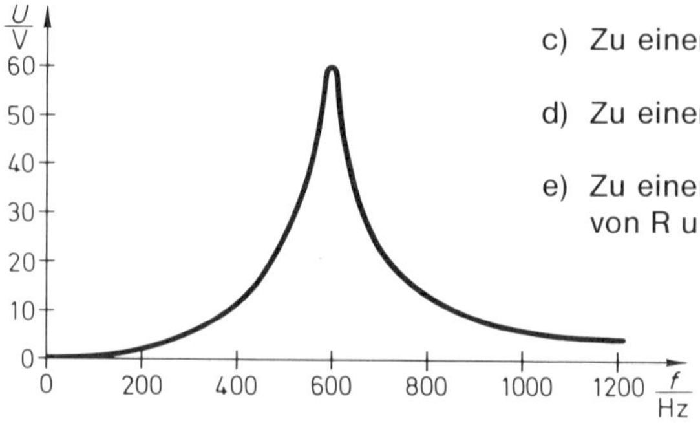

- [ ] a) Zu einer Parallelschaltung von R und L
- [ ] b) Zu einer Reihenschaltung von R und C
- [x] c) Zu einem Parallelschwingkreis
- [ ] d) Zu einem Reihenschwingkreis
- [ ] e) Zu einer Reihenschaltung von R und L

Wertigkeit **1** P — Bewertung P

II. 2

Im Resonanzfall stehen der induktive und der kapazitive Blindwiderstand eines Schwingkreises in einem bestimmten Verhältnis zueinander.

Welche der fünf angegebenen Gleichungen gilt für den Resonanzfall eines Reihenschwingkreises?

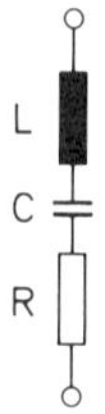

- [ ] a) $X_L = \sqrt{2} \cdot X_C$
- [ ] b) $X_L = \frac{1}{X_C}$
- [ ] c) $X_L = \frac{1}{2\pi \cdot X_C}$
- [ ] d) $X_L = \frac{1}{\sqrt{2} \cdot X_C}$
- [x] e) $X_L = X_C$

Wertigkeit **1** P — Bewertung P

Wie wird der dargestellte Vierpol bezeichnet?	II. 2

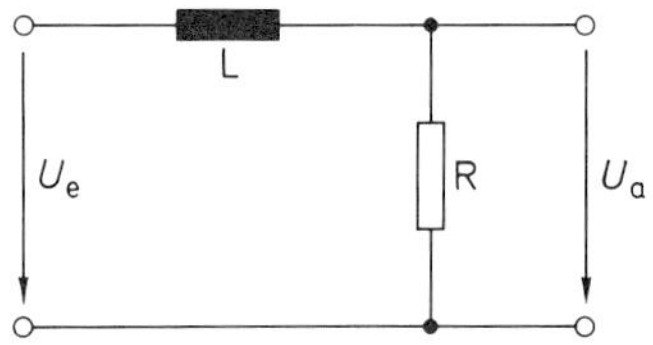

a) RL-Hochpaß ( )
b) Bandsperre ( )
c) Bandpaß ( )
d) LR-Tiefpaß (X)
e) LR-Hochpaß ( )

Wertigkeit **1** P Bewertung P

Welcher der angegebenen Vierpole hat den dargestellten Frequenzgang?	II. 2

a) Ein CR-Hochpaß mit $f_g = 1$ kHz (X)
b) Ein RC-Tiefpaß mit $f_g = 1$ kHz ( )
c) Ein LR-Tiefpaß mit $f_g = 1$ kHz ( )
d) Eine Wien-Robinson-Brücke ( )
e) Eine Bandsperre mit $f_g = 1$ kHz ( )

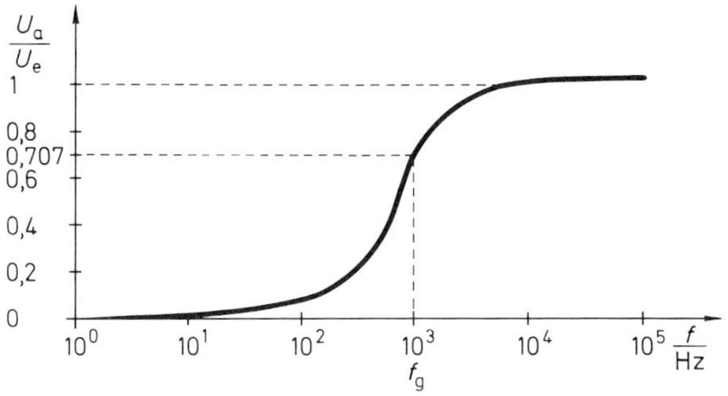

Wertigkeit **1** P Bewertung P

Wie wird die dargestellte Schaltung bezeichnet?

II. 2

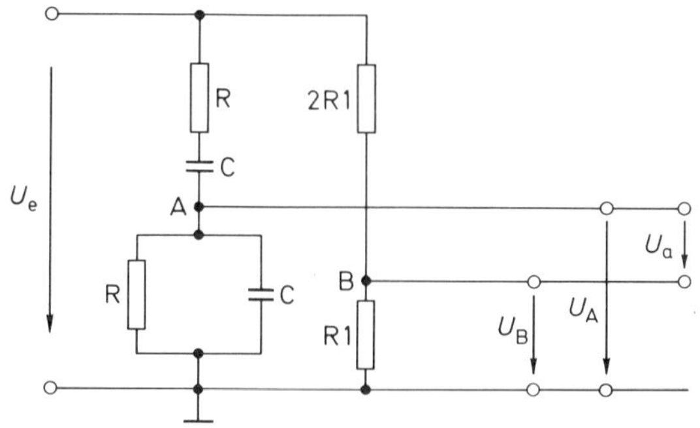

a) Hochpaß in T-Glied-Ausführung

b) Tiefpaß in T-Glied-Ausführung

c) Hochpaß in π-Glied-Ausführung

d) π-Glied

e) Wien-Robinson-Brücke ☒

S. 73

Wertigkeit **1** P

Bewertung P

Wie wird die dargestellte Schaltung bezeichnet?

II. 2

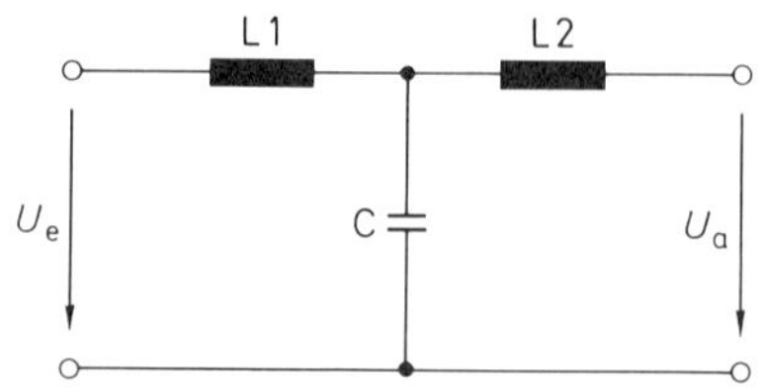

a) Hochpaß in T-Glied-Ausführung

b) Tiefpaß in T-Glied-Ausführung ☒

c) Hochpaß in π-Glied-Ausführung

d) π-Glied

e) Wien-Robinson-Brücke

S. 74

Wertigkeit **1** P

Bewertung P

II. 2

Mit welcher der angegebenen Gleichungen läßt sich die Grenzfrequenz f_g eines RC-Tiefpasses berechnen?

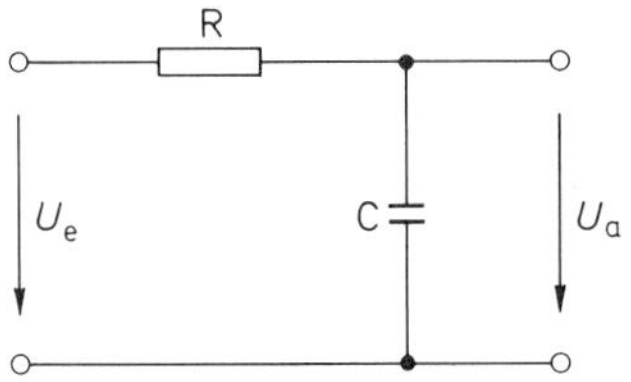

a) $f_g = \dfrac{1}{2\pi \cdot \sqrt{R \cdot C}}$

b) $f_g = 2\pi \cdot R \cdot C$

c) $f_g = \dfrac{1}{2\pi \cdot R \cdot C}$ [X]

d) $f_g = \dfrac{\sqrt{2}}{\sqrt{R \cdot C}}$

e) $f_g = 0{,}707 \cdot R \cdot C$

Fo 24

Wertigkeit **1** P   Bewertung P

II. 2

Das Bild zeigt den Frequenzgang einer Wien-Robinson-Brücke.

Wie wird ein Vierpol bezeichnet, der einen derartigen Frequenzgang hat?

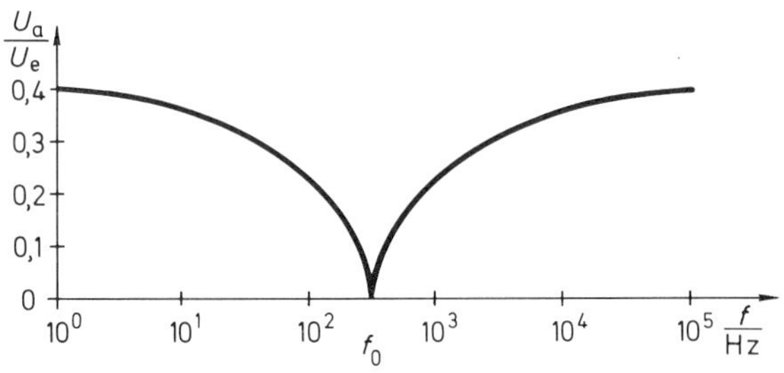

a) Hochpaß

b) Tiefpaß

c) Bandpaß

d) Bandsperre [X]

e) Integrierglied

S 93

Wertigkeit **1** P   Bewertung P

Bei der Reihenschaltung eines ohmschen Widerstandes und einer Spule tritt zwischen der anliegenden Spannung und dem fließenden Strom eine Phasenverschiebung φ auf.	II. 2

Nach welcher der angegebenen Gleichungen läßt sich der Tangens des Winkels φ ($\tan\varphi$) ermitteln, wenn der Strom I als Bezugsgröße dient?

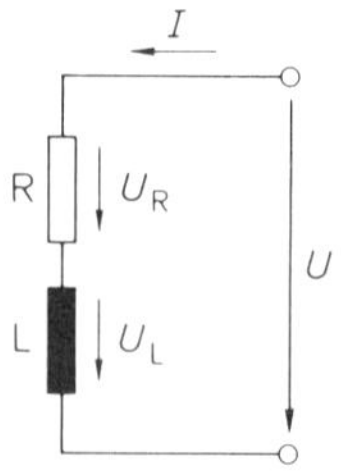

a) $\tan\varphi = \dfrac{U_R}{U_L}$ ☐

b) $\tan\varphi = -\dfrac{U_R}{U_L}$ ☐

c) $\tan\varphi = \dfrac{U_L}{U_R}$ ☒

d) $\tan\varphi = -\dfrac{U_L}{U_R}$ ☐

e) $\tan\varphi = U_R \cdot U_L$ ☐

FO

Wertigkeit **2** P | Bewertung P

Bei der Parallelschaltung eines ohmschen Widerstandes und einer Spule tritt zwischen der anliegenden Spannung und dem fließenden Strom eine Phasenverschiebung φ auf.	II. 2

Nach welcher der angegebenen Gleichungen läßt sich der Tangens des Winkels φ ($\tan\varphi$) ermitteln, wenn die Spannung U als Bezugsgröße dient?

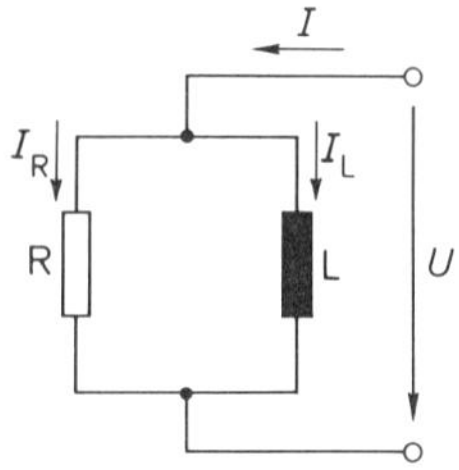

a) $\tan\varphi = \dfrac{B_L}{G}$ ☒

b) $\tan\varphi = -\dfrac{B_L}{G}$ ☐

c) $\tan\varphi = \dfrac{G}{B_L}$ ☐

d) $\tan\varphi = -\dfrac{G}{B_L}$ ☐

e) $\tan\varphi = B_L \cdot G$ ☐

FO 20

Wertigkeit **2** P | Bewertung P

II. 2

Bei der Parallelschaltung eines ohmschen Widerstandes und eines Kondensators tritt zwischen der anliegenden Spannung und dem fließenden Strom eine Phasenverschiebung φ auf.

Nach welcher der angegebenen Gleichungen läßt sich der Tangens des Winkels φ (tan φ) ermitteln, wenn die Spannung U als Bezugsgröße dient?

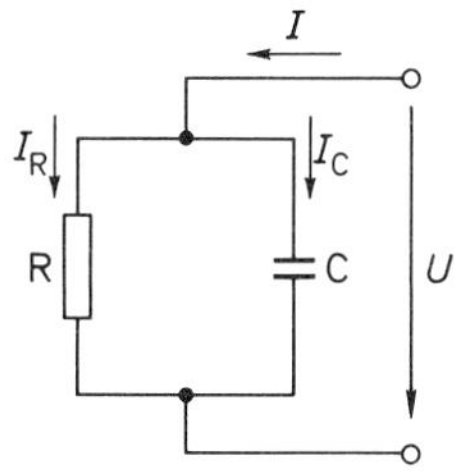

a) $\tan\varphi = \frac{I_R}{I_C}$

b) $\tan\varphi = -\frac{I_R}{I_C}$

c) $\tan\varphi = \frac{I_C}{I_R}$

d) $\tan\varphi = -\frac{I_C}{I_R}$

e) $\tan\varphi = I_R \cdot I_C$

Wertigkeit	2 P	Bewertung	P

II. 2

Zur Beurteilung der Verluste einer realen Spule wird der Verlustfaktor tan δ angegeben.

Nach welcher der fünf Gleichungen läßt sich der Verlustfaktor einer Spule ermitteln, wenn der Strom I als Bezugsgröße dient?

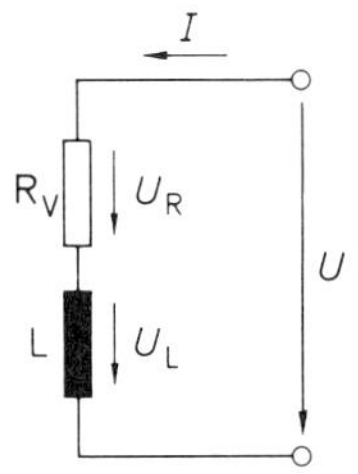

a) $\tan\delta = \frac{X_L}{R_V}$

b) $\tan\delta = \frac{R_V}{X_L}$

c) $\tan\delta = \frac{U_L}{U_R}$

d) $\tan\delta = \frac{G}{B_L}$

e) $\tan\delta = R_V \cdot X_L$

Wertigkeit	2 P	Bewertung	P

II. 2

Der dargestellte Zweipol wird an eine Wechselspannung angeschlossen. Bei einer Frequenz $f = 50\,\text{Hz}$ ist $X_L = R$.

In welchem der fünf Zeigerdiagramme sind die Ströme I, I_L und I_R nach Richtung und Größe richtig angegeben?

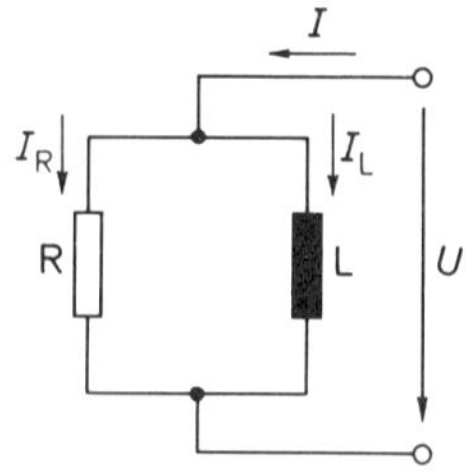

a) Im Diagramm A ☐
b) Im Diagramm B ☐
c) Im Diagramm C ☐
d) Im Diagramm D ☒
e) Im Diagramm E ☐

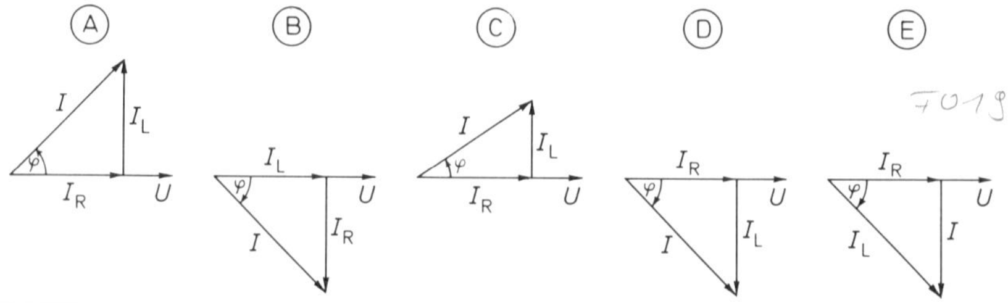

Wertigkeit **2** P — Bewertung P

II. 2

Welche der angegebenen Änderungen tritt ein, wenn bei konstanter Amplitude die Frequenz der anliegenden Spannung erhöht wird?

L = 100 mH
f = 500 Hz
f = 1000 Hz
X_L = 314,15
X_L = 628,31
Z_1 = 329 Ω
Z_2 = 635 Ω
$I_1 = \frac{U_a}{Z}$ = 30 mA
$I_2 = \frac{U_a}{Z}$ = 15 mA
$U_{R1} = R \cdot I_1$ = 3 V
$U_{R2} = R \cdot I_2$ = 1,5 V
$U_{L1} = \sqrt{U^2 - U_R^2}$ = 9,54 V
U_{L2} = " = 9,88 V

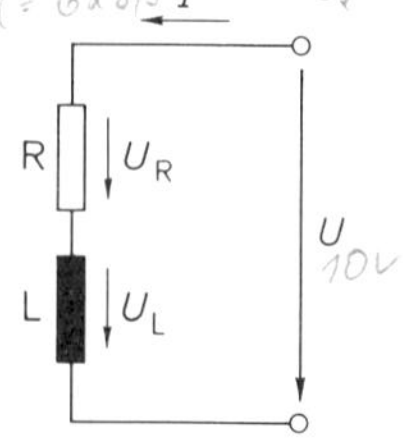

R = 100 Ω

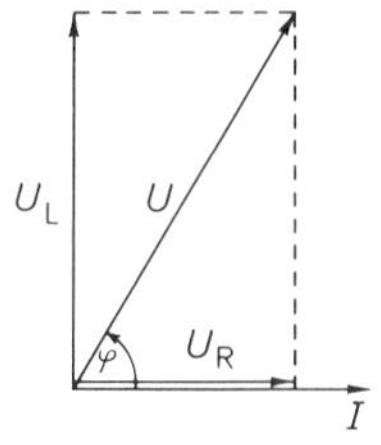

a) U_R wird größer ☐
b) U_L wird größer ☒
c) U_L wird kleiner ☐
d) φ wird kleiner ☐
e) X_L wird kleiner ☐

$\tan\varphi_1 = \frac{U_L}{U_R}$ = φ_1 = 72,54°
$\tan\varphi = \frac{U_L}{U_R}$ = φ_2 = 81,37°

Wertigkeit **2** P — Bewertung P

II. 2

Welche der angegebenen Änderungen tritt ein, wenn bei konstantem Strom I die Frequenz der anliegenden Spannung erhöht wird?

$f_1 = 500$ Hz $X_{C1} = 318{,}3\,\Omega$ $I_1 = 104{,}8$ mA
$f_2 = 1000$ Hz $X_{C2} = 159{,}15\,\Omega$ $I_2 = 118{,}1$ mA
$R = 100\,\Omega$ $Z_1 = 95{,}39\,\Omega$ $I_R = \frac{U}{R} = 100$ mA
$C = 1\,\mu F$ $Z_2 = 84{,}64\,\Omega$ $I_{C1} = \frac{U}{X_{C1}} = \frac{U}{318} = 31{,}4$ mA
$I_{C2} = \frac{U}{X_{C2}} = \frac{10}{159} = 62{,}8$ mA

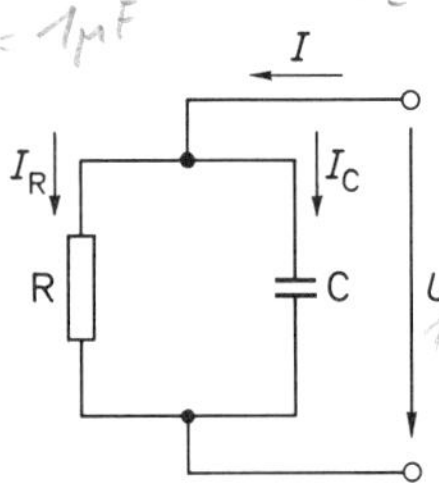

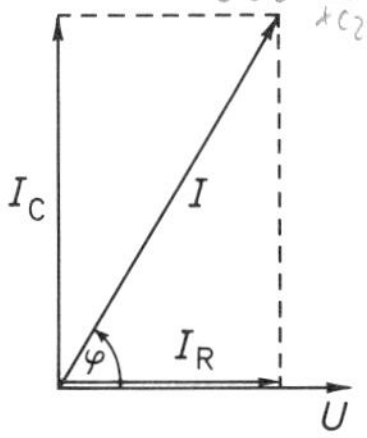

a) φ wird kleiner ( )

b) I_R wird größer ( )

c) X_C wird größer ( )

d) I_C wird kleiner ( )

e) I_C wird größer (X)

$\varphi_1 = 17{,}43°$
$\varphi_2 = 32{,}1°$
$\tan\varphi = \frac{I_C}{I_R}$

Wertigkeit **2** P Bewertung P

II. 2

Welche der angegebenen Eigenschaften hat ein realer Parallelschwingkreis bei der Resonanzfrequenz f_o, wenn er von einem Frequenzgenerator mit hochohmigem Innenwiderstand gespeist wird?

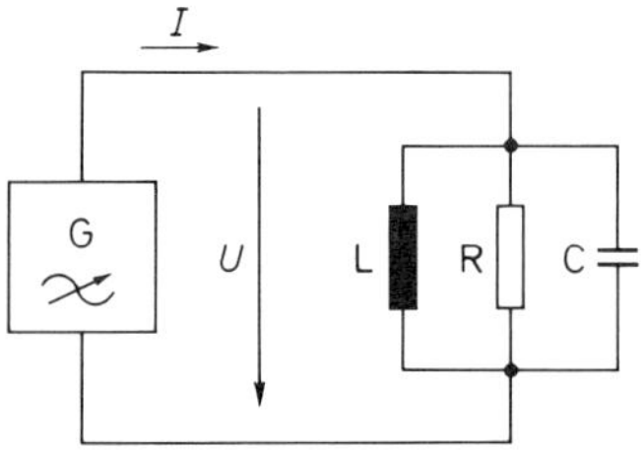

a) Bei f_o hat der Scheinwiderstand Z ein Minimum ( )

b) Bei f_o hat der Scheinleitwert Y ein Minimum (•)

c) Bei f_o hat der Scheinleitwert Y ein Maximum ( )

d) Bei f_o hat die Spannung U ein Minimum ( )

e) Bei f_o hat der kapazitive Widerstand X_C ein Maximum ( )

Wertigkeit **2** P Bewertung P

II. 2

Welche der angegebenen Eigenschaften hat ein realer Reihenschwingkreis bei der Resonanzfrequenz f_o, wenn er von einem Frequenzgenerator mit niederohmigem Innenwiderstand gespeist wird?

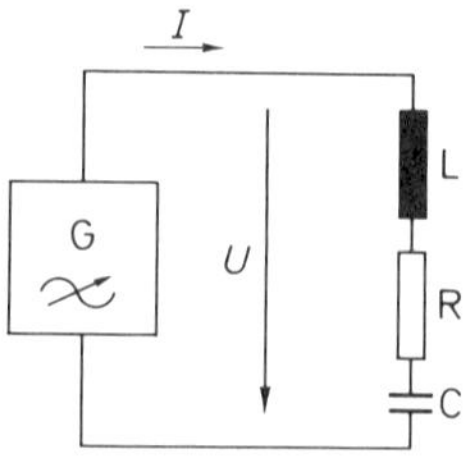

a) Bei f_o sind die Teilspannungen U_L und U_C größer als die Klemmenspannung U

b) Bei f_o sind die Teilströme I_L und I_C größer als der Gesamtstrom I

c) Bei f_o sind die Teilströme I_L und I_C kleiner als der Gesamtstrom I

d) Bei f_o sind die Teilspannungen U_L und U_C kleiner als die Klemmenspannung U

e) Bei f_o hat der Resonanzwiderstand Z ein Maximum

Wertigkeit **2** P — Bewertung P

II. 2

Ein direktes Maß für die Stromüberhöhung bei Resonanz eines Parallelschwingkreies ist der Gütefaktor Q.

Nach welcher der angegebenen Gleichungen kann der Gütefaktor Q eines Parallelschwingkreises ermittelt werden.

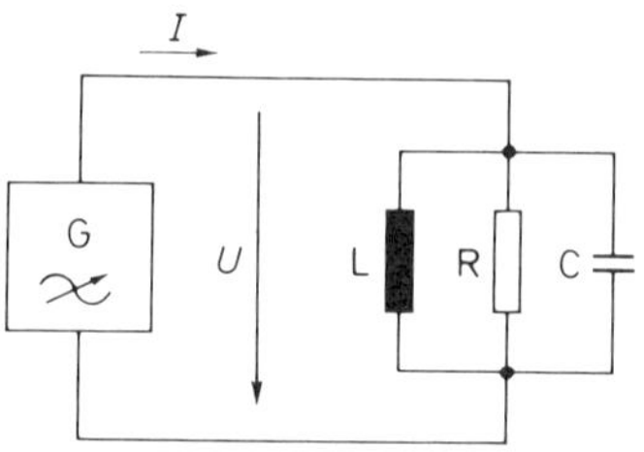

a) $Q = U \cdot I$

b) $Q = \frac{I_L}{I_R}$

c) $Q = \frac{I_R}{I_L}$

d) $Q = \frac{U}{I}$

e) $Q = \frac{I_R}{I_C}$

Wertigkeit **2** P — Bewertung P

II. 2

Der dargestellte Parallelschwingkreis soll die Resonanzfrequenz $f_0 = 1$ kHz haben.

Welche der angegebenen Änderungen erfolgt, wenn als Verlustwiderstand R ein Widerstand mit einem kleineren Widerstandswert auftritt?

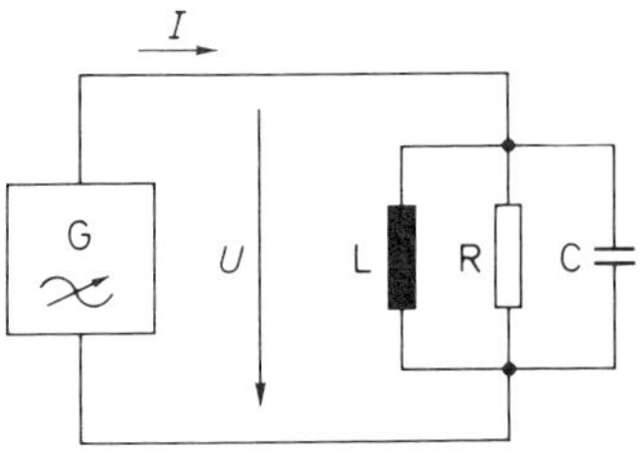

a) Die Resonanzfrequenz f_0 wird größer

b) Die Resonanzfrequenz f_0 wird kleiner

c) Der Gütefaktor Q wird größer

d) Der Gütefaktor Q wird kleiner

e) Die Bandbreite b wird kleiner

$Q = R \cdot \sqrt{\frac{C}{L}}$

Wertigkeit **2** P | Bewertung P

II. 2

Das Bild zeigt das Zeigerdiagramm eines Vierpols.

Welcher der fünf dargestellten Vierpole gehört zu dem Zeigerdiagramm?

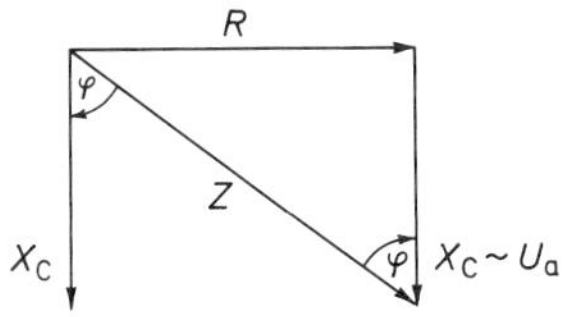

S. 60

a) Vierpol A

b) Vierpol B

c) Vierpol C

d) Vierpol D

e) Vierpol E

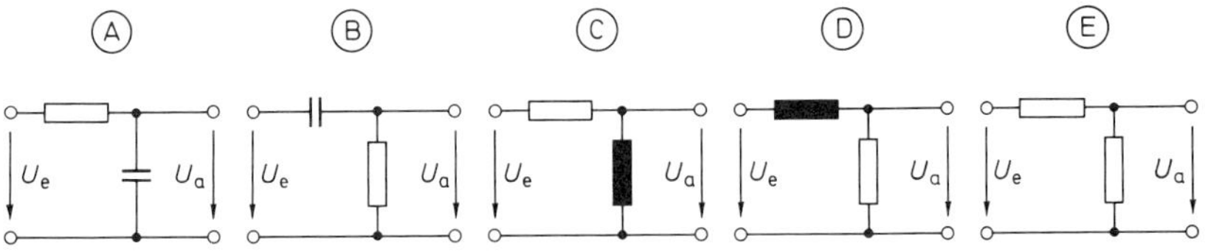

Wertigkeit **2** P | Bewertung P

II. 2

Das Bild zeigt das Zeigerdiagramm eines Vierpols.

Welcher der fünf dargestellten Vierpole gehört zu dem Zeigerdiagramm?

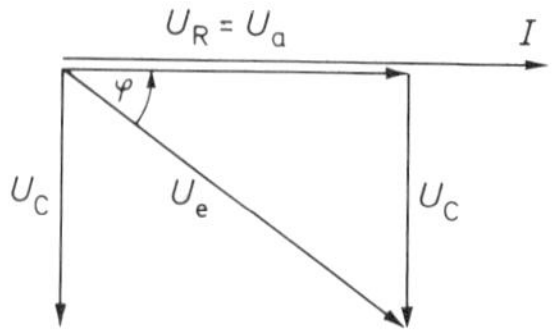

a) Vierpol A
b) Vierpol B
c) Vierpol C
d) Vierpol D
e) Vierpol E

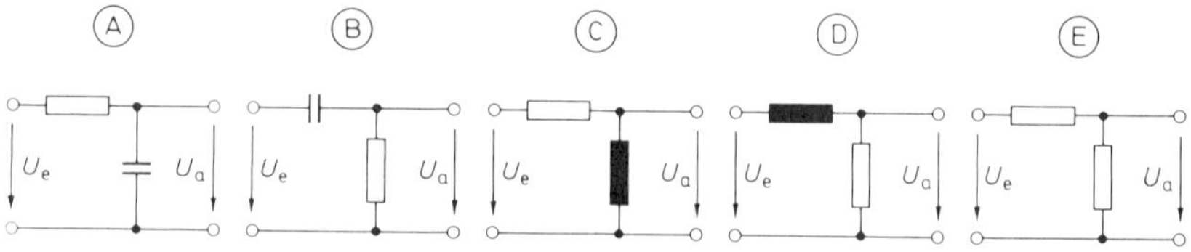

Wertigkeit **2** P

Bewertung P

II. 2

Das Bild zeigt das Zeigerdiagramm eines Vierpols.

Welcher der fünf dargestellten Vierpole gehört zu dem Zeigerdiagramm?

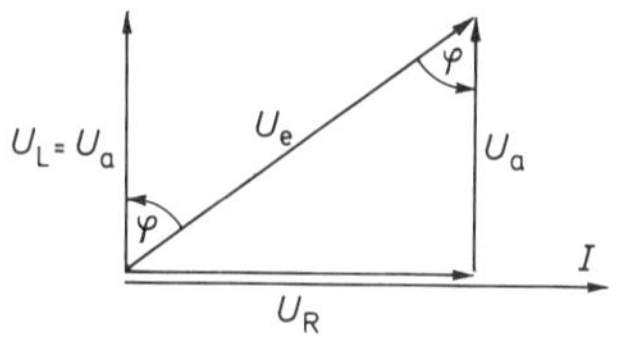

a) Vierpol A
b) Vierpol B
c) Vierpol C
d) Vierpol D
e) Vierpol E

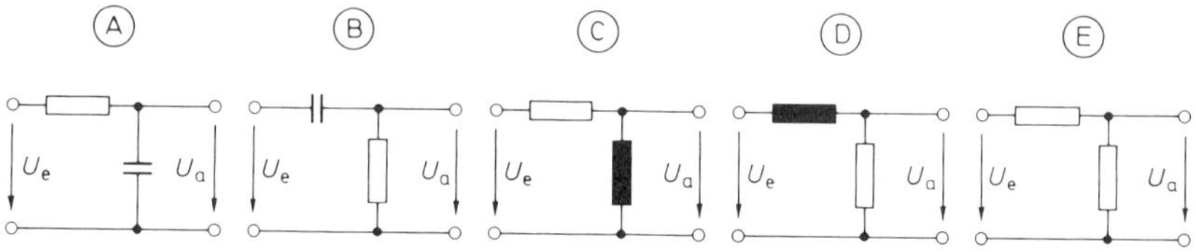

Wertigkeit **2** P

Bewertung P

Wie lautet die Gleichung für die Ausgangsspannung U_a des dargestellten RC-Tiefpasses?	II. 2

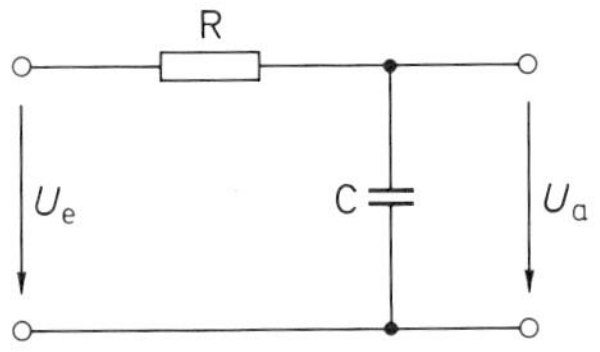

a) $U_a = \sqrt{2} \cdot U_e$

b) $U_a = U_e \cdot \dfrac{X_C}{R + X_C}$

c) $U_a = U_e \cdot \dfrac{R + X_C}{X_C}$

d) $U_a = U_e \cdot \dfrac{X_C}{\sqrt{R^2 + X_C^2}}$

e) $U_a = U_e \cdot \dfrac{R}{\sqrt{R^2 + X_C^2}}$

Wertigkeit **2** P Bewertung P

Wie lautet die Gleichung für die Ausgangsspannung U_a des dargestellten CR-Hochpasses?	II. 2

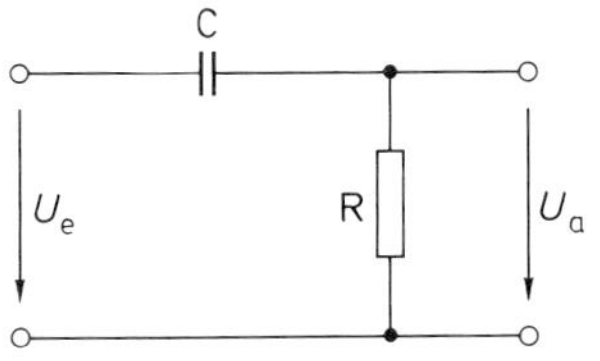

a) $U_a = U_e \cdot \dfrac{R}{\sqrt{R^2 + X_C^2}}$

b) $U_a = U_e \cdot \dfrac{R}{R + X_C}$

c) $U_a = U_e \cdot \sqrt{2}$

d) $U_a = U_e \cdot \dfrac{\sqrt{R^2 + X_C^2}}{R}$

e) $U_a = U_e \cdot \dfrac{R \cdot X_C}{R + X_C}$

Wertigkeit **2** P Bewertung P

Welche der angegebenen Änderungen tritt ein, wenn bei dem dargestellten CR-Hochpaß ein Kondensator mit kleinerer Kapazität verwendet wird?	II. 2

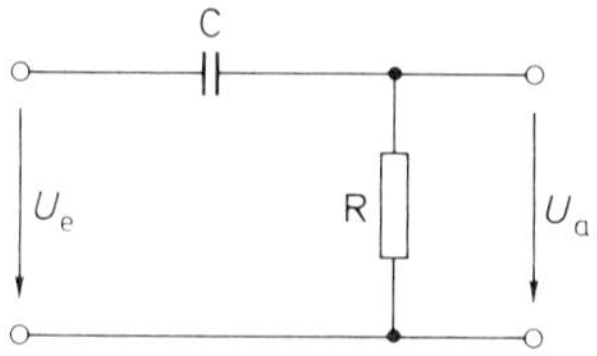

a) Die Dämpfung a bei f_g wird kleiner ▢

b) Die Dämpfung a bei f_g wird größer ▢

c) Die Grenzfrequenz f_g wird größer ▢

d) Die Grenzfrequenz f_g wird kleiner ▢

e) Die Spannungsverstärkung V_u wird größer ▢

Wertigkeit **2** P

Bewertung P

Welche der angegebenen Funktionen erfüllt der dargestellte Vierpol?	II. 2

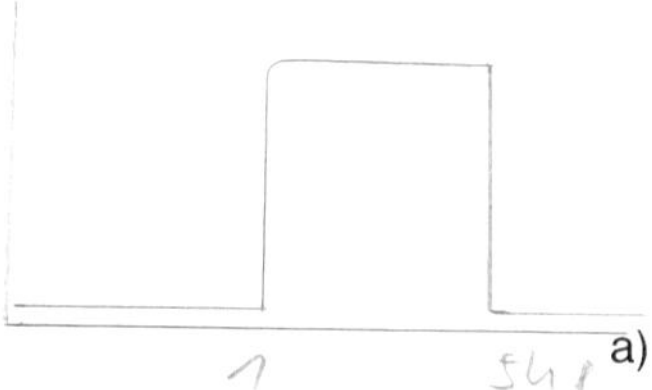

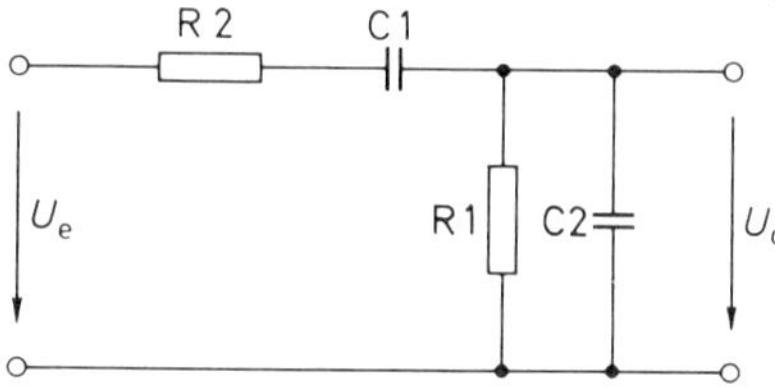

a) Die Funktion eines Hochpasses ▢

b) Die Funktion eines Bandpasses ▢

c) Die Funktion einer Bandsperre ▢

d) Die Funktion eines Tiefpasses ▢

e) Die Funktion eines frequenzunabhängigen Vierpols ▢

Wertigkeit **2** P

Bewertung P

II. 2

Das Diagramm zeigt die Eingangs- und Ausgangsspannung eines RC-Integriergliedes.

Wie groß etwa ist das Verhältnis zwischen der Impulsdauer t_i und der Zeitkonstanten τ des Integriergliedes?

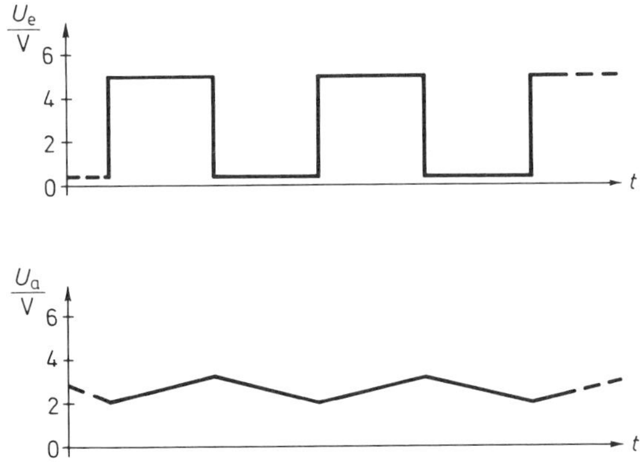

a) $t_i/\tau \approx 100$

b) $t_i/\tau \approx 20$

c) $t_i/\tau \approx 1$

d) $t_i/\tau \approx \frac{1}{5}$

e) $t_i/\tau \approx \frac{1}{100}$

Wertigkeit **2** P — Bewertung P

II. 2

Das Diagramm zeigt die Eingangs- und Ausgangsspannung eines CR-Differenziergliedes.

Wie groß etwa ist das Verhältnis zwischen der Impulsdauer t_i und der Zeitkonstanten τ des Differenziergliedes?

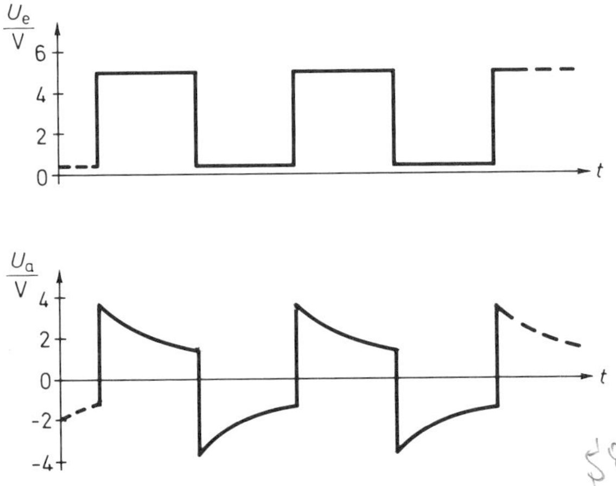

a) $t_i/\tau \approx 100$

b) $t_i/\tau \approx 10$

c) $t_i/\tau \approx 1$

d) $t_i/\tau \approx \frac{1}{20}$

e) $t_i/\tau \approx \frac{1}{100}$

Wertigkeit **2** P — Bewertung P

II. 2

Auf den Eingang des dargestellten Vierpols wird die Rechteckspannung U_e mit $t_i/t_p = 1$ gegeben. Die Frequenz von U_e ist so gewählt, daß $t_i/\tau > 10$ ist.

Welches der 5 Diagramme zeigt den charakteristischen Verlauf der zugehörigen Ausgangsspannung U_a?

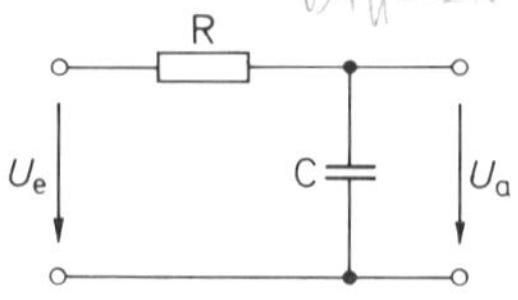

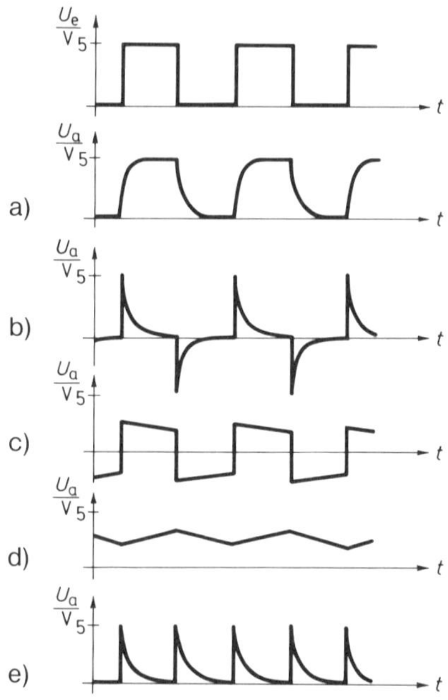

Wertigkeit **2** P

Bewertung P

II. 2

Aus einer Rechteckspannung $t_i/t_p = 1$ sollen durch Impulsformung schmale positive und negative Nadelimpulse erzeugt werden.

Mit welchem der angegebenen Vierpole lassen sich derartige Nadelimpulse aus einer Rechteckspannung gewinnen?

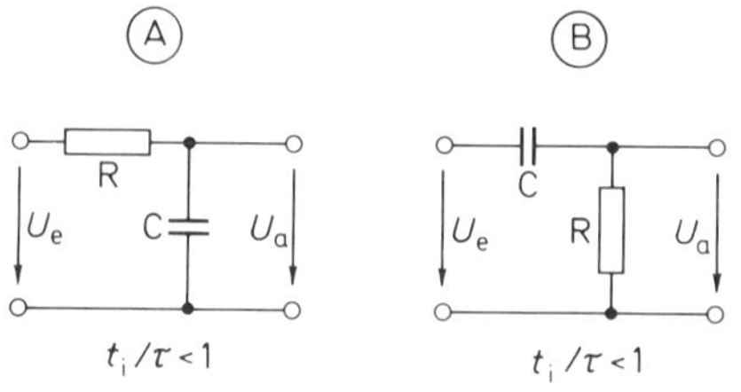

a) Mit Schaltung A
b) Mit Schaltung B
c) Mit Schaltung C
d) Mit Schaltung D
e) Mit Schaltung E

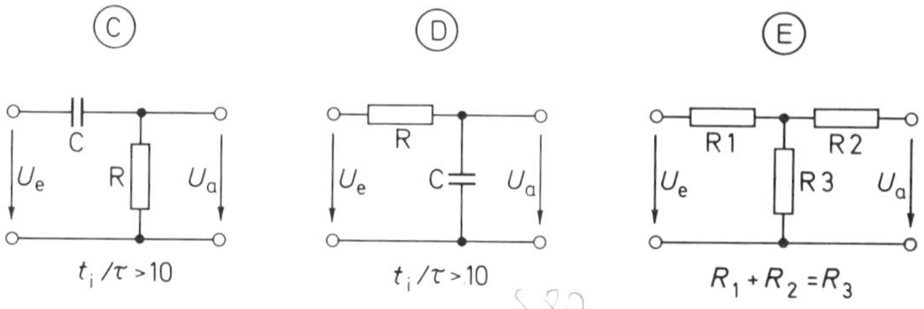

Wertigkeit **2** P

Bewertung P

II. 2

Die Reihenschaltung eines ohmschen Widerstandes mit $R = 82\,\Omega$ und einer Spule mit $L = 100\,\text{mH}$ wird an eine Wechselspannung $U = 24\,\text{V}/400\,\text{Hz}$ angeschlossen.

Wie groß ist der Scheinwiderstand Z dieses Zweipols und die Phasenverschiebung φ zwischen U und I?

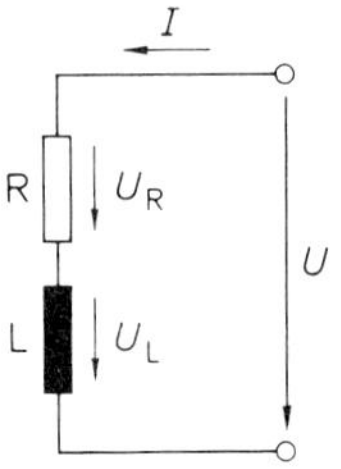

RECHNUNG

$X_L = 251{,}327$

$Z = \sqrt{R^2 + X_L^2}$

$Z = 264{,}36\,\Omega$

$\tan\varphi = \frac{X_L}{R} = \frac{251\,\Omega}{82} = 72°$

a) $Z = 264\ \Omega$; $\varphi = 72°$

b) $Z = 1{,}18\,\text{k}\Omega$; $\varphi = 65°$

c) $Z = 2{,}64\,\text{k}\Omega$; $\varphi = 72°$

d) $Z = 346\ \Omega$; $\varphi = 72°$

e) $Z = 264\ \Omega$; $\varphi = 32°$

Wertigkeit **3** P

Bewertung P

II. 2

Die Parallelschaltung eines ohmschen Widerstandes und eines Kondensators ist an eine Wechselspannung $U = 8\,\text{V}/1\,\text{kHz}$ angeschlossen.

Welchen Wert hat der Widerstand R und der Kondensator C, wenn die Teilströme $I_R = 50\,\text{mA}$ und $I_C = 100\,\text{mA}$ betragen?

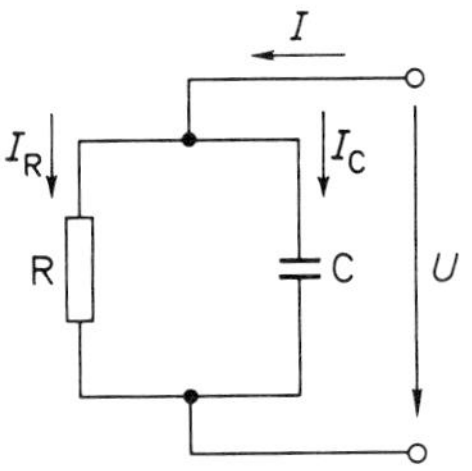

RECHNUNG

$(I = \sqrt{I_R^2 + I_C^2} = 111{,}8\,\text{mA})$

$R = \frac{U}{I_R} = \frac{8\,\text{V}}{50\,\text{mA}} = 160\,\Omega$

$C = \frac{U}{I_C} = 80\,\mu\text{F}$

a) $R = 160\ \Omega$; $C = 80\ \mu\text{F}$

b) $R = 160\ \Omega$; $C = 2\ \mu\text{F}$

c) $R = 53{,}3\ \Omega$; $C = 3\ \mu\text{F}$

d) $R = 2{,}5\,\text{k}\Omega$; $C = 3{,}45\,\mu\text{F}$

e) $R = 2{,}5\,\text{k}\Omega$; $C = 1{,}4\ \text{nF}$

Wertigkeit **3** P

Bewertung P

Wird eine verlustbehaftete Spule an eine Gleichspannung $U_1 = 10\,\text{V}$ angeschlossen, so fließt ein Strom $I_1 = 1\,\text{A}$. Bei Anschluß an eine Wechselspannung $U_2 = 42\,\text{V}/50\,\text{Hz}$ fließt dagegen ein Strom $I_2 = 420\,\text{mA}$.	II. 2

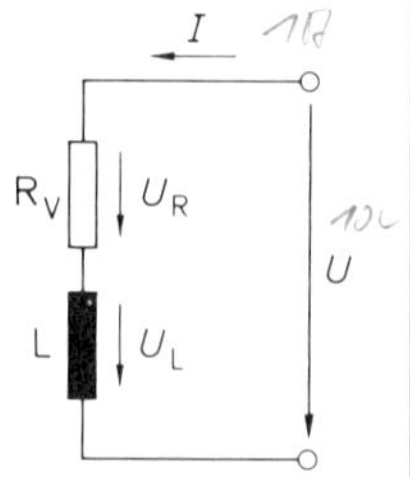

Wie groß sind der Verlustwiderstand R_V und der Verlustfaktor $\tan\delta$ der Spule?

RECHNUNG

$Z_2 = \frac{U}{I} = \frac{42\,V}{420\,mA} = 100\,\Omega$

$Z_1 = \frac{10\,V}{1\,A} = 10\,\Omega$

$X_L = 90\,\Omega$

S. 43

a) $R_V = 100\,\Omega$; $\tan\delta = 1{,}00$

b) $R_V = 100\,\Omega$; $\tan\delta = 0{,}01$

c) $R_V = 10\,\Omega$; $\tan\delta = 0{,}10$

d) $R_V = 10\,\Omega$; $\tan\delta = 5{,}74$

e) $R_V = 200\,\Omega$; $\tan\delta = 0{,}204$

Wertigkeit **3** P — Bewertung P

Von einem Reihenschwingkreis sind die Werte $R = 10\,\Omega$ und $L = 10\,\text{mH}$ bekannt.	II. 2

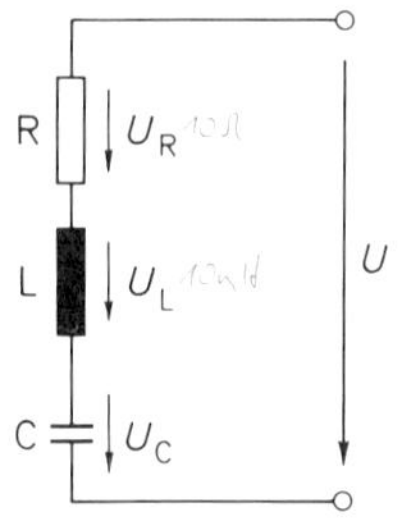

Welchen Wert hat der Kondensator C, wenn der Schwingkreis einen Gütefaktor $Q = \frac{1}{R} \cdot \sqrt{\frac{L}{C}} = 10$ besitzt?

RECHNUNG

$Q = \frac{1}{R} \cdot \sqrt{\frac{L}{C}}$

$\frac{\left(\frac{Q}{\frac{1}{R}}\right)^2}{L} = C$

$\frac{\left(\frac{10}{10^{-1}}\right)^2}{10 \cdot 10^{-3}} = 1 \cdot 10^{-6} = 1\,\mu F$

a) $C = 1\,\mu\text{F}$

b) $C = 100\,\mu\text{F}$

c) $C = 10\,\text{nF}$

d) $C = 100\,\text{nF}$

e) $C = 10\,\mu\text{F}$

Wertigkeit **3** P — Bewertung P

II. 2

Ein Parallelschwingkreis soll mit Hilfe eines Drehkondensators auf die Resonanzfrequenz f_o = 500 kHz abgestimmt werden.

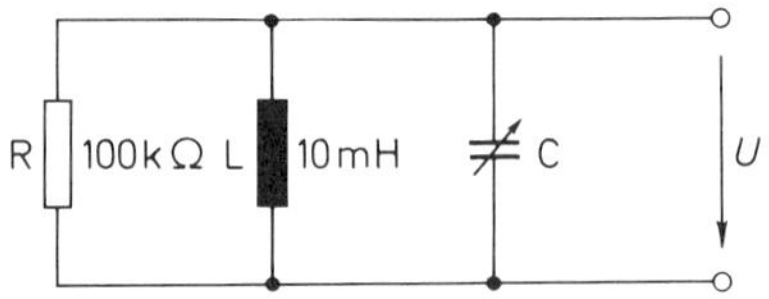

Auf welchen Wert ist der Drehkondensator C einzustellen?

RECHNUNG

$f_0 = \frac{1}{2 \cdot \pi \cdot \sqrt{L \cdot C}}$

$C = \frac{1}{(2 \cdot \pi \cdot f_0)^2 \cdot L}$

$C = 10{,}13 \cdot 10^{-12} = 10\,pF$

a) $C \approx$ 11 nF

b) $C \approx$ 3 nF

c) $C \approx$ 55 nF

d) $C \approx$ 10 nF

e) $C \approx$ 10 pF

Wertigkeit **3** P

Bewertung P

II. 2

Wie groß ist die Grenzfrequenz f_g eines RC-Tiefpasses, der aus einem ohmschen Widerstand $R = 10\,\Omega$ und einem Kondensator $C = 150\,nF$ aufgebaut ist?

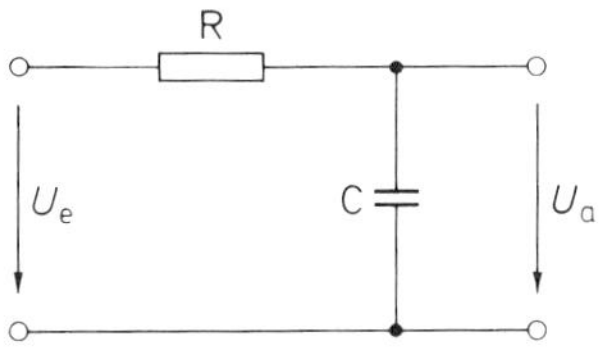

RECHNUNG

$f_g = 106\,kHz$

a) $f_g = 666\,kHz$

b) $f_g = 130\,Hz$

c) $f_g = 106\,kHz$

d) $f_g = 106\,Hz$

e) $f_g = 106\,MHz$

Wertigkeit **3** P

Bewertung P

Wie groß ist die Dämpfung a (in dB) eines RC-Tiefpasses, wenn bei einer Eingangsspannung $U_e = 5\,V$ eine Ausgangsspannung $U_a = 3{,}5\,V$ gemessen wird?

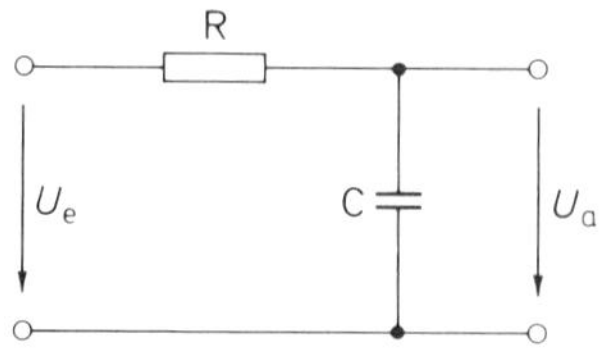

II. 2

RECHNUNG

$a = 20 \left(\lg \frac{U_e}{U_a}\right) = 3{,}09\,dB$

a) $a = 0{,}16\,dB$

b) $a = 6{,}5\,dB$

c) $a = -3\,dB$

d) $a = 3\,dB$

e) $a = 20\,dB$

Wertigkeit **3** P

Bewertung P

Wie ändert sich die Grenzfrequenz f_g des CR-Hochpasses, wenn das Potentiometer von Anschlag a auf Anschlag b verstellt wird?

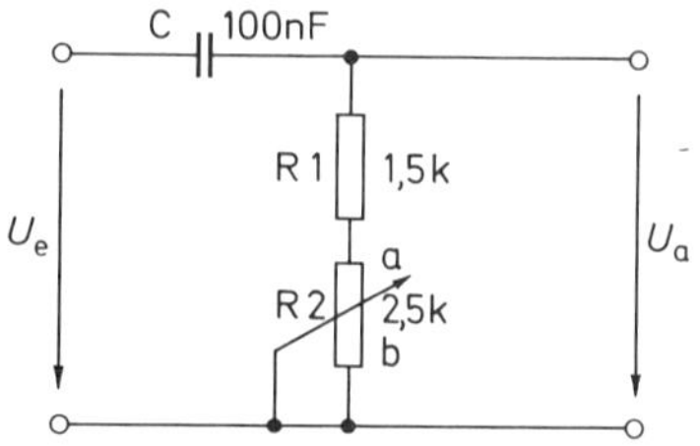

II. 2

RECHNUNG

$f_{g(a)} = 1061\,Hz$

$f_{g(b)} = 398\,Hz$

	Anschlag a		Anschlag b
a)	$f_g = 398\,Hz$	;	$f_g = 1061\,Hz$
b)	$f_g = 1061\,Hz$	;	$f_g = 398\,Hz$
c)	$f_g = 1061\,Hz$	;	$f_g = 1061\,Hz$
d)	$f_g = 1061\,Hz$	;	$f_g = 637\,Hz$
e)	$f_g = 636\,Hz$	;	$f_g = 1061\,Hz$

Wertigkeit **3** P

Bewertung P

II. 2

Ein CR-Hochpaß ist aus einem Kondensator mit $C = 82\,\text{pF}$ und einem Widerstand $R = 180\,\text{k}\Omega$ aufgebaut.

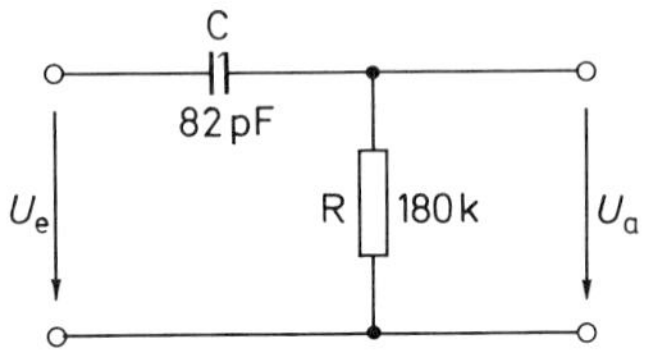

Wie groß ist die Grenzfrequenz f_g und die Phasenverschiebung φ zwischen U_a und U_e bei einer Signalfrequenz $f = 82\,\text{kHz}$?

RECHNUNG

$f_g = 10{,}8\,\text{kHz}$

$\tan\varphi = \frac{X_C}{R} = \frac{1}{R \cdot \omega \cdot C} = 7{,}49$

a) $f_g = 1{,}59\,\text{kHz}$; $\varphi = 58°$ ☐

b) $f_g = 10{,}8\,\text{kHz}$; $\varphi = 45°$ ☐

c) $f_g = 10{,}8\,\text{kHz}$; $\varphi = 7{,}5°$ ☒

d) $f_g = 82\,\text{kHz}$; $\varphi = 45°$ ☐

e) $f_g = 82\,\text{kHz}$; $\varphi = 7{,}5°$ ☐

Wertigkeit **3** P | Bewertung P

II. 2

Aus einer Rechteckspannung mit der Frequenz $f = 1\,\text{kHz}$ und $t_i/t_p = 1$ sollen mit Hilfe eines CR-Differenziergliedes schmale Nadelimpulse erzeugt werden, für die ein Verhältnis $t_i/\tau = 20$ gefordert ist.

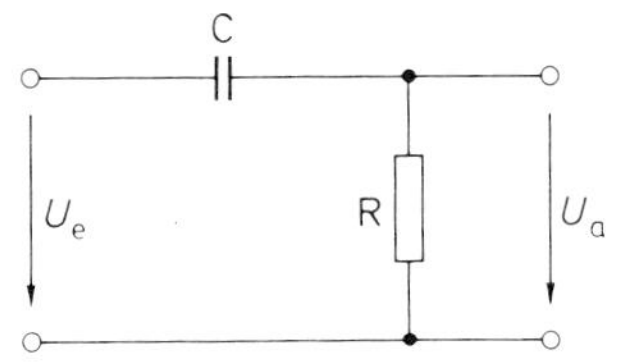

Welche Zeitkonstante τ muß das Differenzierglied erhalten?

RECHNUNG

$T = \frac{1}{f} = 1\,\text{ms}$ $\qquad \frac{t_i}{\tau} = 20$

$t_i = 0{,}5\,\text{ms}$ $\qquad \frac{0{,}5\,\text{ms}}{\tau} = 20$

$t_p = 0{,}5\,\text{ms}$

$\frac{0{,}5\,\text{ms}}{20} = \tau = 25\,\mu\text{s}$

a) $\tau = 2{,}5\,\mu\text{s}$ ☐

b) $\tau = 5\,\mu\text{s}$ ☐

c) $\tau = 25\,\mu\text{s}$ ☒

d) $\tau = 50\,\mu\text{s}$ ☐

e) $\tau = 250\,\mu\text{s}$ ☐

Wertigkeit **3** P | Bewertung P

II. 3
Halbleiterdioden

II. 3

Mit welchem der 5 angegebenen Schaltzeichen wird eine Z-Diode dargestellt?

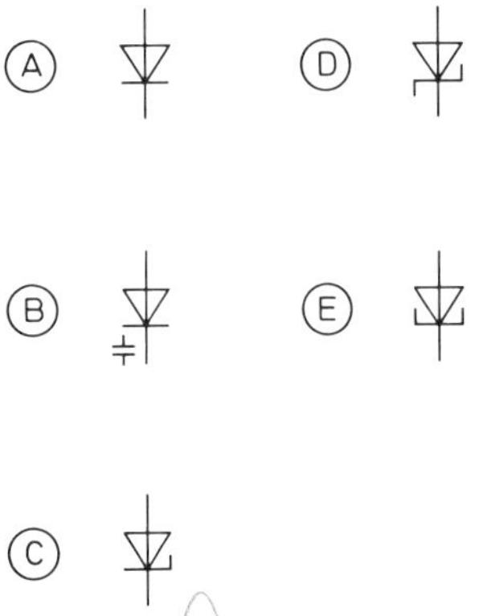

a) Mit dem Schaltzeichen A

b) Mit dem Schaltzeichen B

c) Mit dem Schaltzeichen C

d) Mit dem Schaltzeichen D

e) Mit dem Schaltzeichen E

Wertigkeit **1** P Bewertung P

II. 3

Mit welchem der 5 angegebenen Schaltzeichen wird eine Schottky-Diode dargestellt?

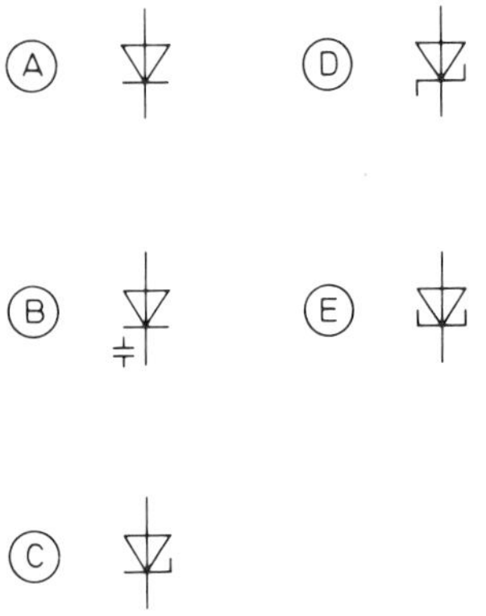

a) Mit dem Schaltzeichen A

b) Mit dem Schaltzeichen B

c) Mit dem Schaltzeichen C

d) Mit dem Schaltzeichen D

e) Mit dem Schaltzeichen E

Wertigkeit **1** P Bewertung P

II. 3

Das Bild zeigt das Schaltzeichen einer Halbleiterdiode.

Wie wird die dargestellte Diode bezeichnet?

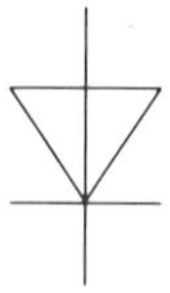

a) Gleichrichterdiode

b) Z-Diode

c) Kapazitätsdiode

d) Schottky-Diode

e) Fotodiode

Wertigkeit **1** P — Bewertung P

II. 3

Das Bild zeigt das Schaltzeichen einer Halbleiterdiode.

Wie wird die dargestellte Diode bezeichnet?

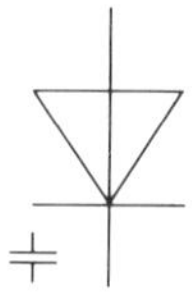

a) Gleichrichterdiode

b) Z-Diode

c) Kapazitätsdiode

d) Schottky-Diode

e) Fotodiode

Wertigkeit **1** P — Bewertung P

II. 3

Für welche der genannten Aufgaben kann die im Bild dargestellte Halbleiterdiode *nicht* eingesetzt werden?

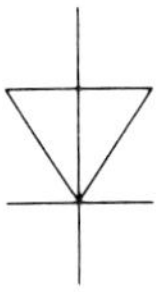

a) Zur Verstärkung von Gleichspannungen

b) Zur Gleichrichtung von Wechselspannungen

c) Als richtungsabhängiger Schalter in Gleichstromkreisen

d) Zum Abbau von Spannungsspitzen, die beim Abschalten von Spulen in Gleichstromkreisen auftreten können

e) Zur Stabilisierung kleiner Gleichspannungen (U etwa 0,2 bis 1 V)

Wertigkeit **1** P

Bewertung P

II. 3

Für welche der genannten Aufgaben wird die im Bild dargestellte Halbleiterdiode üblicherweise eingesetzt?

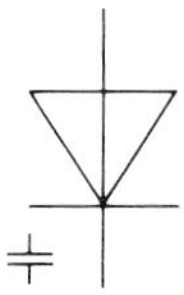

a) Zur Impulsübertragung

b) Zur Impulsverformung

c) Zur Frequenznachstimmung von Schwingkreisen

d) Zur Stabilisierung von Gleichspannungen (U etwa 4 V bis 20 V)

e) Zur Umwandlung von elektrischer Energie in Lichtenergie

Wertigkeit **1** P

Bewertung P

Durch Dotieren von Ge- oder Si-Kristallen entstehen p-Halbleiter bzw. n-Halbleiter.

II. 3

Welcher der angegebenen 5 Zustände ist für einen n-Halbleiter charakteristisch?

a) Der Überschuß an positiven Ladungsträgern

b) Der Überschuß an negativen Ladungsträgern

c) Der Mangel an negativen Ladungsträgern

d) Der Überschuß an Neutronen

e) Der Mangel an Neutronen

Wertigkeit **1** P

Bewertung P

Durch Dotieren von Ge- oder Si-Kristallen mit Donatoren bzw. Akzeptoren entstehen p-Halbleiter bzw. n-Halbleiter.

II. 3

Wie entsteht aus einem chemisch reinen Ge- oder Si-Kristall ein p-Halbleiter?

a) Durch Dotieren mit bestimmten 2-wertigen chemischen Elementen

b) Durch Dotieren mit bestimmten 3-wertigen chemischen Elementen

c) Durch Dotieren mit bestimmten 4-wertigen chemischen Elementen

d) Durch Dotieren mit bestimmten 5-wertigen chemischen Elementen

e) Durch Dotieren mit bestimmten 6-wertigen chemischen Elementen

S 95

Wertigkeit **1** P

Bewertung P

II. 3

Die Wertigkeit chemischer Elemente ist von den Valenzelektronen abhängig. Indium (In) und Aluminium (Al) werden zum Dotieren von chemisch reinen Germanium- und Siliziumkristallen verwendet.

Welche Wertigkeit haben Indium- und Aluminiumatome?

a) In und Al sind 2-wertig
b) In und Al sind 3-wertig
c) In und Al sind 4-wertig
d) In und Al sind 5-wertig
e) In und Al sind 6-wertig

S56 /56

Wertigkeit **1** P   Bewertung P

II. 3

Das Bild zeigt ein Helium-Atom in vereinfachter Darstellung.

Wie wird das mit einem Pfeil gekennzeichnete Elementarteilchen genannt?

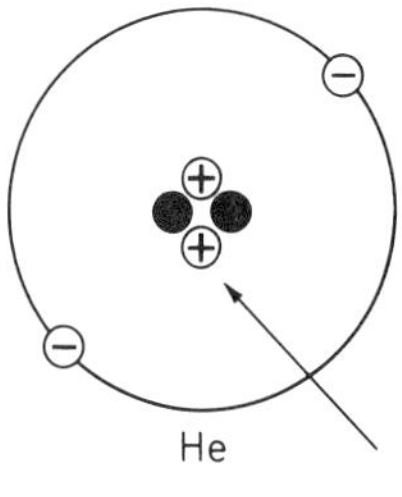

a) Ion
b) Proton
c) Neutron
d) Elektron
e) Molekül

Wertigkeit **1** P   Bewertung P

Wie groß ist die Schleusenspannung bei einer Ge-Diode?

II. 3

a) $U_S \approx 0,1$ bis $0,2\,V$ ▢

b) $U_S \approx 0,2$ bis $0,4\,V$ ▢

c) $U_S \approx 0,4$ bis $0,5\,V$ ▢

d) $U_S \approx 0,5$ bis $0,8\,V$ ▢

e) $U_S \approx 0,8$ bis $1,2\,V$ ▢

S. 126 / 100

Wertigkeit **1** P Bewertung P

Wie groß ist die Diffusionsspannung bei einer Si-Diode?

II. 3

a) $U_D \approx 0,1$ bis $0,2\,V$ ▢

b) $U_D \approx 0,2$ bis $0,4\,V$ ▢

c) $U_D \approx 0,4$ bis $0,5\,V$ ▢

d) $U_D \approx 0,5$ bis $0,8\,V$ ▢

e) $U_D \approx 0,8$ bis $1,2\,V$ ▢

S 98

Wertigkeit **1** P Bewertung P

Das Diagramm zeigt die charakteristische Kennlinie einer bestimmten Halbleiterdiode.	II. 3

Zu welcher der 5 genannten Halbleiterdioden gehört diese Kennlinie?

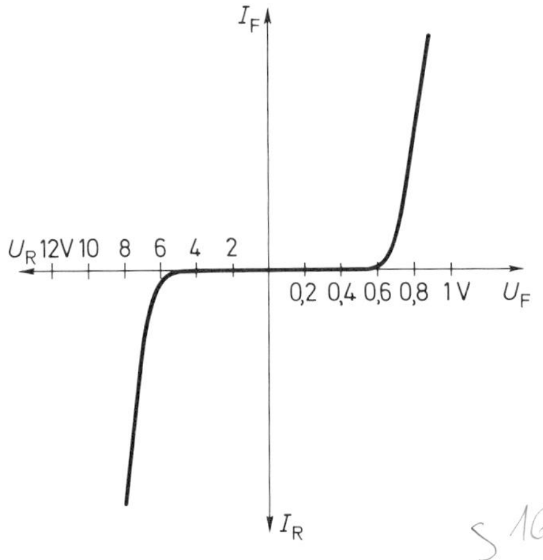

a) Zu einer Selendiode ☐

b) Zu einer Z-Diode ☐

c) Zu einer Kapazitätsdiode ☐

d) Zu einer Germaniumdiode ☐

e) Zu einer Siliziumdiode ☐

S 162

Wertigkeit **1** P Bewertung P

Das Diagramm zeigt die charakteristische Kennlinie einer bestimmten Halbleiterdiode.	II. 3

Zu welcher der 5 genannten Halbleiterdioden gehört diese Kennlinie?

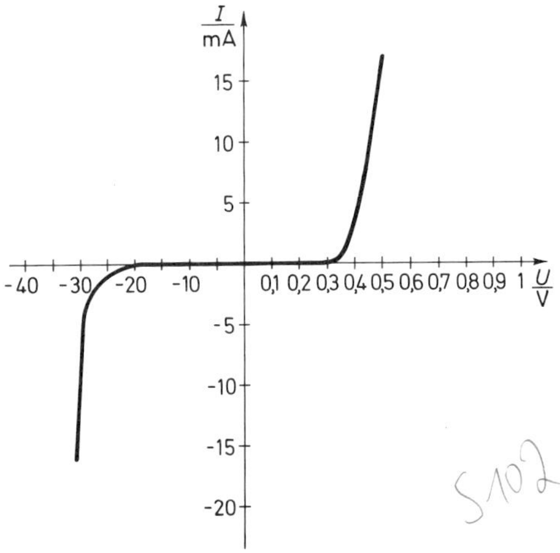

a) Zu einer Schottky-Diode ☐

b) Zu einer Z-Diode ☐

c) Zu einer Germaniumdiode ☐

d) Zu einer Kapazitätsdiode ☐

e) Zu einer Siliziumdiode ☐

S 102

Wertigkeit **1** P Bewertung P

II. 3

Aufgrund ihres Ausgangsmaterials haben Halbleiterdioden charakteristische Eigenschaften.

Welche der genannten Daten gehören zu einer Siliziumdiode?

	Schleusenspannung U_S	Sperrstrom I_{Rest}	Sperrschichttemperatur $T_{J\,max}$
a)	0,3 V	10 µA ÷ 500 µA	200 °C
b)	0,3 V	10 µA ÷ 500 µA	90 °C
c)	0,7 V	10 µA ÷ 500 µA	200 °C
d)	0,7 V	5 nA ÷ 500 nA	200 °C
e)	0,3 V	5 nA ÷ 500 nA	90 °C

S 103

Wertigkeit **1** P

Bewertung P

II. 3

Germanium- und Siliziumdioden unterscheiden sich unter anderem auch durch verschieden hohe maximal zulässige Sperrschicht-Temperaturen.

Wie hoch etwa ist die maximal zulässige Sperrschicht-Temperatur $T_{J\,max}$ bei Germaniumdioden?

a) $T_{J\,max} \approx$ 20 °C

b) $T_{J\,max} \approx$ 50 °C

c) $T_{J\,max} \approx$ 90 °C

d) $T_{J\,max} \approx$ 130 °C

e) $T_{J\,max} \approx$ 200 °C

S 107

Wertigkeit **1** P

Bewertung P

II. 3

Aus welchem Grund sind Germanium-Spitzendioden besonders gut zur Gleichrichtung von Höchstfrequenz-Spannungen geeignet?

a) Wegen des großflächigen pn-Überganges haben Spitzendioden eine besonders kleine Sperrschichtkapazität

b) Wegen des kleinflächigen pn-Überganges haben Spitzendioden eine besonders große Sperrschichtkapazität

c) Wegen des kleinflächigen pn-Überganges haben Spitzendioden eine besonders kleine Sperrschichtkapazität

d) Wegen der dünnen Zuleitungsdrähte haben Spitzendioden einen besonders kleinen Durchlaßwiderstand

e) Wegen der dünnen Zuleitungsdrähte haben Spitzendioden einen besonders hohen Sperrwiderstand

S 130

Wertigkeit **1** P | Bewertung P

II. 3

An den Eingang der Brückenschaltung mit Ladekondensator wird eine sinusförmige Wechselspannung $U_{eff} = 10\,V$ gelegt.

Welche Spannung kann mit einem hochohmigen Meßgerät am Ausgang dieser Gleichrichterschaltung gemessen werden?

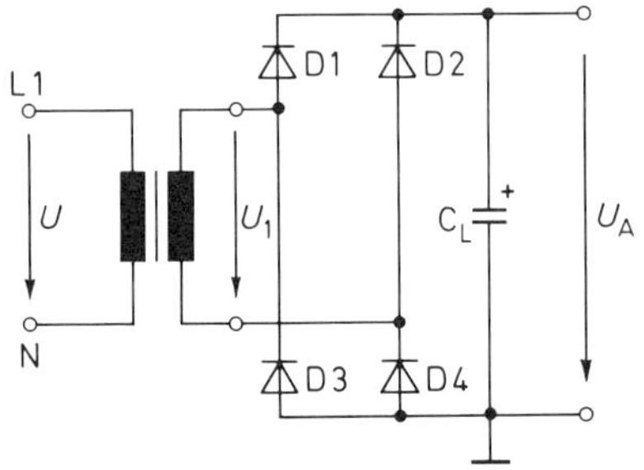

a) $U_A \approx 0 \cdot 10\,V = 0\,V$

b) $U_A \approx 1 \cdot 10\,V = 10\,V$

c) $U_A \approx \sqrt{2} \cdot 10\,V = 14{,}1\,V$

d) $U_A \approx 2 \cdot 10\,V = 20\,V$

e) $U_A \approx 2 \cdot \sqrt{2} \cdot 10\,V = 28{,}2\,V$

S. 151

Wertigkeit **1** P | Bewertung P

II. 3

Bei einer der 5 Gleichrichterschaltungen wurde mit dem Oszilloskop am Meßpunkt 1 (gegen Masse) der nebenstehende Spannungsverlauf gemessen.

Zu welcher der 5 Schaltungen gehört das Oszillogramm?

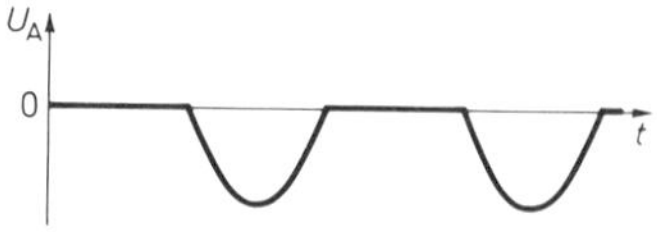

a) Zu Schaltung A
b) Zu Schaltung B
c) Zu Schaltung C
d) Zu Schaltung D
e) Zu Schaltung E

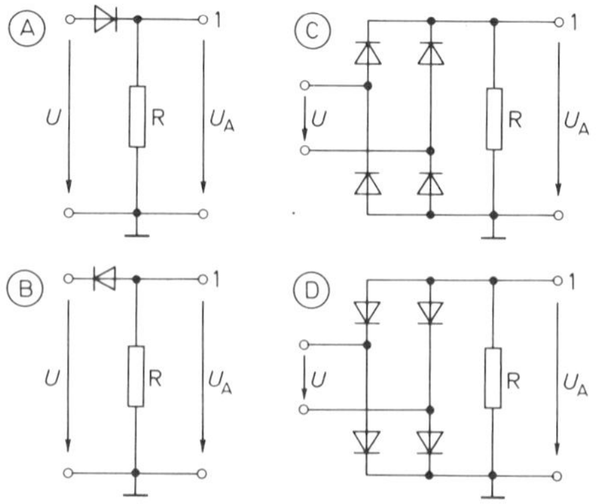

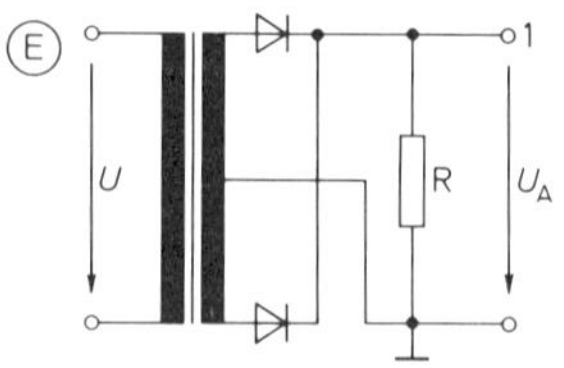

Wertigkeit **1** P

Bewertung P

II. 3

Bei der dargestellten Schaltung wird mit einem Oszilloskop der Spannungsverlauf am Punkt Ⓐ (gegen Masse) gemessen.

Welches der 5 Oszillogramme zeigt den zugehörigen Spannungsverlauf?

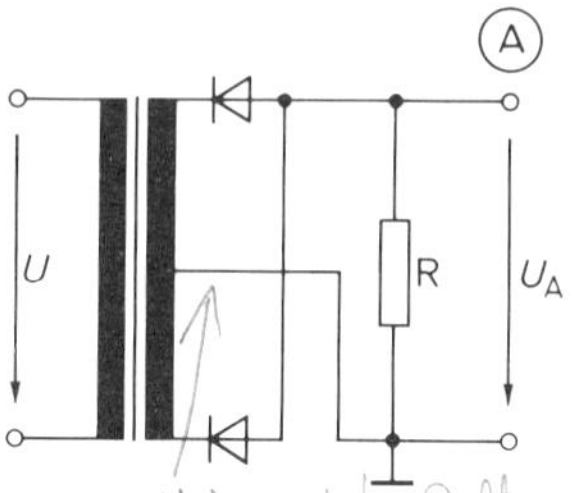

Mittelpunktschaltung

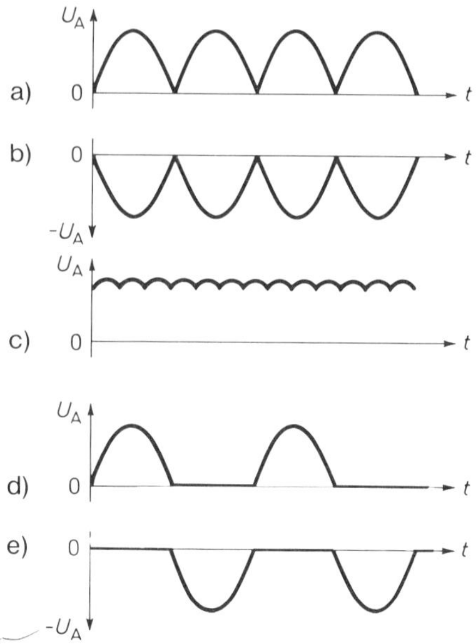

S 145

Wertigkeit **1** P

Bewertung P

II. 3

Die angegebene Gleichrichterschaltung wird mit einer sinusförmigen Wechselspannung betrieben.

Welches der 5 Oszillogramme zeigt den charakteristischen Verlauf der Spannung am Meßpunkt Ⓐ (gegen Masse)?

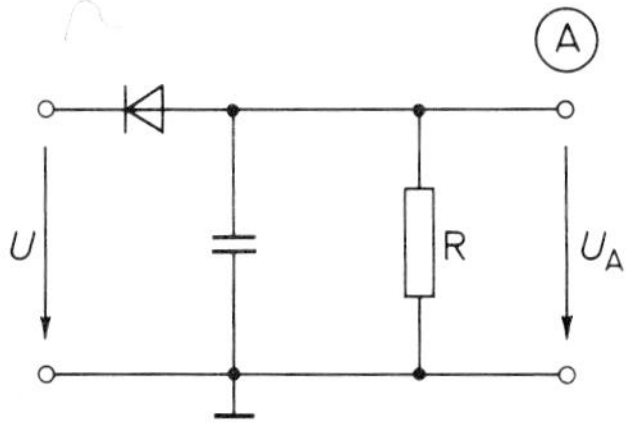

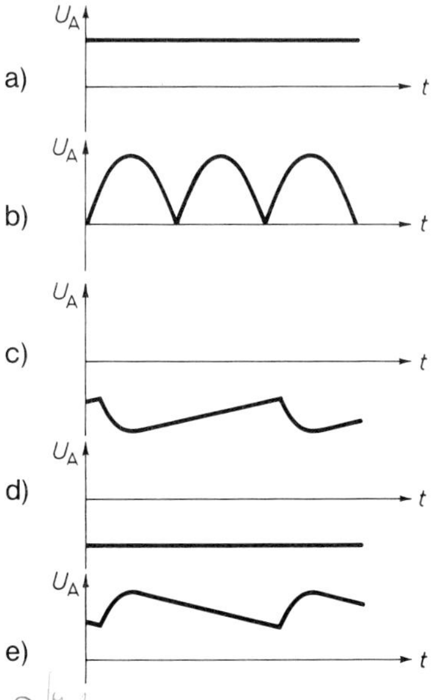

Wertigkeit **1** P

Bewertung P

II. 3

Ein Gleichrichtersatz trägt die Bezeichnung B 40 C 1000.

Welche technischen Informationen können dieser Bezeichnung entnommen werden?

a) Brückenschaltung ; $U_{eff} = 1000\,V$; $I_L = 40\,mA$

b) C-Schaltung ; $U_{eff} = 40\,V$; $I_L = 1000\,mA$

c) Einwegschaltung ; $U_{eff} = 40\,V$; $I_L = 1000\,mA$

d) Brückenschaltung ; $U_{eff} = 40\,V$; $I_L = 1000\,mA$

e) Brückenschaltung ; $U_{eff} = 40\,V$; $C_L = 1000\,\mu F$

Wertigkeit **1** P

Bewertung P

II. 3

Das Schaltzeichen kennzeichnet ein bestimmtes Halbleiter-Bauelement.

Aus welchem der 5 genannten Werkstoffe wird dieses Bauelement hergestellt?

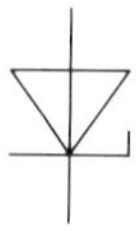

a) Aus Silizium

b) Aus Germanium

c) Aus Selen

d) Aus Indium-Antimonid

e) Aus Gallium-Arsenid

S 160

Wertigkeit **1** P   Bewertung P

II. 3

Bei der Kennzeichnung von Dioden nach »Pro Electron« gibt der 1. Buchstabe Auskunft über das Halbleitermaterial.

Wie lautet der 1. Buchstabe bei einer Siliziumdiode?

a) A

b) B

c) C

d) X

e) Y

S 165

Wertigkeit **1** P   Bewertung P

Wovon hängt die Leitfähigkeit eines reinen Silizium-Kristalls im wesentlichen ab?

II. 3

a) Von der Größe der anliegenden Spannung

b) Von der Umgebungstemperatur

c) Von der Zahl der vorhandenen Donatoren

d) Von der Zahl der vorhandenen Akzeptoren

e) Von den mechanischen Abmessungen des Kristalls

S 94

Wertigkeit **2** P

Bewertung P

Wovon hängt die Leitfähigkeit eines p-Halbleiter-Kristalls im wesentlichen ab?

II. 3

?

a) Von der Größe der anliegenden Spannung

b) Von der Umgebungstemperatur

c) Von der Zahl der vorhandenen Donatoren

d) Von der Zahl der vorhandenen Akzeptoren

e) Von den mechanischen Abmessungen des Kristalls

S. 94

Wertigkeit **2** P

Bewertung P

II. 3

In dem Bild ist ein pn-Übergang schematisch dargestellt.

Durch welche der angegebenen Vorgänge baut sich bei einem pn-Übergang eine Diffusionsspannung auf?

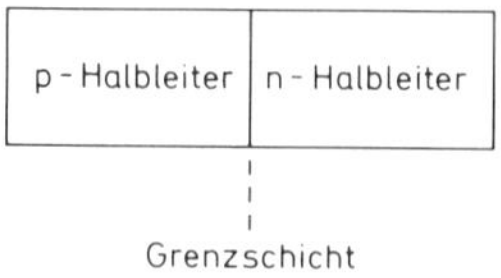

a) Weil Elektronen vom p-Halbleiter in den n-Halbleiter wandern

b) Weil Löcher vom n-Halbleiter in den p-Halbleiter wandern

c) Weil gleichzeitig Löcher vom n-Halbleiter in den p-Halbleiter und Elektronen vom p-Halbleiter in den n-Halbleiter wandern

d) Weil gleichzeitig Elektronen vom n-Halbleiter in den p-Halbleiter und Löcher vom p-Halbleiter in den n-Halbleiter wandern

e) Weil gleichzeitig Elektronen vom n-Halbleiter in den p-Halbleiter und Elektronen vom p-Halbleiter in den n-Halbleiter wandern

Wertigkeit	2 P	Bewertung	P

II. 3

Bei welcher der angegebenen Betriebsarten hat die Sperrschicht der schematisch dargestellten Si-Diode die größte Breite?

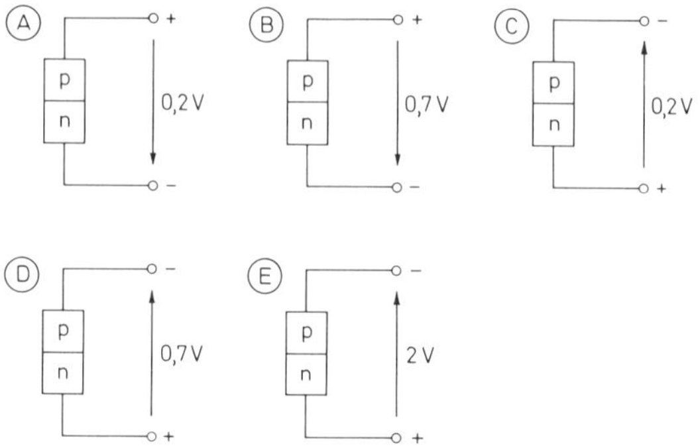

a) Bei Betriebsart A

b) Bei Betriebsart B

c) Bei Betriebsart C

d) Bei Betriebsart D

e) Bei Betriebsart E

Wertigkeit	2 P	Bewertung	P

II. 3

In welcher der angegebenen Schaltungen ist die Diode stark gefährdet und kann zerstört werden?

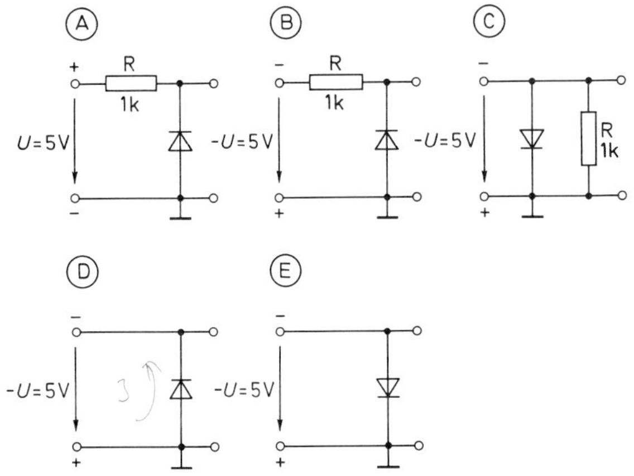

a) In Schaltung A

b) In Schaltung B

c) In Schaltung C

d) In Schaltung D

e) In Schaltung E

Wertigkeit **2** P

Bewertung P

II. 3

Das Diagramm zeigt die Kennlinie einer bestimmten Diodenart. Sie wird in der angegebenen Schaltung betrieben.

Um was für eine Diode handelt es sich und wie wird sie betrieben?

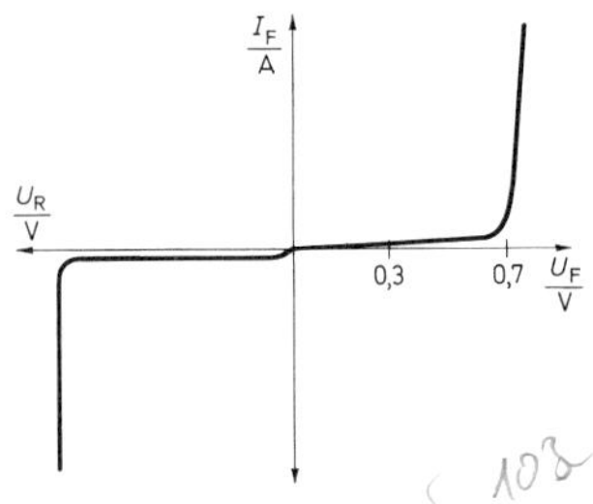

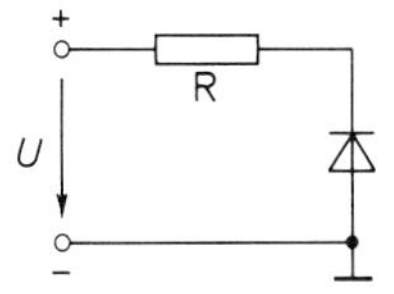

a) Eine Si-Diode wird in Sperrichtung betrieben

b) Eine Si-Diode wird in Durchlaßrichtung betrieben

c) Eine Ge-Diode wird in Sperrichtung betrieben

d) Eine Ge-Diode wird in Durchlaßrichtung betrieben

e) Eine Si-Diode wird in Durchlaßrichtung betrieben, aber es kann kein Strom fließen, weil der Widerstand R auf der Katodenseite der Diode liegt

Wertigkeit **2** P

Bewertung P

In der angegebenen Schaltung wird eine Si-Diode eingesetzt.

Welchen Wert und welche Polarität hat die eingetragene Spannung U_A?

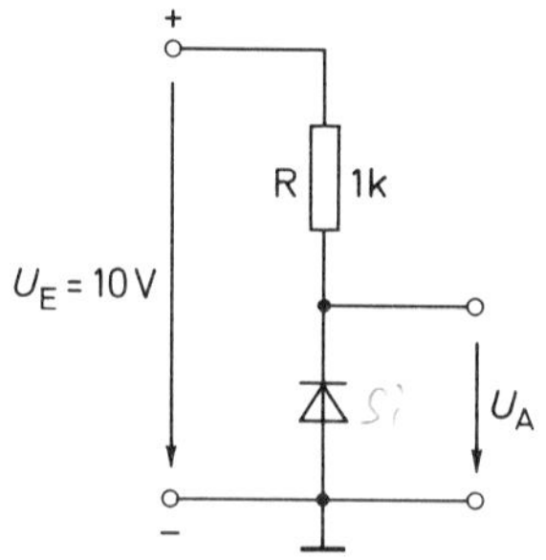

a) $U_A \approx$ 0 V

b) $U_A \approx +$ 0,3 V

c) $U_A \approx +$ 0,7 V

d) $U_A \approx -$ 0,7 V

e) $U_A \approx +10$ V

II. 3

Wertigkeit **2** P

Bewertung P

An den Anschlüssen der 5 Diodenschaltungen liegen die angegebenen Spannungen.

In welcher Schaltung wird die Diode in Durchlaßrichtung betrieben?

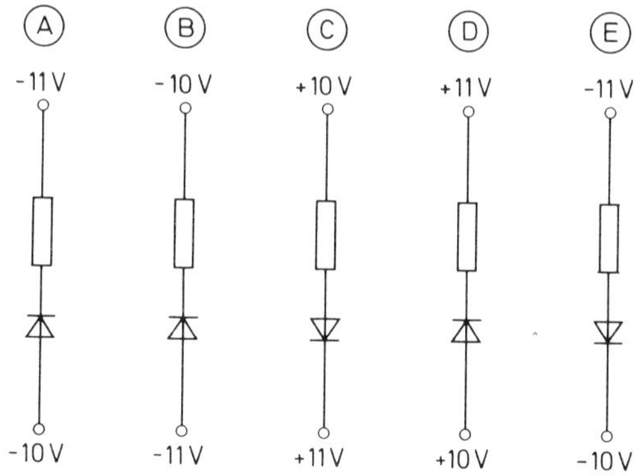

a) In Schaltung A

b) In Schaltung B

c) In Schaltung C

d) In Schaltung D

e) In Schaltung E

II. 3

Wertigkeit **2** P

Bewertung P

II. 3

Das Bild zeigt die Durchlaßkennlinie einer Diode 1N4148.

Wie groß ist die Durchlaßspannung U_F, wenn ein Strom $I_F = 50$ mA durch die Diode fließt?

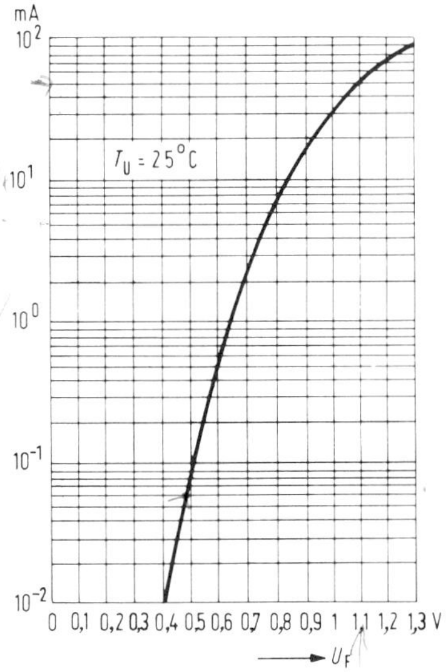

a) $U_F \approx 0{,}48$ V

b) $U_F \approx 0{,}6$ V

c) $U_F \approx 0{,}75$ V

d) $U_F \approx 0{,}8$ V

e) $U_F \approx 1{,}1$ V

Wertigkeit **2** P | Bewertung P

II. 3

Das Diagramm zeigt die Durchlaßkennlinie der Dioden BAY 41, 42 und 43.

In welchen Grenzen kann der Durchlaßstrom I_F liegen, wenn $U_F = 0{,}7$ V beträgt?

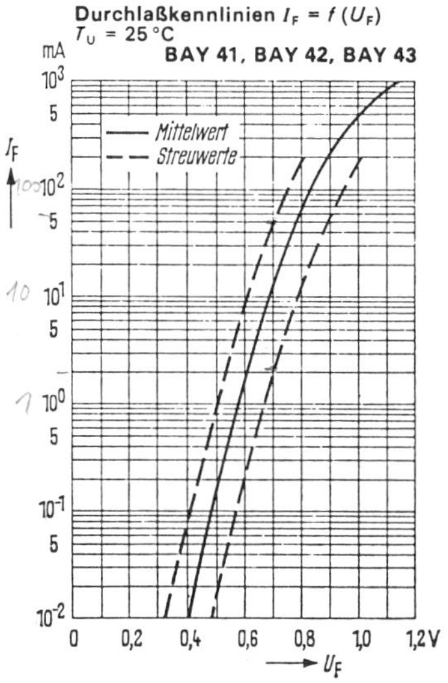

a) $I_F \approx 13$ bis 50 mA

b) $I_F \approx 2$ bis 50 mA

c) $I_F \approx 2$ bis 13 mA

d) $I_F \approx 8$ bis 10 mA

e) $I_F \approx 0{,}2$ bis 5 mA

Wertigkeit **2** P | Bewertung P

II. 3

Das Diagramm zeigt die Kennlinie des dynamischen Durchlaßwiderstandes der Dioden BAY 44, 45 und 46.

Wie groß ist der dynamische Durchlaßwiderstand r_F dieser Dioden, wenn ein Strom $I_F = 6\,\text{mA}$ fließt?

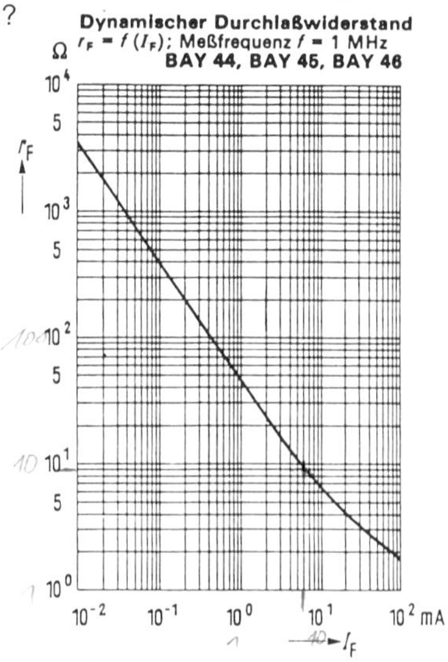

a) $r_F \approx 600\,\Omega$

b) $r_F \approx 90\,\Omega$

c) $r_F \approx 70\,\Omega$

d) $r_F \approx 9\,\Omega$

e) $r_F \approx 2\,\Omega$

Wertigkeit	**2** P	Bewertung	P

II. 3

Das Diagramm zeigt die Sperrkennlinien der Diode BAY 41.

Wie groß ist der Mittelwert des Sperrstromes I_R bei einer Sperrspannung $U_R = 30\,\text{V}$, wenn die Umgebungstemperatur $T_U = 25\,°\text{C}$ beträgt?

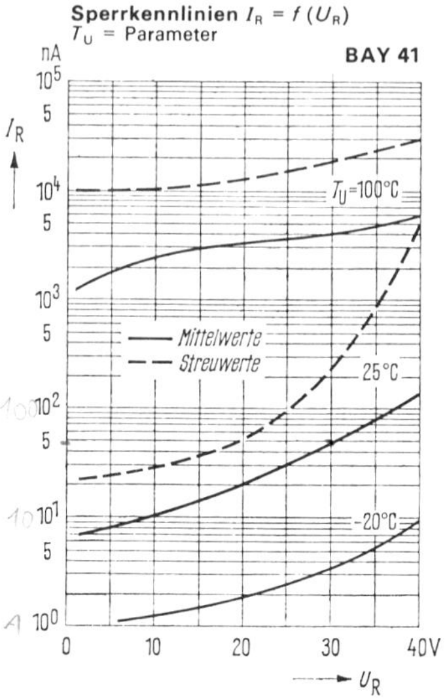

a) $I_R \approx 3{,}5\,\text{nA}$

b) $I_R \approx 48\,\text{nA}$

c) $I_R \approx 230\,\text{nA}$

d) $I_R \approx 4\,\mu\text{A}$

e) $I_R \approx 20\,\mu\text{A}$

Wertigkeit	**2** P	Bewertung	P

II. 3

Das Diagramm zeigt die Sperrkennlinie der Dioden BAY 44, 45 und 46.

Zwischen welchen Mittelwerten ändert sich der Sperrstrom, wenn die Umgebungstemperatur von $T_U = 30\,°C$ auf $T_U = 100\,°C$ ansteigt?

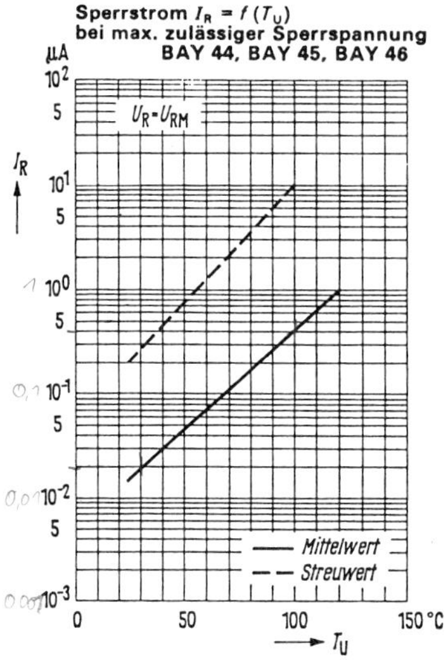

	$T_U = 30\,°C$		$T_U = 100\,°C$
a) Von	$I_R \approx$ 20 nA	auf	$I_R \approx$ 400 nA
b) Von	$I_R \approx$ 0,3 µA	auf	$I_R \approx$ 400 nA
c) Von	$I_R \approx$ 20 nA	auf	$I_R \approx$ 10 µA
d) Von	$I_R \approx$ 30 nA	auf	$I_R \approx$ 300 nA
e) Von	$I_R \approx$ 300 nA	auf	$I_R \approx$ 1 µA

Wertigkeit **2** P | Bewertung P

II. 3

Bei Betrieb einer Diode wird die in der Sperrschicht umgesetzte Verlustleistung P_V in Wärme umgewandelt. Wie gut diese Wärme von der Sperrschicht über das Gehäuse an die Umgebungsluft abgeführt wird, läßt sich durch den Wärmewiderstand R_{thJU} angeben.

Wie ist der Wärmewiderstand R_{thJU} definiert?

a) $R_{thJU} = (T_J - T_U) \cdot P_V$

b) $R_{thJU} = (T_J \cdot T_U) \cdot P_V$

c) $R_{thJU} = \dfrac{P_V}{T_J - T_U}$

d) $R_{thJU} = \dfrac{T_J - T_U}{P_V}$

e) $R_{thJU} = \dfrac{T_J}{P_V} - T_U$

Wertigkeit **2** P | Bewertung P

II. 3

Bei Betrieb einer Diode wird die in der Sperrschicht umgesetzte Verlustleistung P_V in Wärme umgewandelt. Ist die Diode auf einem Kühlkörper montiert, so wird die erzeugte Wärme von der Sperrschicht über das Gehäuse und den Kühlkörper an die Luft abgeführt. Wie gut dieser Abtransport der Wärme erfolgt, wird durch die Wärmewiderstände Sperrschicht-Gehäuse R_{thJG}, Gehäuse-Kühlkörper R_{thGK} und Kühlkörper-Luft R_{thK} angegeben.

Mit welcher der angegebenen Gleichungen läßt sich bei vorhandenem Kühlkörper die Verlustleistung einer Diode berechnen?

a) $P_V = (T_J - T_U) \cdot (R_{thJG} + R_{thGK} + R_{thK})$

b) $P_V = \dfrac{T_J - T_U}{R_{thJG} + R_{thGK} + R_{thK}}$

c) $P_V = \dfrac{T_J - T_U}{R_{thJG} \cdot R_{thGK} \cdot R_{thK}}$

d) $P_V = \dfrac{R_{thJG} + R_{thGK} + R_{thK}}{T_J - T_U}$

e) $P_V = \dfrac{R_{thJG} \cdot R_{thGK} \cdot R_{thK}}{T_J - T_U}$

FO S 26

Wertigkeit **2** P

Bewertung P

II. 3

In welcher Weise ändern sich der Durchlaßstrom I_F und der Sperrstrom I_R einer Diode, wenn die Umgebungstemperatur T_U ansteigt?

a) I_F wird kleiner und I_R wird größer

b) I_F wird größer und I_R wird kleiner

c) I_F wird größer und I_R wird größer

d) I_F wird kleiner und I_R wird kleiner

e) I_F wird größer und I_R bleibt konstant

S114/ S115

Wertigkeit **2** P

Bewertung P

II. 3

Nach welcher der angegebenen Gleichungen läßt sich aus der Durchlaßkennlinie einer Diode der dynamische Durchlaßwiderstand r_F für einen bestimmten Arbeitspunkt ermitteln?

a) $r_F = \frac{U_F}{I_F}$

b) $r_F = U_F \cdot I_F$

c) $r_F = \Delta U_F \cdot \Delta I_F$

d) $r_F = \frac{\Delta U_F}{\Delta I_F}$

e) $r_F = \frac{U_F}{I_F} \cdot \frac{\Delta U_F}{\Delta I_F}$

Wertigkeit **2** P

Bewertung P

II. 3

Das Diagramm zeigt die idealisierte Durchlaßkennlinie einer Si-Diode.

Wie groß ist der dynamische Durchlaßwiderstand r_F im Arbeitspunkt A?

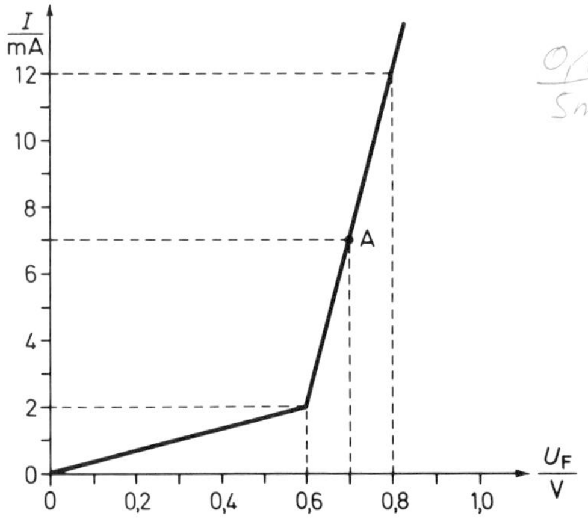

a) $r_F \approx$ 10 Ω

b) $r_F \approx$ 20 Ω

c) $r_F \approx$ 100 Ω

d) $r_F \approx$ 200 Ω

e) $r_F \approx$ 2 kΩ

Wertigkeit **2** P

Bewertung P

II. 3

Eine Diode ist nach der »Pro Electron«-Bezeichnung gekennzeichnet und trägt die Beschriftung BB 105.

Um was für eine Diode handelt es sich?

Silizium-/Kapazitätsdiode

a) Um eine Si-Gleichrichterdiode

b) Um eine Ge-Gleichrichterdiode

c) Um eine Si-Kapazitätsdiode

d) Um eine Ge-Kapazitätsdiode

e) Um eine Si-Leistungsdiode

S128

Wertigkeit **2** P

Bewertung P

II. 3

Wie lauten die beiden ersten Buchstaben einer Si-Kapazitätsdiode, wenn sie nach der »Pro Electron«-Bezeichnung gekennzeichnet ist?

S. 128

a) AB ...

b) BA ...

c) BB ...

d) BE ...

e) BY ...

Wertigkeit **2** P

Bewertung P

II. 3

Vier Dioden sollen zu einem Brückengleichrichter zusammengeschaltet werden.

Nach welcher der 5 angegebenen Schaltungen ist die Zusammenschaltung zu einem Brückengleichrichter vorzunehmen?

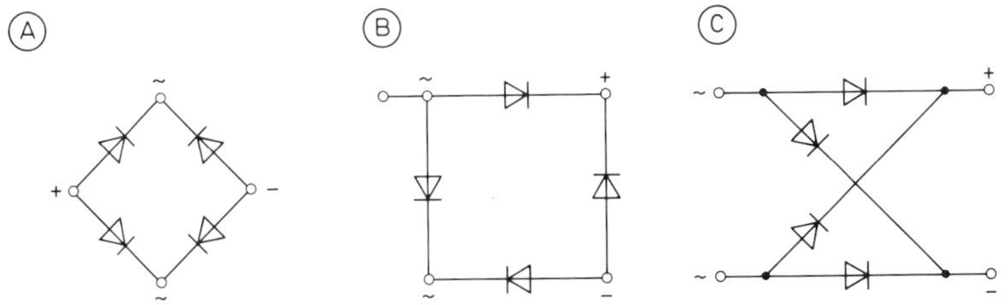

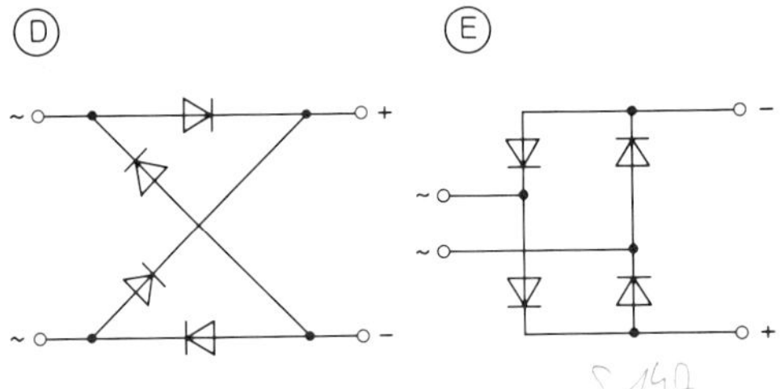

a) Nach Schaltung A

b) Nach Schaltung B

c) Nach Schaltung C

d) Nach Schaltung D

e) Nach Schaltung E

Wertigkeit **2** P

Bewertung P

II. 3

Welche Dioden der Brückenschaltung befinden sich im Sperrzustand, wenn während einer Halbwelle der Punkt B positiv gegenüber Punkt A ist?

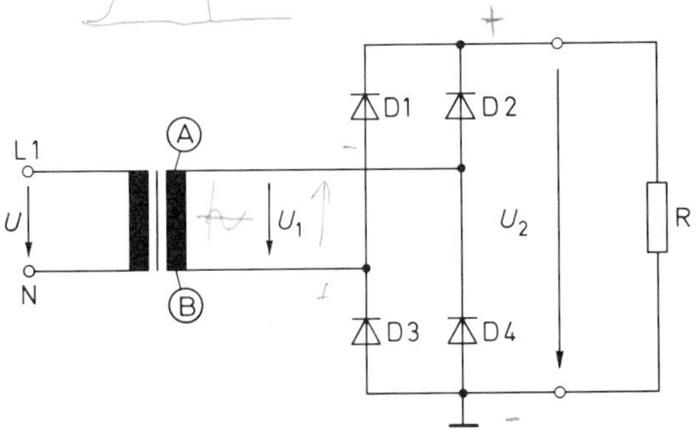

a) D1 und D2

b) D3 und D4

c) D1, D2, D3 und D4

d) D1 und D4

e) D2 und D3

Wertigkeit **2** P

Bewertung P

II. 3

Das Schaltbild zeigt eine Gleichrichterschaltung in einer weniger häufig verwendeten Darstellung.

Welche Brummfrequenz f_{Br} und welche Polarität (bezogen auf Masse) hat die Spannung U_A am Punkt A?

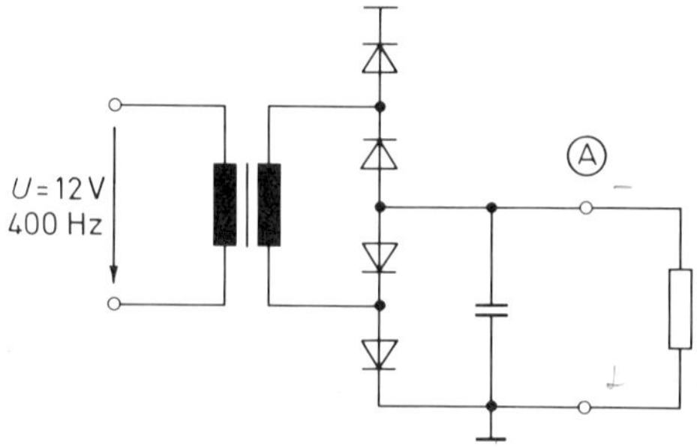

a) $f_{Br} = 50$ Hz; U_A = positiv

b) $f_{Br} = 100$ Hz; U_A = negativ

c) $f_{Br} = 400$ Hz; U_A = positiv

d) $f_{Br} = 800$ Hz; U_A = negativ

e) $f_{Br} = 800$ Hz; U_A = positiv

Wertigkeit **2** P

Bewertung P

II. 3

Wie groß ist die Ausgangsspannung einer Einweggleichrichterschaltung mit Ladekondensator im unbelasteten Zustand?

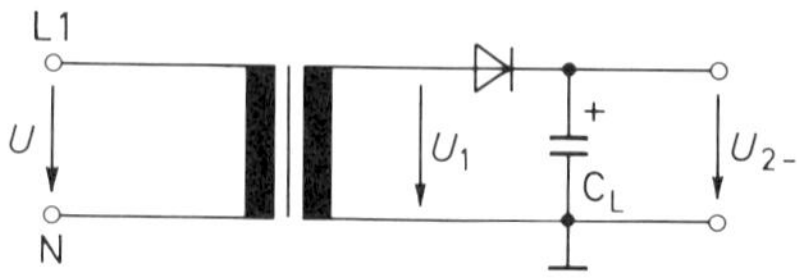

a) $U_{2-} \approx 2 \cdot \sqrt{2} \cdot U_1 - 0{,}7\,V$

b) $U_{2-} \approx \sqrt{2} \cdot U_1$

c) $U_{2-} \approx 2 \cdot \sqrt{2} \cdot U_1 - 1{,}4\,V$

d) $U_{2-} \approx \sqrt{2} \cdot U_1 - 1{,}4\,V$

e) $U_{2-} \approx 2 \cdot U_1$

Wertigkeit **2** P

Bewertung P

II. 3

Der Verlauf der Ausgangsspannung einer Brückengleichrichterschaltung hängt sowohl von der Kapazität des Ladekondensators als auch von der Größe des Laststromes ab.

Welche Zusammenhänge bestehen, wenn die Ausgangsspannung dem Verlauf ⓐ entspricht?

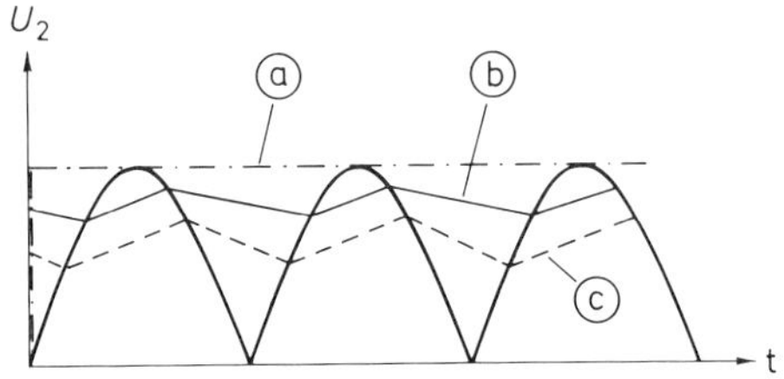

	C_L	R_L
a)	groß	niederohmig
b)	klein	niederohmig
c)	0 µF	hochohmig
d)	beliebig	∞
e)	beliebig	0 Ω

Wertigkeit **2** P

Bewertung P

II. 3

Das Schaltbild zeigt eine Gleichrichterschaltung.

Wie groß ist die Spannung am Punkt B (bezogen auf Punkt A) im unbelasteten Fall und welche Polarität hat sie?

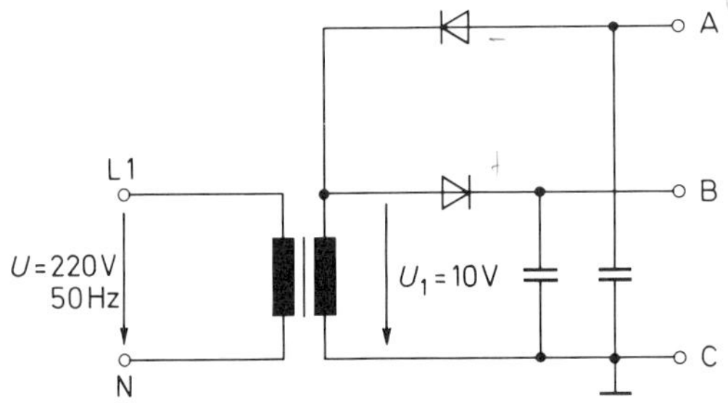

a) $U_{BA} \approx +28\,V$

b) $U_{BA} \approx -28\,V$

c) $U_{BA} \approx +14\,V$

d) $U_{BA} \approx -14\,V$

e) $U_{BA} \approx +10\,V$

Wertigkeit **2** P

Bewertung P

II. 3

Welchen Verlauf hat die Spannung am Lämpchen L, wenn der Schalter S geschlossen wird?

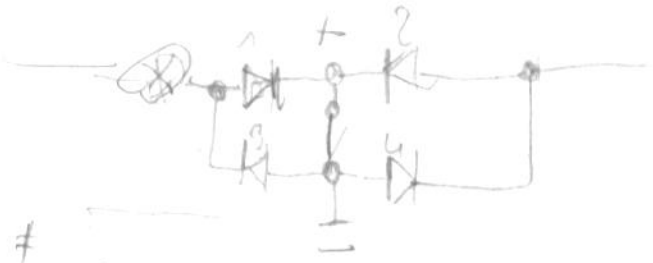

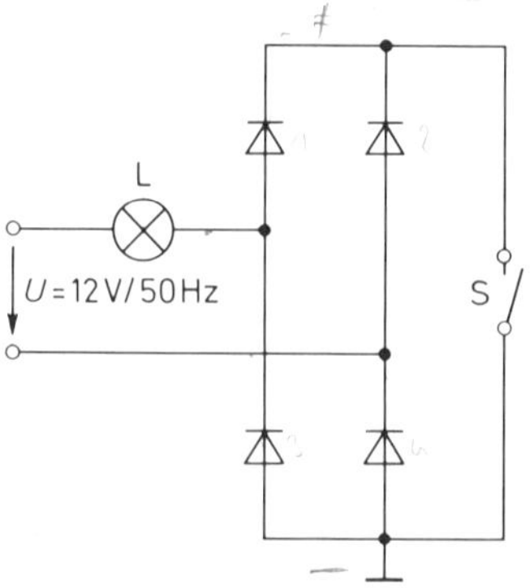

a) Positive Halbwellen, 50 Hz ◯

b) Negative Halbwellen, 50 Hz ◯

c) Wechselspannung, 50 Hz ◯

d) Positive Halbwellen, 100 Hz ◯

e) Negative Halbwellen, 100 Hz ◯

Wertigkeit	**2** P	Bewertung	P

II. 3

Bei der angegebenen Schaltung wird im Lastwiderstand R_{Last} eine Leistung $P = 1\,W$ umgesetzt, wenn der Schalter S sich in der Stellung 1 befindet.

Welche Leistung wird in R_{Last} umgesetzt, wenn der Schalter sich in der Stellung 2 befindet?
(Diodenverluste vernachlässigbar)

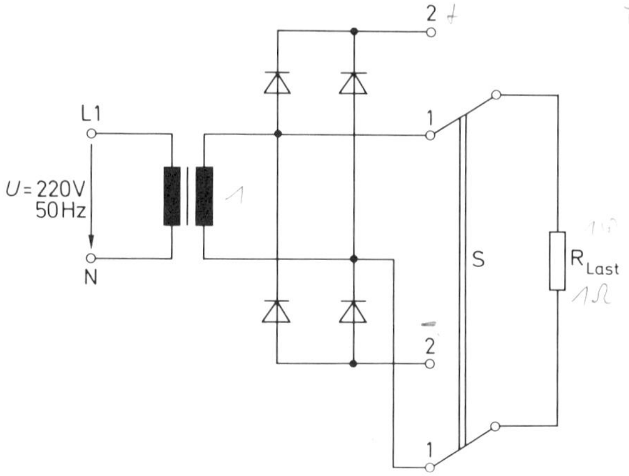

a) $P = 0{,}25\,W$ ◯

b) $P = 0{,}5\,W$ ◯

c) $P = 1\,W$ ◯

d) $P = 2\,W$ ◯

e) $P = 4\,W$ ◯

Wertigkeit	**2** P	Bewertung	P

II. 3

Wie verhält sich das Lämpchen L, wenn bei der angegebenen Schaltung der Schalter S geschlossen wird?

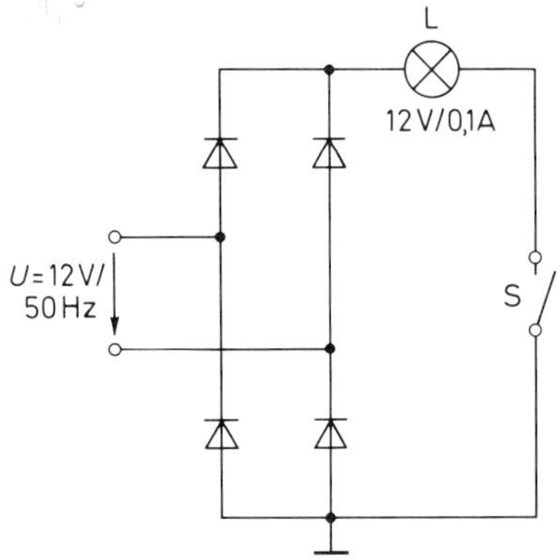

a) Das Lämpchen wird überlastet und brennt durch

b) Das Lämpchen wird mit Nennleistung betrieben und leuchtet hell

c) Das Lämpchen wird mit halber Nennleistung betrieben und leuchtet schwach

d) Das Lämpchen wird mit 1/4 der Nennleistung betrieben und glimmt lediglich

e) Das Lämpchen bleibt dunkel

Wertigkeit **2** P — Bewertung P

II. 3

Bei der angegebenen RC-Siebschaltung ist $R_S \gg X_C$.

Mit welcher der angegebenen Gleichungen läßt sich der Glättungsfaktor G dieser Siebschaltung näherungsweise ermitteln?

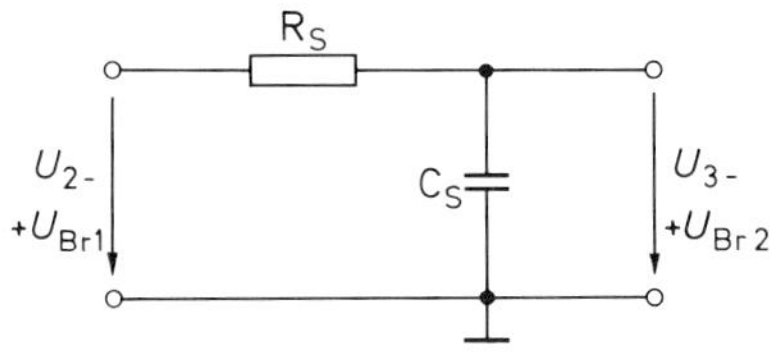

a) $G \approx R_S \cdot C_S$

b) $G \approx \frac{R_S}{C_S}$

c) $G \approx \frac{R_S \cdot C_S}{\omega_{Br}}$

d) $G \approx \omega_{Br} \cdot R_S \cdot C_S$

e) $G \approx \omega_{Br}^2 \cdot R_S \cdot C_S$

S 152

Wertigkeit **2** P — Bewertung P

II. 3

RC-Siebglieder haben die Aufgabe, die am Eingang auftretende Brummspannung U_{Br1} auf eine kleinere Brummspannung U_{Br2} am Ausgang zu reduzieren.

In welchem Größenverhältnis stehen U_{Br2} und U_{Br1} bei praktisch ausgeführten RC-Siebgliedern?

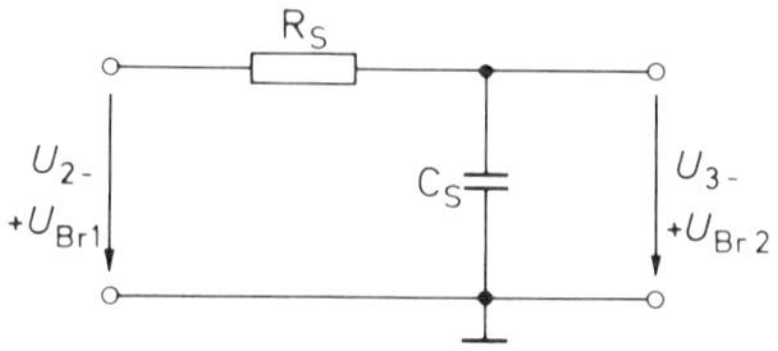

a) $U_{Br2} \approx 2 \cdot U_{Br1} \ldots 5 \cdot U_{Br1}$

b) $U_{Br2} \approx 1 \cdot U_{Br1} \ldots 2 \cdot U_{Br1}$

c) $U_{Br2} \approx 0{,}2 \cdot U_{Br1} \ldots 0{,}5 \cdot U_{Br1}$

d) $U_{Br2} \approx 0{,}05 \cdot U_{Br1} \ldots 0{,}1 \cdot U_{Br1}$

e) $U_{Br2} \approx 0{,}02 \cdot U_{Br1} \ldots 0{,}05 \cdot U_{Br1}$

S,153

Wertigkeit **2** P Bewertung P

II. 3

Welcher Betriebszustand der Dioden D1, D2 und D3 liegt vor, wenn der Schalter S geschlossen wird?

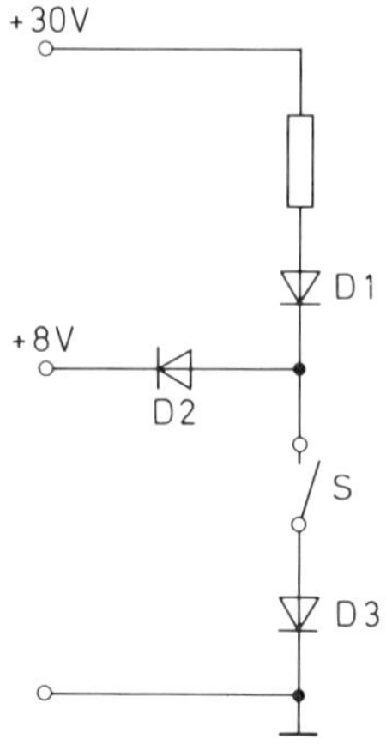

a) D1, D2 und D3 werden in Durchlaßrichtung betrieben

b) D1 und D3 werden in Durchlaßrichtung, D2 wird in Sperrichtung betrieben

c) D1 und D3 werden in Sperrichtung, D2 wird in Durchlaßrichtung betrieben

d) D1 und D2 werden in Sperrichtung, D3 wird in Durchlaßrichtung betrieben

e) D1 und D2 werden in Durchlaßrichtung, D3 wird in Sperrichtung betrieben

Wertigkeit **2** P Bewertung P

II. 3

Welche der Lämpchen leuchten, wenn der Schalter S geschlossen wird?

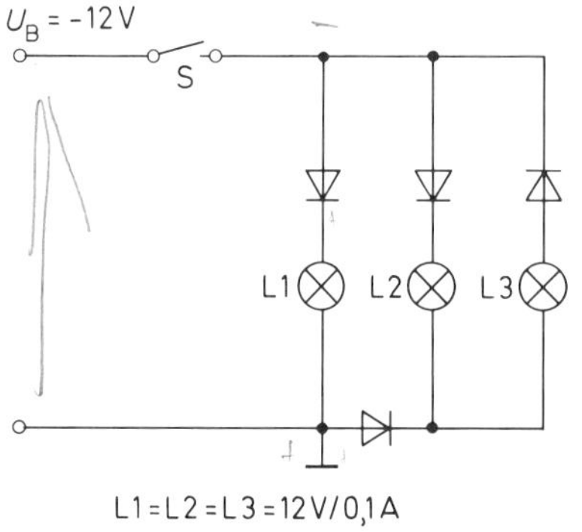

a) Nur L1

b) Nur L2

c) Nur L3

d) Nur L1 und L2

e) Nur L2 und L3

Wertigkeit **2** P   Bewertung P

II. 3

Die in einer im Schaltbetrieb arbeitenden Diode auftretende Verlustleistung P_V ist nicht nur von der Durchlaßspannung U_F und dem Durchlaßstrom I_F abhängig, sondern auch vom Tastverhältnis der anliegenden Schaltspannung.

Nach welcher der angegebenen Gleichungen läßt sich die Verlustleistung bei Schaltbetrieb berechnen?

(t_i = Einschaltdauer; t_p = Pausendauer; T = Periodendauer)

a) $P_V = \frac{U_F}{I_F} \cdot \frac{t_i}{T}$

b) $P_V = \frac{U_F \cdot T}{I_F}$

c) $P_V = U_F \cdot I_F \cdot \frac{T}{t_p}$

d) $P_V = U_F \cdot I_F \cdot \frac{t_i}{T}$

e) $P_V = U_F \cdot I_F \cdot \frac{t_i}{t_p}$

Wertigkeit **2** P   Bewertung P

II. 3

Das Bild zeigt eine Begrenzerschaltung mit Dioden, auf die eine mit Störspannungsspitzen überlagerte Eingangsspannung U_E gegeben wird.

Welchen Verlauf hat die Ausgangsspannung U_A?

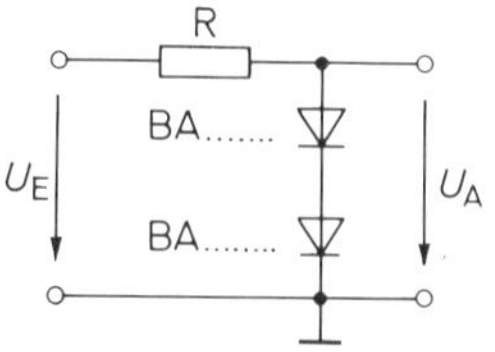

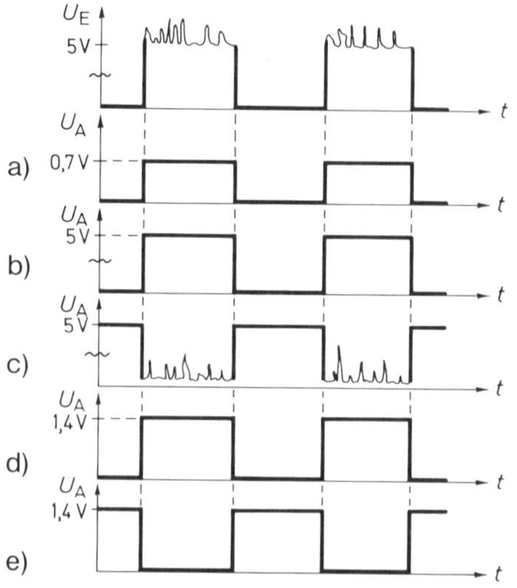

Wertigkeit **2** P

Bewertung P

II. 3

Das Bild zeigt eine Impulsformerschaltung mit Diode.

Welchen Verlauf hat die Ausgangsspannung U_A, wenn auf den Eingang eine Rechteckspannung U_E gegeben wird und das CR-Glied so dimensioniert ist, daß $t_i = 5\,\tau$ beträgt?

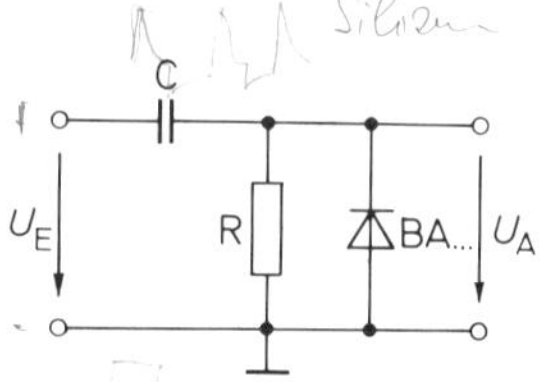

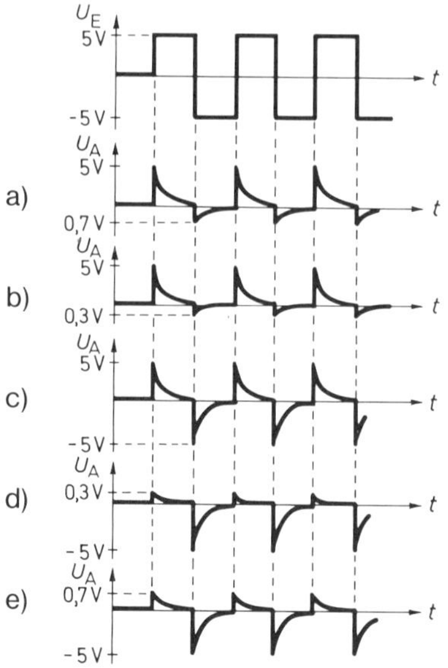

Wertigkeit **2** P

Bewertung P

II. 3

Das Bild zeigt eine Impulsformerschaltung mit Diode.

Welchen Verlauf hat die Ausgangsspannung U_A, wenn auf den Eingang eine Rechteckspannung U_E gegeben wird und das CR-Glied so dimensioniert ist, daß $t_i = 5\,\tau$ beträgt?

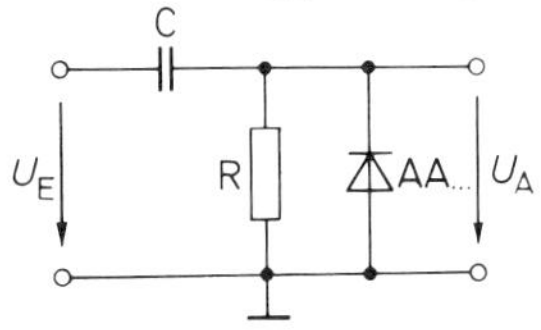

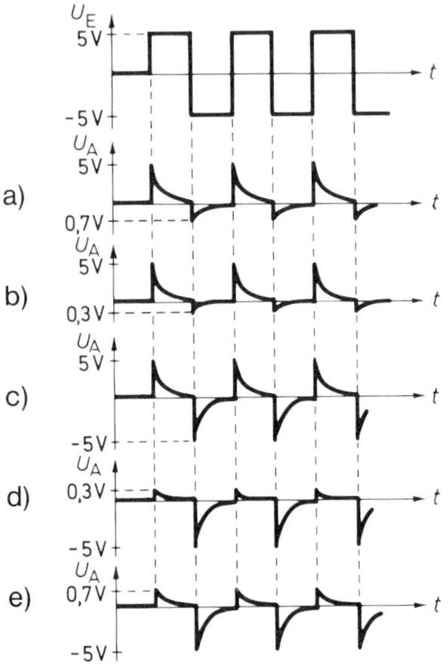

Wertigkeit **2** P

Bewertung P

II. 3

Mit welcher der Impulsformerschaltungen läßt sich die dargestellte Ausgangsspannung U_A aus der Eingangsspannung U_E erzeugen?

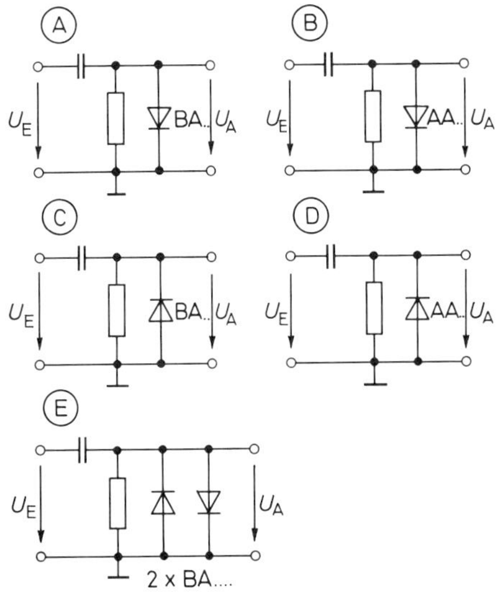

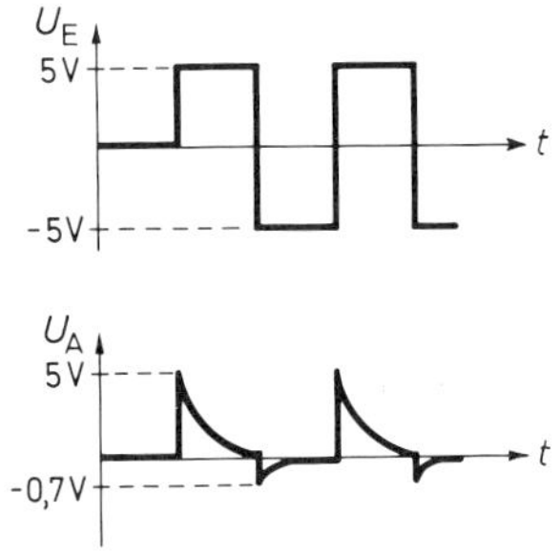

a) Mit Schaltung A
b) Mit Schaltung B
c) Mit Schaltung C
d) Mit Schaltung D
e) Mit Schaltung E

Wertigkeit **2** P

Bewertung P

II. 3

Mit welcher der Impulsformerschaltungen läßt sich die dargestellte Ausgangsspannung U_A aus der Eingangsspannung U_E erzeugen?

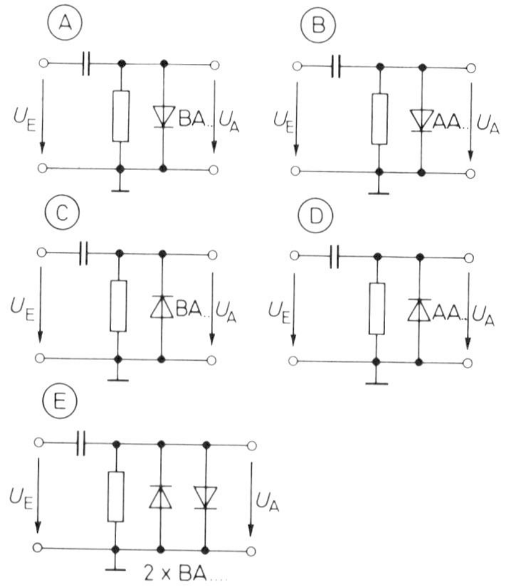

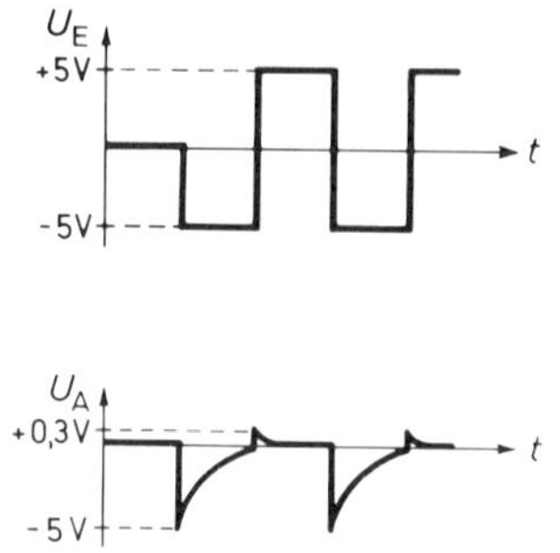

a) Mit Schaltung A
b) Mit Schaltung B
c) Mit Schaltung C
d) Mit Schaltung D
e) Mit Schaltung E

Wertigkeit **2** P

Bewertung P

II. 3

Der differentielle Widerstand r_Z einer Z-Diode ist vom Strom I_Z und von der Spannung U_Z abhängig.

Welchen Wert hat laut Diagramm der differentielle Widerstand bei $I_Z = 1$ mA und $U_Z = 11{,}25$ V?

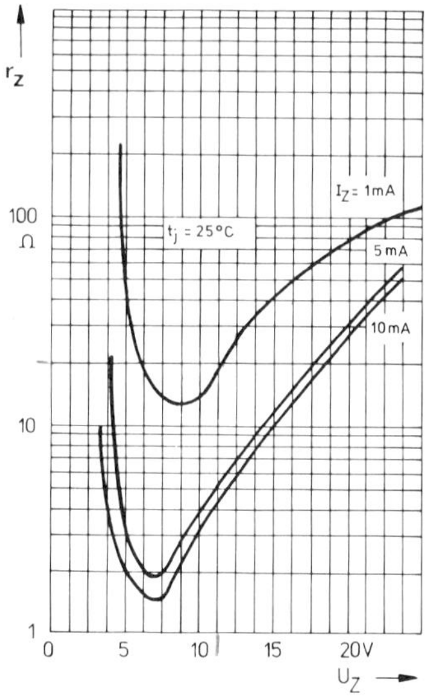

a) $r_Z \approx 200$ Ω
b) $r_Z \approx 20$ Ω
c) $r_Z \approx 4$ Ω
d) $r_Z \approx 2$ Ω
e) $r_Z \approx 1{,}8$ Ω

Wertigkeit **2** P

Bewertung P

II. 3

In der angegebenen Schaltung wird eine Z-Diode mit einer Z-Spannung $U_Z = 6\,V$ verwendet.

Wie groß ist die Ausgangsspannung U_A und welche Polarität hat sie?

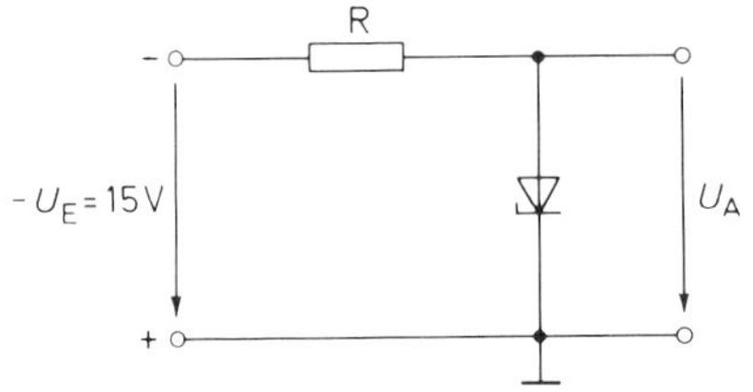

a) $U_A = +0{,}7\,V$

b) $U_A = -0{,}7\,V$

c) $U_A = +6\,V$

d) $U_A = -6\,V$

e) $U_A = -15\,V$

Wertigkeit **2** P

Bewertung P

II. 3

Welche Änderungen treten ein, wenn bei der angegebenen Spannungsstabilisierungsschaltung bei U_E = const. der Schleifer des Lastwiderstandes R_{Last} von seiner Mittelstellung aus etwas in Richtung des Anschlages b verstellt wird?

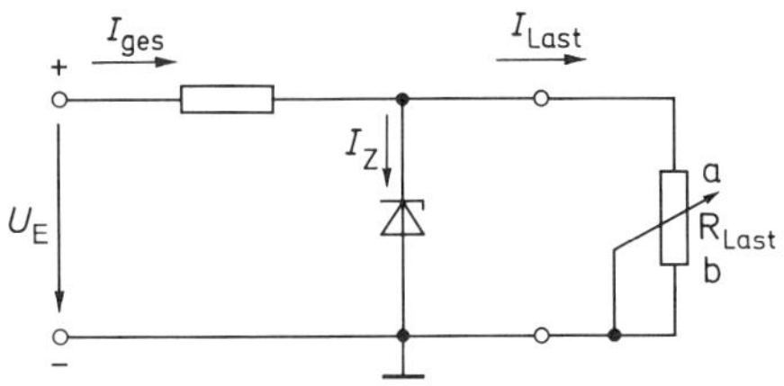

a) I_{Last} wird größer und I_Z wird größer

b) I_{Last} wird größer und I_Z wird kleiner

c) I_{Last} wird kleiner und I_Z wird größer

d) I_{Last} wird kleiner und I_Z wird kleiner

e) I_{Last} wird kleiner und I_{ges} wird größer

Wertigkeit **2** P

Bewertung P

Welche Änderungen treten ein, wenn bei der angegebenen Spannungsstabilisierungsschaltung bei konstantem Lastwiderstand R_L die Eingangsspannung U_E um ΔU_E vergrößert wird?

II. 3

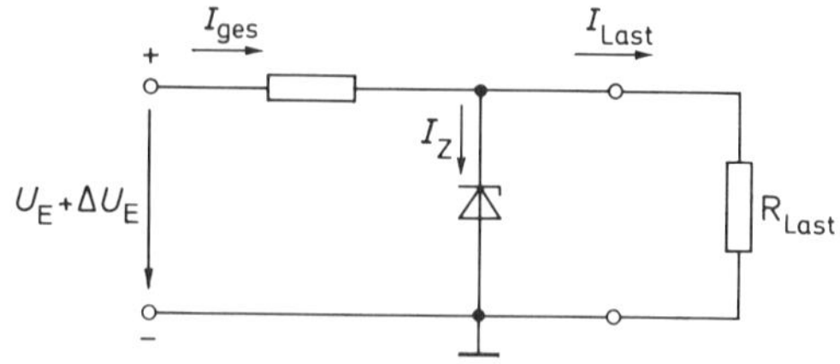

a) I_{Last} bleibt nahezu konstant und I_Z wird größer

b) I_{Last} bleibt nahezu konstant und I_Z wird kleiner

c) I_{Last} wird kleiner und I_Z wird größer

d) I_{Last} wird kleiner und I_Z wird kleiner

e) I_{ges} wird größer und I_Z wird kleiner

Wertigkeit **2** P Bewertung P

Ein Kennwert von Spannungsstabilisierungsschaltungen mit Z-Dioden ist der relative Stabilisierungsfaktor S.

II. 3

Wie lautet die Definition des relativen Stabilisierungsfaktors S.

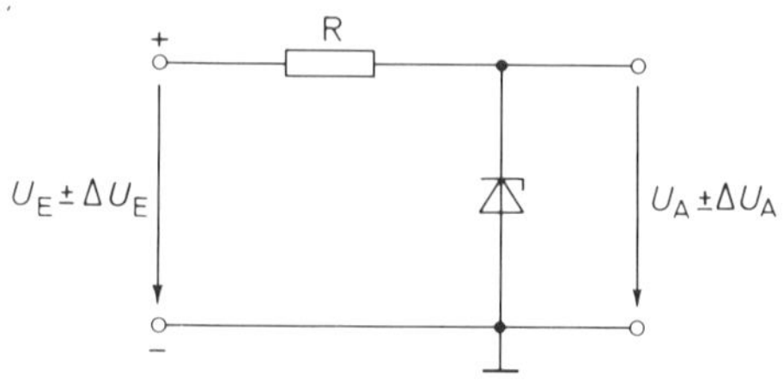

a) $S = \frac{U_E}{U_A}$

b) $S = \frac{\Delta U_E}{\Delta U_A}$

c) $S = \frac{\Delta U_E / U_E}{\Delta U_A / U_A}$

d) $S = \frac{\Delta U_E \cdot U_E}{\Delta U_A \cdot U_A}$

e) $S = \frac{\Delta U_A \cdot U_E}{\Delta U_E \cdot U_A}$

S.122

FO 30

Wertigkeit **2** P Bewertung P

II. 3

Das Schaltbild zeigt einen Amplitudenbegrenzer mit Z-Dioden, an den eine sinusförmige Eingangsspannung $U_E = 8\,V$ gelegt wird. Die beiden Z-Dioden haben eine Z-Spannung $U_Z = 5\,V$.

Welches der fünf Diagramme zeigt den Verlauf der Ausgangsspannung U_A?

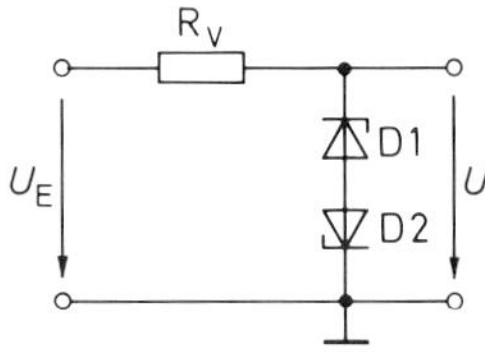

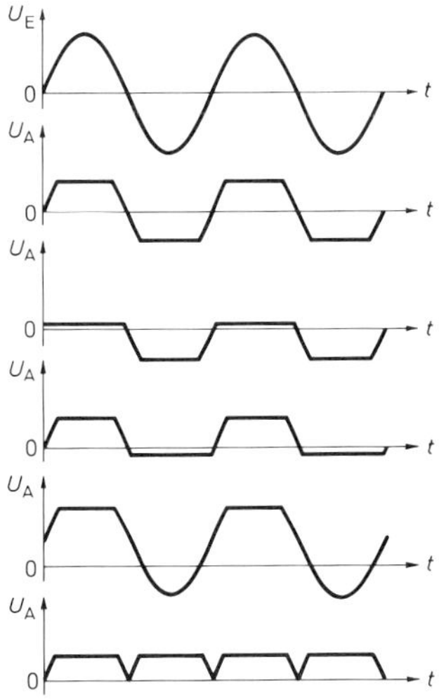

a) ◯

b) ◯

c) ◯

d) ◯

e) ◯

Wertigkeit **2** P

Bewertung P

II. 3

Das Diagramm zeigt die Abhängigkeit der Diodenkapazität C_D von der Sperrspannung U_R mehrerer Kapazitätsdioden.

In welchem Verhältnis ändert sich die Diodenkapazität bei Typ BB 103, wenn die Sperrspannung von $U_R = 1\,V$ auf $U_R = 10\,V$ vergrößert wird?

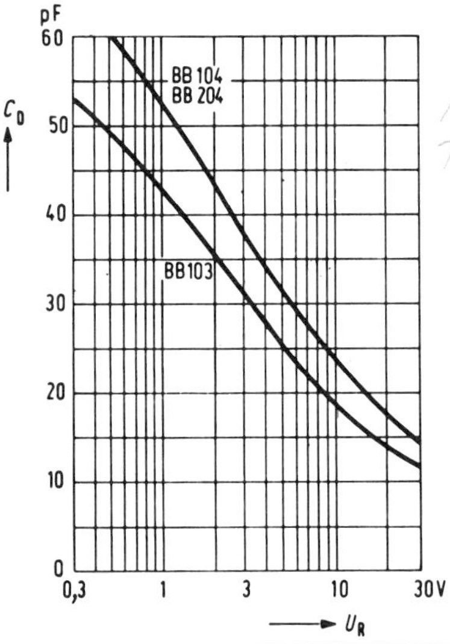

a) $\frac{C_D\,(1\,V)}{C_D\,(10\,V)} \approx 1{,}2$ ◯

b) $\frac{C_D\,(1\,V)}{C_D\,(10\,V)} \approx 0{,}4$ ◯

c) $\frac{C_D\,(1\,V)}{C_D\,(10\,V)} \approx 0{,}1$ ◯

d) $\frac{C_D\,(1\,V)}{C_D\,(10\,V)} \approx 2{,}2$ ◯

e) $\frac{C_D\,(1\,V)}{C_D\,(10\,V)} \approx 4$ ◯

Wertigkeit **2** P

Bewertung P

Das Bild zeigt eine Nachstimmschaltung mit Kapazitätsdiode.

Bei welchem der 5 angegebenen Spannungswerte stellt sich bei diesem Schwingkreis die höchste Resonanzfrequenz ein?

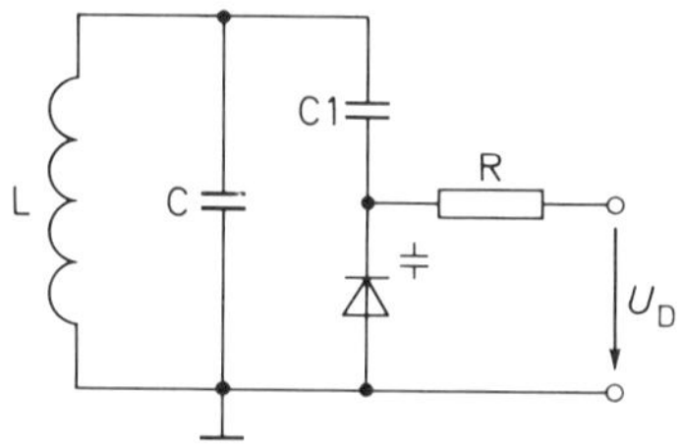

a) Bei $U_D = +10\,V$

b) Bei $U_D = +3\,V$

c) Bei $U_D = 0\,V$

d) Bei $U_D = -3\,V$

e) Bei $U_D = -10\,V$

II. 3

Wertigkeit **2** P

Bewertung P

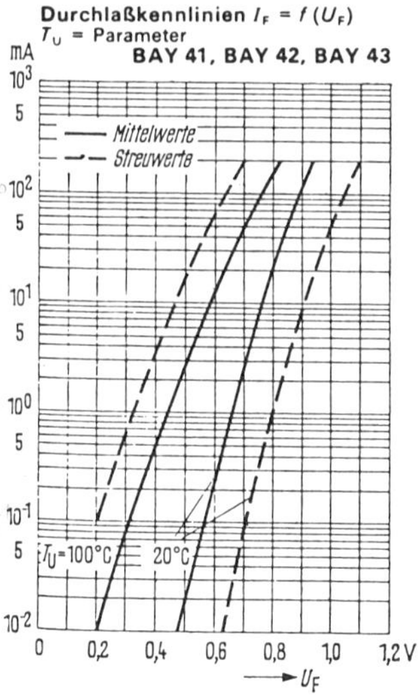

Das Diagramm zeigt die Durchlaßkennlinien der Dioden BAY 41, 42 und 43.

Wie groß ist bei diesen Dioden das Verhältnis der Widerstandsänderung $R_{F\,100\,°C}/R_{F\,20\,°C}$ des Durchlaßwiderstandes, wenn bei $U_F = 0{,}6\,V$ die Umgebungstemperatur von 20 °C auf 100 °C ansteigt?
(Nur Mittelwerte berücksichtigen)

RECHNUNG

a) $\frac{R_{F\,100\,°C}}{R_{F\,20\,°C}} \approx 260$

b) $\frac{R_{F\,100\,°C}}{R_{F\,20\,°C}} \approx 60$

c) $\frac{R_{F\,100\,°C}}{R_{F\,20\,°C}} \approx 25$

d) $\frac{R_{F\,100\,°C}}{R_{F\,20\,°C}} \approx 6$

e) $\frac{R_{F\,100\,°C}}{R_{F\,20\,°C}} \approx 0{,}02$

II. 3

Wertigkeit **3** P

Bewertung P

II. 3

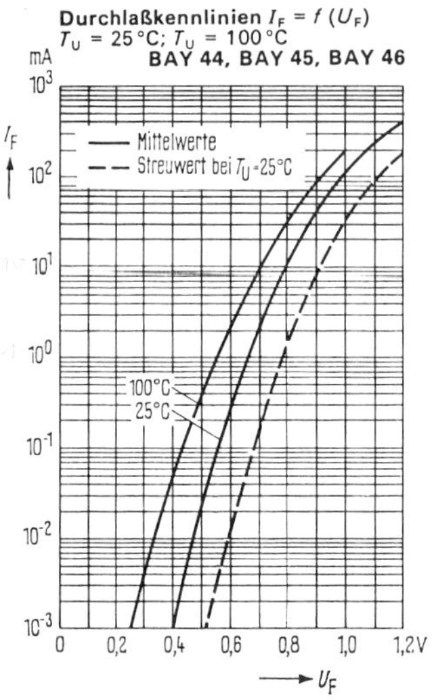

Das Diagramm zeigt die Durchlaßkennlinien der Dioden BAY 44, 45 und 46.

Welchen Wert hat der statische Durchlaßwiderstand R_F bei $T_U = 100\,°C$ und $U_F = 0{,}7\,V$?

RECHNUNG

a) $R_F \approx 7\ \Omega$

b) $R_F \approx 70\ \Omega$

c) $R_F \approx 350\ \Omega$

d) $R_F \approx 700\ \Omega$

e) $R_F \approx 3{,}5\ k\Omega$

Wertigkeit **3** P

Bewertung P

II. 3

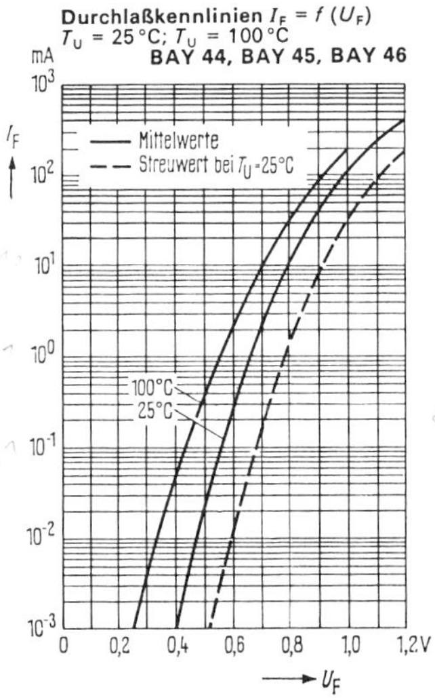

Das Diagramm zeigt die Durchlaßkennlinien der Dioden BAY 44, 45 und 46.

Wie groß ist der dynamische Durchlaßwiderstand r_F bei $T_U = 25\,°C$, wenn die Durchlaßspannung von $U_F = 0{,}7\,V$ auf $U_F = 0{,}6\,V$ geändert wird.
(Nur Mittelwerte berücksichtigen)

RECHNUNG

a) $r_F \approx 13\,\Omega$

b) $r_F \approx 58\,\Omega$

c) $r_F \approx 5\,\Omega$

d) $r_F \approx 555\,\Omega$

e) $r_F \approx 4\,\Omega$

Wertigkeit **3** P

Bewertung P

Sperrstrom $I_R = f(T_U)$
$U_R = 20$ V

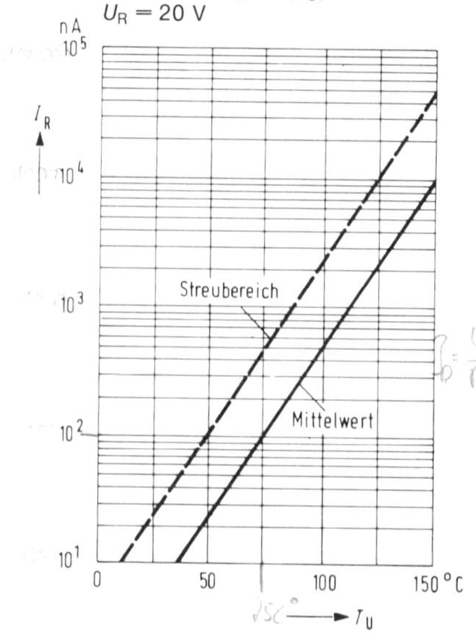

Das Diagramm zeigt den Sperrstrom in Abhängigkeit von der Temperatur bei der Diode 1N4148.

Bei welcher Umgebungstemperatur hat diese Diode einen Sperrwiderstand $R_R = 200\,\text{M}\Omega$? (Mittelwert berücksichtigen)

RECHNUNG

a) $T_U = 25\,°\text{C}$

b) $T_U = 50\,°\text{C}$

c) $T_U = 75\,°\text{C}$

d) $T_U = 100\,°\text{C}$

e) $T_U = 125\,°\text{C}$

II. 3

Wertigkeit **3** P

Bewertung P

Die Diode BAY 44 hat laut Datenblatt einen Wärmewiderstand

$$R_{thJU} = \frac{T_J - T_U}{P_V} = 380\,\text{K/W}.$$

Welche Verlustleistung darf diese Diode haben, wenn die Sperrschichttemperatur $T_J = 150\,°\text{C}$ und die Umgebungstemperatur $T_U = 50\,°\text{C}$ betragen?

RECHNUNG

a) $P_V = 2{,}63$ W

b) $P_V = 263$ mW

c) $P_V = 394$ mW

d) $P_V = 3{,}8$ W

e) $P_V = 380$ mW

II. 3

Wertigkeit **3** P

Bewertung P

II. 3

Eine Si-Diode hat eine Sperrschichttemperatur $T_J = 175\,°C$ und einen Wärmewiderstand $R_{thJU} = \frac{T_J - T_U}{P_V} = 50\,K/W$.

Welcher Strom I_F darf maximal durch die Diode fließen, wenn $T_U = 40\,°C$ und $U_F = 0{,}7\,V$ betragen?

RECHNUNG

$P_V = \frac{\Delta T}{R_{thJU}} = \frac{135\,°C}{50\,K/W} = 2{,}7\,W$

$\frac{P_V}{U_F} = \frac{2{,}70}{0{,}7} = I_F = 3{,}857 = 3{,}86\,A$

TO 26

a) $I_F = 0{,}3125\,A$

b) $I_F = 0{,}32\,A$

c) $I_F = 2\,A$

d) $I_F = 3{,}125\,A$

e) $I_F = 3{,}86\,A$

Wertigkeit **3** P — Bewertung P

II. 3

Eine Si-Leistungsdiode wird mit einem Kühlkörper und den im Bild angegebenen Temperaturen betrieben. Die Teil-Wärmewiderstände betragen: $R_{thJG} = 5\,K/W$; $R_{thGK} = 2\,K/W$; $R_{thK} = 3\,K/W$.

Für den Gesamtwärmewiderstand gilt:

$R_{thU} = \frac{T_J - T_U}{P_V}$

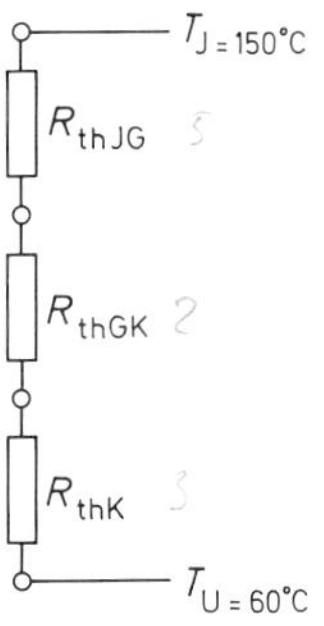

Welcher Strom I_F darf bei $U_F = 0{,}9\,V$ maximal durch die Diode fließen?

RECHNUNG

$R_{thJU} = R_{thJG} + R_{thGK} + R_{thK} = 10\,K/W$

$P_V = \frac{T_J - T_U}{R_{thU}} = \frac{150\,°C - 60\,°}{10\,K/W} = 9\,W$

$I = \frac{P_V}{U_F} = \frac{9\,W}{0{,}9\,V} = 10\,A$

a) $I_F = 0{,}12\,A$

b) $I_F = 1\,A$

c) $I_F = 3{,}3\,A$

d) $I_F = 10\,A$

e) $I_F = 13{,}5\,A$

Wertigkeit **3** P — Bewertung P

II. 3

Eine Si-Leistungsdiode soll mit einem Kühlkörper bei den im Bild angegebenen Temperaturen betrieben werden. Bei einer Durchlaßspannung $U_F = 0{,}95\,V$ wird ein Strom $I_F = 3\,A$ verlangt.

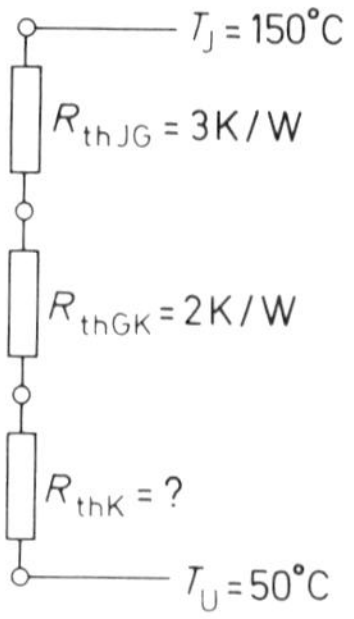

Für den Gesamtwärmewiderstand gilt:

$$R_{thU} = \frac{T_J - T_U}{P_V}$$

Welcher maximale Wärmewiderstand R_{thK} ist für den Kühlkörper zulässig?

RECHNUNG

$P_V = U_F \cdot I_F = 0{,}95\,V \cdot 3\,A = 2{,}85\,W$

$R_{thu} = \frac{T_J - T_u}{P_V} = \frac{150°C - 50°}{2{,}85\,W} = 35{,}08$

$R_{thK} = R_{thGu} - R_{thJG} - R_{thGK}$
$= 35{,}08 - 3\,K/W - 2\,K/W = 30\,K/W$

a) $R_{thK} = 3\,K/W$ ☐

b) $R_{thK} = 30\,K/W$ ☒

c) $R_{thK} = 300\,K/W$ ☐

d) $R_{thK} = 6\,K/W$ ☐

e) $R_{thK} = 60\,K/W$ ☐

Wertigkeit **3** P — Bewertung P

II. 3

Das Schaltbild zeigt eine Brückenschaltung mit Ladekondensator.

Mit welcher Spannung U_{RM} wird jede der vier Dioden periodisch beansprucht?

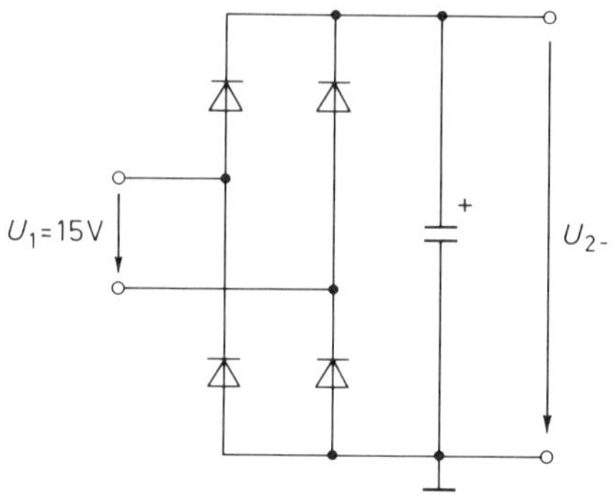

RECHNUNG

$U_{2-} = \sqrt{2} \cdot U_{1\,eff}$

$U_{2-} = 21{,}21\,V$

70 28

a) $U_{RM} = 15\,V$ ☐

b) $U_{RM} = 21\,V$ ☒

c) $U_{RM} = 30\,V$ ☐

d) $U_{RM} = 42\,V$ ☐

e) $U_{RM} = 47\,V$ ☐

Wertigkeit **3** P — Bewertung P

II. 3

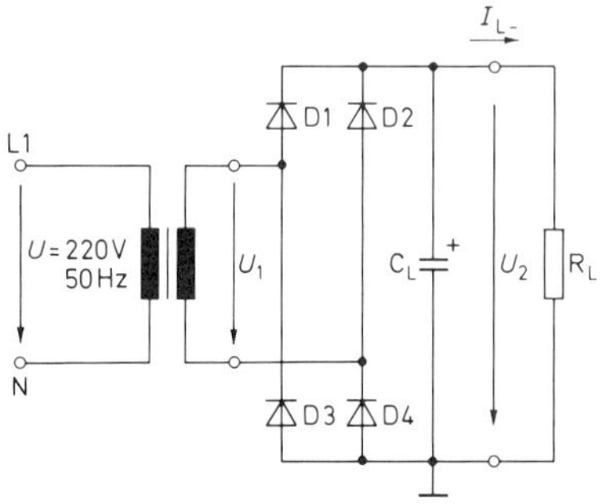

Das Schaltbild zeigt eine Brückenschaltung mit Ladekondensator und Lastwiderstand R_L. Die Brummspannung U_{Br} an C_L läßt sich mit der Gleichung

$U_{Br} \approx K \cdot \frac{I_{L-}}{C_L}$ ermitteln.

($K = 1{,}8 \cdot 10^{-3}$ s bei Brückenschaltung)

Welche Kapazität muß C_L mindestens haben, wenn bei $I_{L-} = 27{,}8$ mA die Brummspannung $U_{Br} = 100$ mV nicht überschritten werden soll?

RECHNUNG

$C_L = \frac{K \cdot I_{L-}}{U_{Br}} = 500\,\mu F$

a) $C_L \approx 5\,\mu$F

b) $C_L \approx 25\,\mu$F

c) $C_L \approx 50\,\mu$F

d) $C_L \approx 500\,\mu$F

e) $C_L \approx 1000\,\mu$F

Wertigkeit **3** P

Bewertung P

II. 3

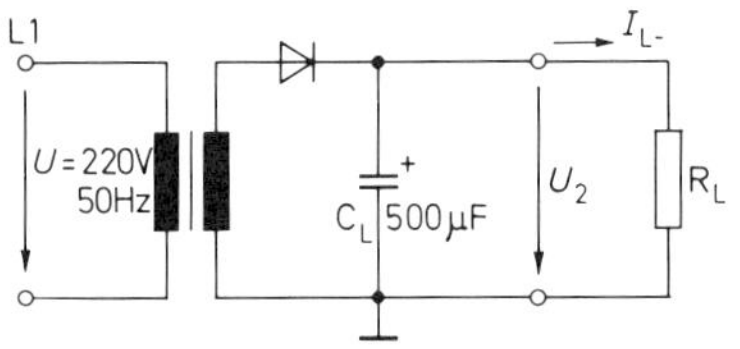

Das Schaltbild zeigt eine Einweggleichrichterschaltung. Die Brummspannung am Ladekondensator C_L läßt sich mit der Gleichung

$U_{Br} \approx K \cdot \frac{I_{L-}}{C_L}$ ermitteln.

($K = 4{,}8 \cdot 10^{-3}$ s bei Einweggleichrichterschaltung)

Welcher maximale Strom $I_{L-} = I_{max}$ darf fließen, wenn $U_{Br} = 0{,}5$ V nicht überschritten werden soll?

RECHNUNG

$U_{Br} = 4{,}8 \cdot 10^{-3} s \cdot \frac{I}{C}$

$\frac{U_B \cdot C_L}{4{,}8 \cdot 10^{-3}} = I_m$

$\frac{0{,}5 \cdot 500\mu F}{4{,}8 \cdot 10^{-3}} = 52{,}08$ mA

a) $I_{max} \approx 5{,}2$ mA

b) $I_{max} \approx 25$ mA

c) $I_{max} \approx 52$ mA

d) $I_{max} \approx 250$ mA

e) $I_{max} \approx 520$ mA

Wertigkeit **3** P

Bewertung P

II. 3

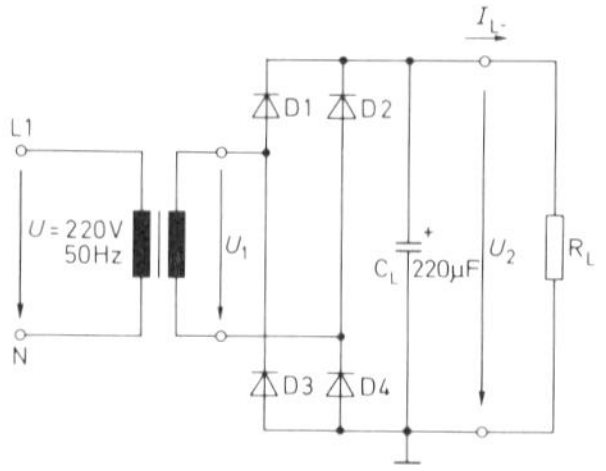

Das Schaltbild zeigt eine Brückenschaltung mit Ladekondensator und Lastwiderstand R_L. Die Brummspannung U_{Br} an C_L läßt sich mit der Gleichung

$U_{Br} \approx K \cdot \frac{I_{L-}}{C_L}$ ermitteln.

($K = 1{,}8 \cdot 10^{-3}$ s bei Brückenschaltung)

RECHNUNG

Wie groß ist der Effektivwert der Brummspannung U_{Br}, wenn ein Strom $I_{L-} = 100$ mA entnommen wird?

$U_{Br} = K \cdot \frac{I_L}{C_L} = 1{,}8 \cdot 10^{-3} \cdot \frac{100\,mA}{220\,\mu F} = 0{,}818$ V

a) $U_{Br} \approx 8$ V
b) $U_{Br} \approx 0{,}8$ V
c) $U_{Br} \approx 0{,}2$ V
d) $U_{Br} \approx 100$ mV
e) $U_{Br} \approx 80$ mV

Wertigkeit **3** P

Bewertung P

II. 3

Das Bild zeigt eine Siebschaltung, mit der die Brummspannung einer an das 50-Hz-Netz angeschlossenen Einweggleichrichterschaltung weiter herabgesetzt werden soll. Als Glättungsfaktor der Siebschaltung gilt in Näherung $G \approx R_S/X_{CS}$.

Wie groß ist die Brummspannung U_{Br2}, wenn $U_{Br1} = 0{,}5$ V beträgt?

RECHNUNG

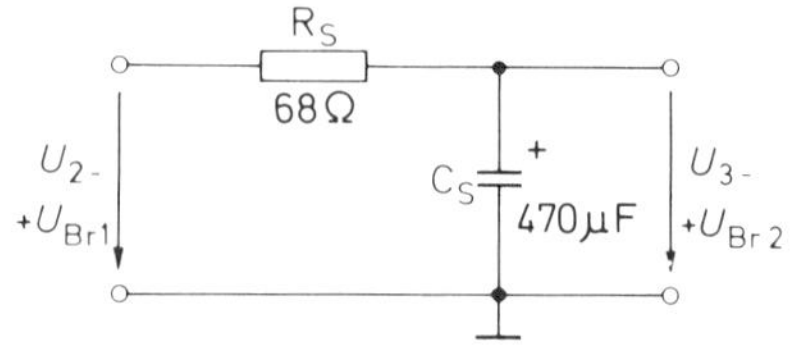

$X_C = 6{,}77\,\Omega$

$G = \frac{68\,\Omega}{6{,}7\,\Omega} = 10{,}04$

$G = \frac{U_{Br1}}{U_{Br2}}$ $U_{Br2} = \frac{U_{Br1}}{G} = \frac{0{,}5}{10{,}04} = 49{,}8$ mV

a) $U_{Br2} \approx 16$ mV
b) $U_{Br2} \approx 3{,}5$ mV
c) $U_{Br2} \approx 0{,}15$ mV
d) $U_{Br2} \approx 50$ mV
e) $U_{Br2} \approx 50$ µV

Wertigkeit **3** P

Bewertung P

II. 3

Das Bild zeigt eine Siebschaltung, mit der die Brummspannung einer an das 50-Hz-Netz angeschlossenen Brückengleichrichterschaltung weiter herabgesetzt werden soll. Als Glättungsfaktor der Siebschaltung gilt in Näherung $G \approx X_L/X_C$.

Wie groß ist die Brummspannung U_{Br2}, wenn $U_{Br1} = 0{,}2\,V$ beträgt?

RECHNUNG

$X_C = 6{,}77\,\Omega$

$X_L = 628\,\Omega$

$G = 92{,}77$

$U_{BR2} = \frac{U_{BR1}}{G} = \frac{0{,}2\,V}{92{,}77} = 2{,}155\,mV$

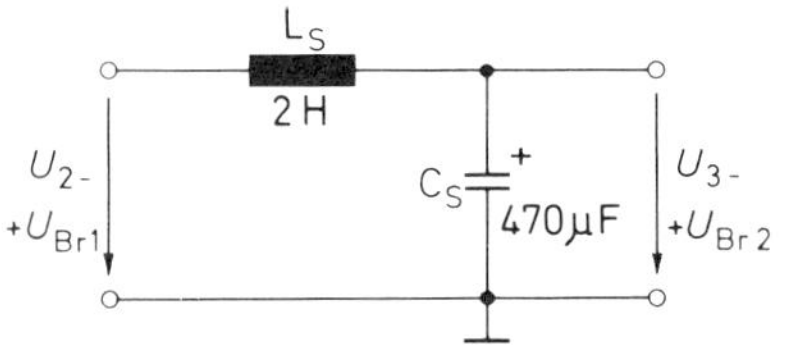

a) $U_{Br2} = 2{,}2\,mV$ ☐

b) $U_{Br2} = 0{,}5\,mV$ ☐

c) $U_{Br2} = 335\,mV$ ☐

d) $U_{Br2} = 5\,mV$ ☐

e) $U_{Br2} = 22\,mV$ ☐

Wertigkeit **3** P — Bewertung P

II. 3

Das Bild zeigt eine Siebschaltung, mit der die Brummspannung einer an das 50-Hz-Netz angeschlossenen Brückengleichrichterschaltung weiter herabgesetzt werden soll. Als Glättungsfaktor der Siebschaltung gilt in Näherung: $G \approx R_S/X_{CS}$. bei Brückengleichrichterschaltung 100 Hz

Welchen Wert muß der Siebwiderstand R_S erhalten, wenn die Brummspannung $U_{Br1} = 0{,}5\,V$ auf $U_{Br2} = 50\,mV$ herabgesetzt werden soll?

RECHNUNG $G = \frac{U_{Br1}}{U_{Br2}}$

$G = 10$

$X_C = 1{,}59$

$R_S \approx G \cdot X_{CS}$

$R_S \approx 10 \cdot 1{,}59$

$R \approx 15{,}9\,\Omega$

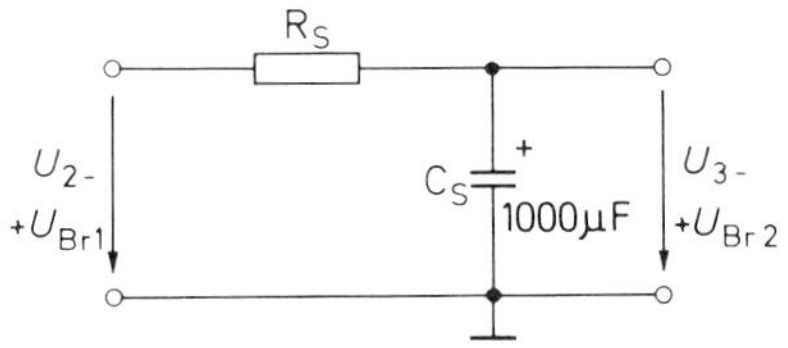

a) $R_S = 6{,}3\,\Omega$ ☐

b) $R_S = 31{,}8\,\Omega$ ☐

c) $R_S = 10\,\Omega$ ☐

d) $R_S = 25{,}3\,\Omega$ ☐

e) $R_S = 15{,}9\,\Omega$ ☐

Wertigkeit **3** P — Bewertung P

II. 3

In der angegebenen Schaltung hat die Diode BA 108 die Aufgabe, einen Rückstrom vom Ausgang auf den Eingang zu verhindern. Bei $U_1 = 8{,}8\,V$ wird am unbelasteten Ausgang eine Spannung $U_2 = 4\,V$ gemessen.

Wie groß ist die Verlustleistung P_V der Diode bei diesem Betriebsfall?

RECHNUNG

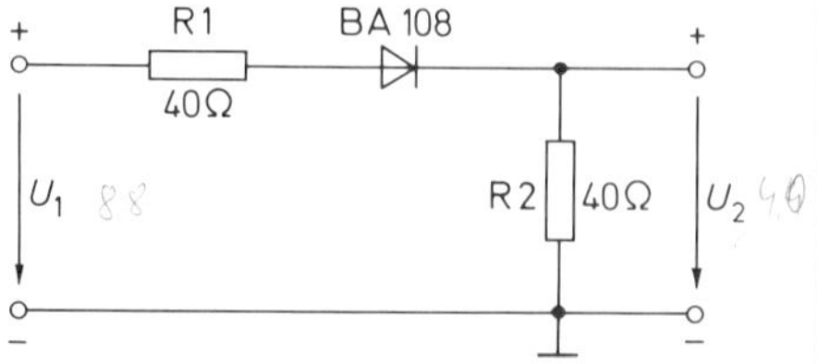

a) $P_V = 8\,mW$

b) $P_V = 80\,mW$

c) $P_V = 160\,mW$

d) $P_V = 400\,mW$

e) $P_V = 480\,mW$

Wertigkeit **3** P — Bewertung P

II. 3

Wird eine Diode als elektronischer Schalter betrieben, so hängt die auftretende Verlustleistung P_V nicht nur von der Größe der anliegenden Spannung und der Größe des fließenden Stromes, sondern auch von dem Verhältnis $\nu = t_i/T$ der anliegenden Spannung ab.

Wie groß ist die Verlustleistung einer Si-Diode, wenn $U_F = 0{,}8\,V$ sowie $I_F = 1{,}5\,A$ betragen und die Diode bei einer Impulsfrequenz $f = 10\,kHz$ jeweils $2\,\mu s$ leitend ist?

RECHNUNG

a) $P_V = 12\,W$

b) $P_V = 5{,}3\,W$

c) $P_V = 1{,}2\,W$

d) $P_V = 188\,mW$

e) $P_V = 24\,mW$

Wertigkeit **3** P — Bewertung P

II. 3

Das Bild zeigt eine Schaltung zur Spannungsstabilisierung.

Was für ein Widerstand R_V muß verwendet werden, damit bei $U_E = 20\,V$ die stabilisierte Ausgangsspannung $U_A = 6\,V$ beträgt?

RECHNUNG

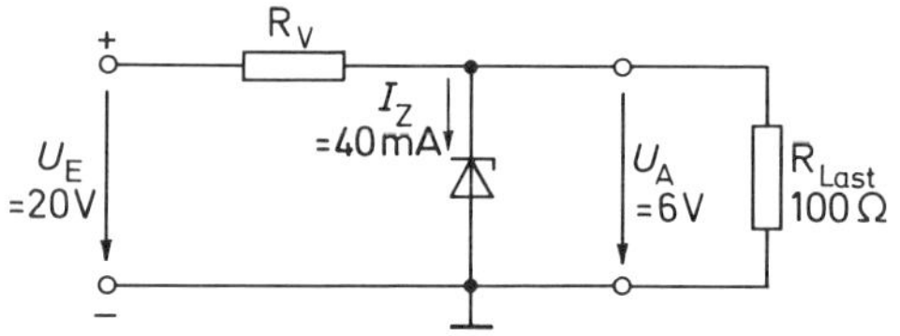

$R_V = \frac{U_E - U_A}{I_{Z min} + I_{Last}}$

$R_V = \frac{20 - 6}{40 mA + 60 mA} = 140\,\Omega$

$P = I^2 \cdot R = 100^2 mA \cdot 140\,\Omega = 1{,}4$

a) $R_V = 14\,\Omega / 2\,W$

b) $R_V = 140\,\Omega / 0{,}5\,W$

c) $R_V = 140\,\Omega / 1{,}5\,W$

d) $R_V = 233\,\Omega / 1\,W$

e) $R_V = 350\,\Omega / 0{,}5\,W$

Wertigkeit **3** P | Bewertung P

II. 3

In der angegebenen Versuchsschaltung wird eine Z-Diode mit $r_Z = 48\,\Omega$ verwendet. Bei $U_Z = 18{,}7\,V$ fließt ein Strom $I_Z = 29{,}6\,mA$.

Welcher Strom I_Z fließt, wenn nach einer Laständerung $U_A = 19{,}3\,V$ beträgt?

RECHNUNG

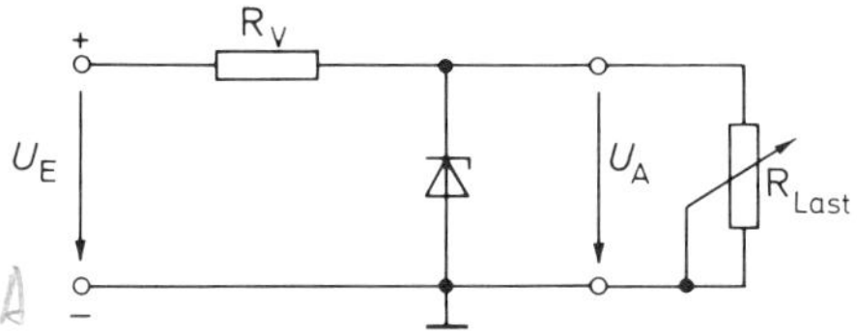

$r_Z = \frac{\Delta U_Z}{\Delta I_Z}$

$\Delta I_Z = \frac{\Delta U_Z}{r_Z} = \frac{0{,}6}{48} = 12{,}5\,mA$

$I_Z + \Delta I_Z = 29{,}6\,mA + 12{,}5\,mA = 42{,}1\,mA$

a) $I_Z = 12{,}5\,mA$

b) $I_Z = 17{,}1\,mA$

c) $I_Z = 29{,}6\,mA$

d) $I_Z = 42{,}1\,mA$

e) $I_Z = 390\,mA$

Wertigkeit **3** P | Bewertung P

II. 3

Das Bild zeigt eine Schaltung zur Spannungsstabilisierung, bei der zwei Stufen in Reihe geschaltet sind. Die Stufe I hat einen Glättungsfaktor $G1 = 30$ und die Stufe II $G2 = 45$.

Wie groß ist der Glättungsfaktor der gesamten Stabilisierungsschaltung?

RECHNUNG

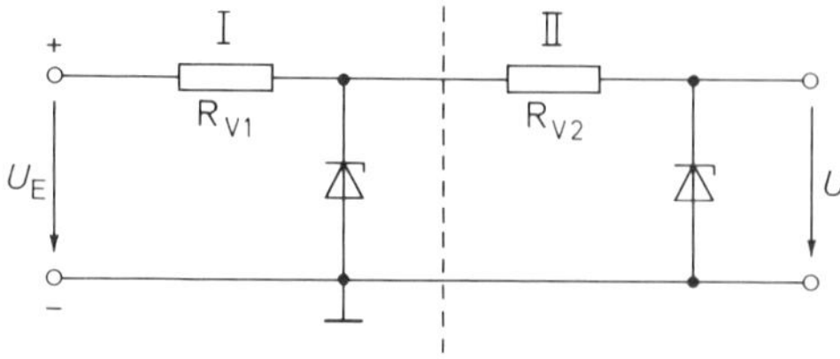

$G_{ges} = G1 \cdot G2$
$G_{ges} = 30 \cdot 45 = 1350$

a) $G_{ges} =$ 1,5

b) $G_{ges} =$ 75

c) $G_{ges} =$ 900

d) $G_{ges} = 1350$

e) $G_{ges} = 1500$

Wertigkeit **3** P

Bewertung P

II. 3

Das Bild zeigt eine Stabilisierungsschaltung mit einem Stabilisierungsfaktor $S = \frac{\Delta U_E / U_E}{\Delta U_A / U_A} = 10$. Die Eingangsspannung beträgt $U_E = 20\,V \pm 10\,\%$ und die Ausgangsspannung $U_A = 5\,V \pm \Delta U_A$.

In welchen Grenzen kann die Ausgangsspannung U_A schwanken?

RECHNUNG

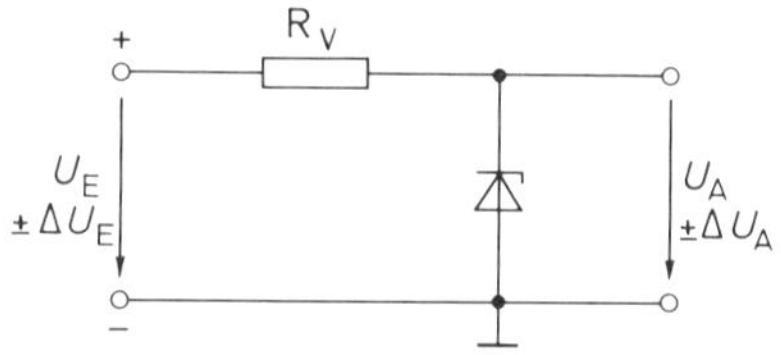

$S = \frac{\Delta U_E / U_E}{\Delta U_A / U_A}$

$\Delta U_A = \frac{\Delta U_E / U_E}{S / U_A} = \frac{20\,V/20}{10/5\,V} = 50\,mV$

a) $U_{A\,min} = 4{,}995\,V$; $U_{A\,max} = 5{,}05\,V$

b) $U_{A\,min} = 4{,}95\,V$; $U_{A\,max} = 5{,}05\,V$

c) $U_{A\,min} = 4{,}9\,V$; $U_{A\,max} = 5{,}1\,V$

d) $U_{A\,min} = 4{,}8\,V$; $U_{A\,max} = 5{,}2\,V$

e) $U_{A\,min} = 4{,}5\,V$; $U_{A\,max} = 5{,}5\,V$

Wertigkeit **3** P

Bewertung P

II. 3

Mit der angegebenen Stabilisierungsschaltung wird die Ausgangsspannung $U_A = 10\,V$ konstant gehalten. Die verwendete Z-Diode hat eine maximale Verlustleistung $P_{tot} = 1\,W$.

Welchen Widerstandswert darf der Lastwiderstand R_{Last} nicht überschreiten, damit die Z-Diode nicht überlastet wird?

RECHNUNG

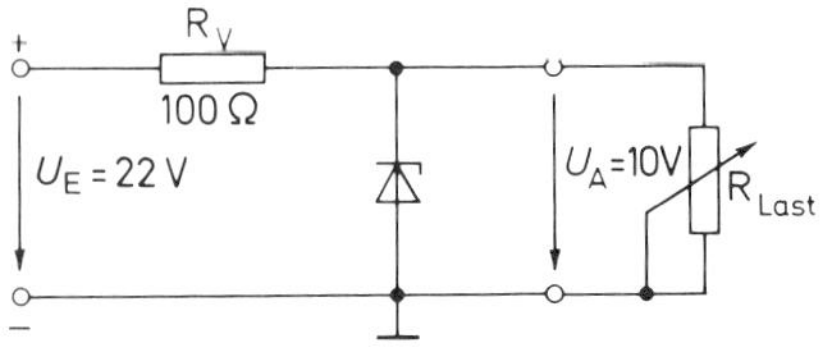

$I_{Zmax} = \frac{P_V}{U_Z} = \frac{1}{10} = 100\,mA$

$I_{ges} = \frac{12}{100\,\Omega} = \frac{U_{RV}}{R_V} = 120\,mA$

$I_{Last} = I_{ges} - I_Z = 20\,mA$

$R_{Last} = \frac{U_{RLast}}{I_{RLast}} = \frac{10}{20\,mA} = 500\,\Omega$

a) $R_{Last\,max} = 83{,}3\ \Omega$

b) $R_{Last\,max} = 100\ \Omega$

c) $R_{Last\,max} = 220\ \Omega$

d) $R_{Last\,max} = 500\ \Omega$

e) $R_{Last\,max} = 1{,}1\ k\Omega$

Wertigkeit **3** P   Bewertung   P

II. 3

Eine Z-Diode mit einer Z-Spannung $U_Z = 9{,}1\,V$ bei $T_U = 25\,°C$ hat einen Temperaturbeiwert $TK_{UZ} = 9 \cdot 10^{-4}\,1/K$.

Wie groß ist die Z-Spannung U_Z, wenn die Umgebungstemperatur $T_U = 80\,°C$ beträgt?

RECHNUNG

$U_{Zwarm} = U_Z + U_Z \cdot TK_{UZ} \cdot \Delta T$

$9{,}1 + 9{,}1 \cdot 9 \cdot 10^{-4} \cdot 55 = 9{,}55$

a) $U_{Z\,(80\,°C)} = 8{,}65\ V$

b) $U_{Z\,(80\,°C)} = 9{,}145\,V$

c) $U_{Z\,(80\,°C)} = 9{,}55\ V$

d) $U_{Z\,(80\,°C)} = 9{,}79\ V$

e) $U_{Z\,(80\,°C)} = 9{,}85\ V$

Wertigkeit **3** P   Bewertung   P

II. 4
Bipolare Transistoren

Wie ist die Stromverstärkung β für die Emitterschaltung eines Transistors definiert?

II. 4

a) $\beta = I_C \cdot I_B$ ☐

b) $\beta = \Delta I_C \cdot \Delta I_B$ ☐

c) $\beta = \frac{\Delta I_C}{\Delta I_B}$ ☒

d) $\beta = \frac{\Delta I_B}{\Delta I_C}$ ☐

e) $\beta = \frac{1}{\Delta I_C \cdot \Delta I_B}$ ☐

Wertigkeit **1** P

Bewertung P

Welcher Zusammenhang besteht zwischen den drei in einem bipolaren Transistor fließenden Strömen?

II. 4

a) $I_C = I_E + I_B$ ☐

b) $I_E = I_C - I_B$ ☐

c) $I_E = I_B + I_C$ ☒

d) $I_B = I_C + I_E$ ☐

e) $I_C = I_B - I_E$ ☐

Wertigkeit **1** P

Bewertung P

II. 4

Wie ist die Spannungsverstärkung V_u für die Emitterschaltung von bipolaren Transistoren definiert?

a) $V_u = U_{CE} \cdot U_{BE}$

b) $V_u = \Delta U_{CE} \cdot \Delta U_{BE}$

c) $V_u = \dfrac{\Delta U_{BE}}{\Delta U_{CE}}$

d) $V_u = \dfrac{\Delta U_{CE}}{\Delta U_{BE}}$

e) $V_u = \dfrac{\Delta U_{EB}}{\Delta U_{CB}}$

Wertigkeit **1** P | Bewertung P

II. 4

Bei den Spannungsangaben U_{BE}, U_{CE} und U_{CB} für Transistoren gibt der letzte Buchstabe immer die Bezugselektrode an. Bei NPN- und PNP-Transistoren muß daher die unterschiedliche Polarität der Spannungen beachtet werden.

Welche Polarität müssen die einzelnen Spannungen haben, wenn ein NPN-Transistor als Kleinsignalverstärker eingesetzt werden soll?

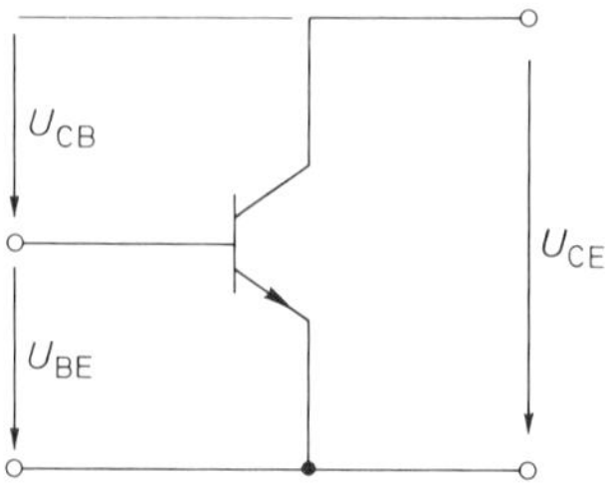

a) $-U_{CE}$; $+U_{BE}$; $-U_{CB}$

b) $-U_{CE}$; $-U_{BE}$; $+U_{CB}$

c) $-U_{CE}$; $-U_{BE}$; $-U_{CB}$

d) $+U_{CE}$; $-U_{BE}$; $-U_{CB}$

e) $+U_{CE}$; $+U_{BE}$; $+U_{CB}$

Wertigkeit **1** P | Bewertung P

II. 4

Bei Transistoren wurde für die Ströme als Bezugsrichtung (technische Stromrichtung) einheitlich die Richtung in den Anschlußdrähten zu den Transistorelektroden festgelegt. Fließt ein Strom tatsächlich entgegen der Pfeilrichtung, so wird dies durch ein negatives Vorzeichen ausgedrückt.

Wie müssen entsprechend dieser Vereinbarung die Ströme eines NPN-Transistors bezeichnet werden?

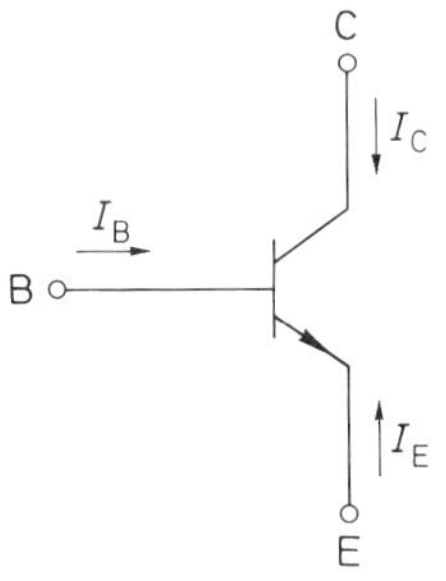

a) $-I_B$; $-I_C$; $-I_E$

b) $-I_B$; $+I_C$; $+I_E$

c) $+I_B$; $+I_C$; $+I_E$

d) $+I_B$; $+I_C$; $-I_E$

e) $+I_B$; $-I_C$; $+I_E$

Wertigkeit **1** P   Bewertung P

II. 4

Bei Transistoren werden die Spannungen und Ströme mit Vorzeichen versehen.

In welcher der fünf Antworten sind die Vorzeichen aller Spannungen und Ströme für einen PNP-Transistor richtig angegeben?

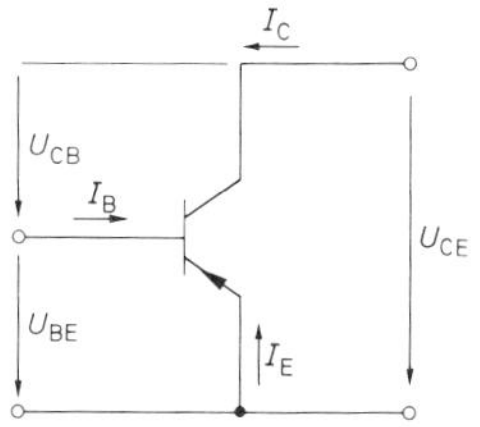

a) U_{CE} ; $-U_{CB}$; $-U_{BE}$; $-I_C$; $-I_B$; $-I_E$

b) $-U_{CE}$; $-U_{CB}$; $-U_{BE}$; $-I_C$; $-I_B$; I_E

c) $-U_{CE}$; $-U_{CB}$; U_{BE} ; $-I_C$; $-I_B$; I_E

d) U_{CE} ; U_{CB} ; U_{BE} ; I_C ; I_B ; I_E

e) $-U_{CE}$; $-U_{CB}$; U_{BE} ; $-I_C$; $-I_B$; $-I_E$

Wertigkeit **1** P   Bewertung P

Wie ist der Begriff »Kleinsignalverstärker« definiert?

II. 4

a) Bei einem Kleinsignalverstärker darf die Amplitude des Eingangssignals nicht größer als 100 mV sein ( )

b) Bei einem Kleinsignalverstärker darf die Amplitude des Eingangssignals nicht größer als 1 mV sein ( )

c) Bei einem Kleinsignalverstärker müssen die Spannungs- und Stromamplituden des Eingangssignals klein gegenüber den Spannungs- und Stromwerten des Arbeitspunktes sein (+)

d) In einem Kleinsignalverstärker werden nur Transistoren mit $P_{tot} < 100$ mW verwendet ( )

e) Bei einem Kleinsignalverstärker ist die Spannungsverstärkung V_u stets kleiner 10 ( )

Wertigkeit **1** P

Bewertung P

Werden bipolare Transistoren als Kleinsignalverstärker eingesetzt, so ist zur Einstellung eines günstigen Arbeitspunktes eine bestimmte Basis-Emitterspannung erforderlich.

Wie groß ist die erforderliche Basis-Emitterspannung U_{BE} bei Silizium-Transistoren.

II. 4

a) $U_{BE} \approx 0{,}1$ bis 0,2 V ( )

b) $U_{BE} \approx 0{,}2$ bis 0,3 V ( )

c) $U_{BE} \approx 0{,}4$ bis 0,5 V ( )

d) $U_{BE} \approx 0{,}6$ bis 0,7 V (+)

e) $U_{BE} \approx 1{,}0$ bis 1,2 V ( )

Wertigkeit **1** P

Bewertung P

Aufgrund ihres Ausgangsmaterials haben Germanium- und Silizium-Transistoren einige unterschiedliche charakteristische Werte.

Welche der angegebenen Werte sind charakteristisch für Si-Transistoren?

	U_{BE}	$U_{CE\,max}$	T_J	
a)	0,6 bis 0,7 V ;	150 V ;	90 °C	( )
b)	0,2 bis 0,3 V ;	150 V ;	90 °C	( )
c)	0,2 bis 0,3 V ;	90 V ;	90 °C	( )
d)	0,6 bis 0,7 V ;	90 V ;	150 °C	( )
e)	0,6 bis 0,7 V ;	150 V ;	150 °C	(x)

II. 4

Wertigkeit **1** P

Bewertung P

Transistoren werden nach unterschiedlichen Verfahren hergestellt.

Für welche der angegebenen Aufgaben werden Mesatransistoren hauptsächlich eingesetzt?

a) Als Verstärker im NF-Bereich ( )

b) Als Verstärker im HF-Bereich (x)

c) Als elektronischer Schalter ( )

d) Als Leistungsgleichrichter ( )

e) Zur Nachstimmung von Schwingkreisen ( )

II. 4

Wertigkeit **1** P

Bewertung P

II. 4

Das Diagramm zeigt die charakteristische Kennlinie eines bestimmten Transistortyps.

Wie wird die dargestellte Kennlinie häufig bezeichnet?

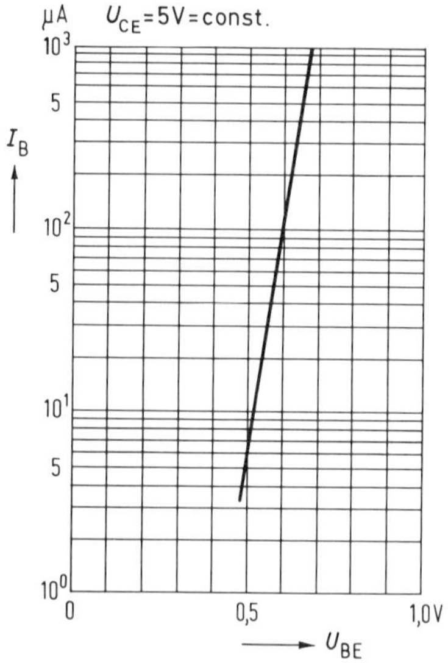

a) Eingangskennlinie

b) Stromverstärkungskennlinie

c) Ausgangskennlinie

d) Steuerkennlinie

e) Rückwirkungskennlinie

Wertigkeit **1** P

Bewertung P

II. 4

Das Diagramm zeigt die charakteristische Kennlinie eines bestimmten Transistortyps.

Wie wird die dargestellte Kennlinie bezeichnet?

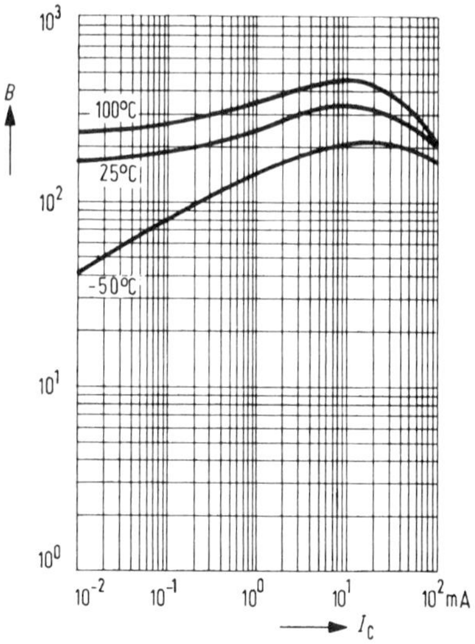

a) Eingangskennlinie

b) Gleichstromverstärkung

c) Ausgangskennlinie

d) Steuerkennlinie

e) Rückwirkungskennlinie

Wertigkeit **1** P

Bewertung P

Zur Angabe der Stromverstärkung von Transistoren werden die Buchstaben B und β verwendet.

Welcher Unterschied besteht bei der Angabe von B und β?

II. 4

a) B wird nur bei PNP-Transistoren, β wird nur bei NPN-Transistoren verwendet ☐

b) B wird nur bei NPN-Transistoren, β wird nur bei PNP-Transistoren verwendet ☐

c) B wird nur bei einer Emitterschaltung, β wird nur bei einer Kollektorschaltung verwendet ☐

d) B wird nur bei Angabe der dynamischen, β wird nur bei Angabe der statischen Stromverstärkung verwendet ☐

e) B wird nur bei Angabe der statischen, β wird nur bei Angabe der dynamischen Stromverstärkung verwendet ☒

Wertigkeit **1** P | Bewertung P

In Datenblättern von Transistoren ist die Angabe eines Wertes für I_{CE0} zu finden.

Welcher Strom wird bei einem Transistor mit I_{CE0} bezeichnet?

II. 4

a) I_{CE0} = Kollektorstrom I_C, wenn kein Wechselspannungssignal am Eingang liegt ☐

b) I_{CE0} = Transistor-Reststrom zwischen Kollektor- und Basisdiode bei offenem Emitter ☐

c) I_{CE0} = Transistor-Reststrom zwischen Kollektor- und Emitterelektrode bei offener Basis ☒

d) I_{CE0} = Kollektorstrom I_C, wenn der Emitterstrom $I_E = 0\,\text{A}$ ist ☐

e) $I_{CE0} = I_C + I_B$, wenn der Transistor ohne Emitterwiderstand betrieben wird ☐

Wertigkeit **1** P | Bewertung P

In den Datenblättern werden die dynamischen Kennwerte von Transistoren häufig in der Schreibweise von h-Parametern angegeben.

Wie wird die Kurzschlußstromverstärkung β als Vierpolparameter bei Emitterschaltung angegeben?

			II. 4
a)	$\beta = h_{12e}$	☐	
b)	$\beta = h_{11e}$	☐	
c)	$\beta = h_{22e}$	☐	
d)	$\beta = h_{34e}$	☐	
e)	$\beta = h_{21e}$	☒	

Wertigkeit **1** P Bewertung P

In den Datenblättern werden die dynamischen Kennwerte von Transistoren häufig in der Schreibweise von h-Parametern angegeben.

Wie wird der Leerlaufausgangsleitwert $1/r_{CE}$ als Vierpolparameter bei Emitterschaltung angegeben?

			II. 4
a)	$1/r_{CE} = h_{12e}$	☐	
b)	$1/r_{CE} = h_{11e}$	☐	
c)	$1/r_{CE} = h_{22e}$	☒	
d)	$1/r_{CE} = h_{34e}$	☐	
e)	$1/r_{CE} = h_{21e}$	☐	

Wertigkeit **1** P Bewertung P

II. 4

In den Datenblättern werden die dynamischen Kenndaten von Transistoren häufig als h-Parameter angegeben.

Wie wird der h-Parameter h_{11e} ebenfalls bezeichnet?

a) Leerlaufausgangsleitwert $1/r_{CE}$ ☐

b) Kurzschlußstromverstärkung β ☐

c) Leerlaufeingangsleitwert $1/r_{BE}$ ☐

d) Leerlaufspannungsrückwirkung D_U ☐

e) Kurzschlußeingangswiderstand r_{BE} ☒

Wertigkeit **1** P

Bewertung P

II. 4

In den Datenblättern werden die dynamischen Kenndaten von Transistoren häufig als h-Parameter angegeben.

Wie wird der h-Parameter h_{22e} ebenfalls bezeichnet?

a) Leerlaufausgangsleitwert $1/r_{CE}$ ☒

b) Kurzschlußstromverstärkung β ☐

c) Leerlaufeingangsleitwert $1/r_{BE}$ ☐

d) Leerlaufspannungsrückwirkung D_U ☐

e) Kurzschlußeingangswiderstand r_{BE} ☐

Wertigkeit **1** P

Bewertung P

II. 4

Das Bild zeigt das Vierquadranten-Kennlinienfeld eines Transistors.

Aus den Kennlinien welcher Quadranten kann der dynamische Eingangswiderstand r_{BE} ermittelt werden?

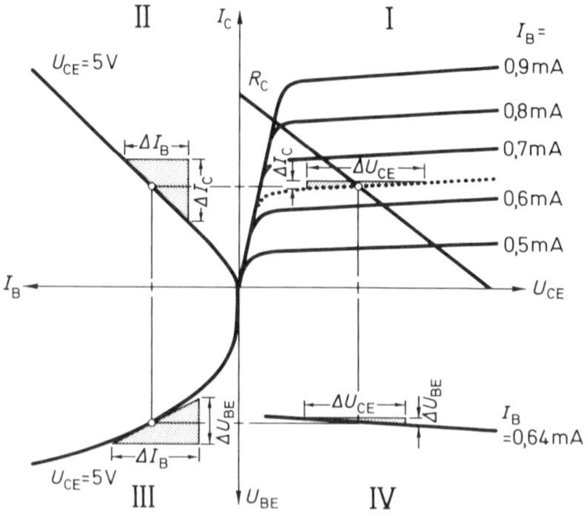

a) Aus Quadrant I

b) Aus Quadrant II

c) Aus Quadrant III

d) Aus Quadrant IV

e) Aus Quadranten I und II

Wertigkeit **1** P Bewertung P

II. 4

In den Datenblättern wird als Kennwert für die einzelnen Transistortypen auch die Transitfrequenz f_T angegeben.

Wie ist die Transitfrequenz f_T definiert?

a) Bei f_T hat die Stromverstärkung β ihren Höchstwert

b) Bei f_T ist die Stromverstärkung β auf den Wert 1 abgesunken

c) Bei f_T ist die Stromverstärkung β auf 70 % ihres Höchstwertes abgesunken

d) Bei f_T tritt die größte Spannungsverstärkung V_u auf

e) Bei f_T geht der Transistor vom Verstärkerbetrieb in den Schalterbetrieb über

Wertigkeit **1** P Bewertung P

II. 4

Wie lauten die beiden ersten Buchstaben eines Silizium-NF-Transistors, wenn die Benennung nach dem Pro-Electron-Bezeichnungsschema erfolgte?

a) AC ...
b) BC ... (X)
c) AF ...
d) BF ...
e) AD ...

Wertigkeit **1** P

Bewertung P

II. 4

Wie lauten die beiden ersten Buchstaben eines Silizium-Leistungsschalttransistors, wenn die Benennung nach dem Pro-Electron-Bezeichnungs-schema erfolgte?

a) AU ...
b) BC ...
c) BF ...
d) BU ... (X)
e) BS ...

Wertigkeit **1** P

Bewertung P

II. 4

Ein Transistor trägt nach dem Pro-Electron-Bezeichnungsschema die Bezeichnung BSY 53.

Um was für einen Transistortyp handelt es sich?

a) Um einen Si-Leistungstransistor ( )

b) Um einen Ge-Leistungstransistor ( )

c) Um einen Si-HF-Transistor ( )

d) Um einen Ge-Schalttransistor ( )

e) Um einen Si-Schalttransistor ( )

Wertigkeit **1** P Bewertung P

II. 4

Das Schaltbild zeigt eine Verstärkerstufe. Die in dieser Stufe gemessenen Spannungen sind in das Schaltbild eingetragen.

Wie groß ist die Basisvorspannung U_{BE}?

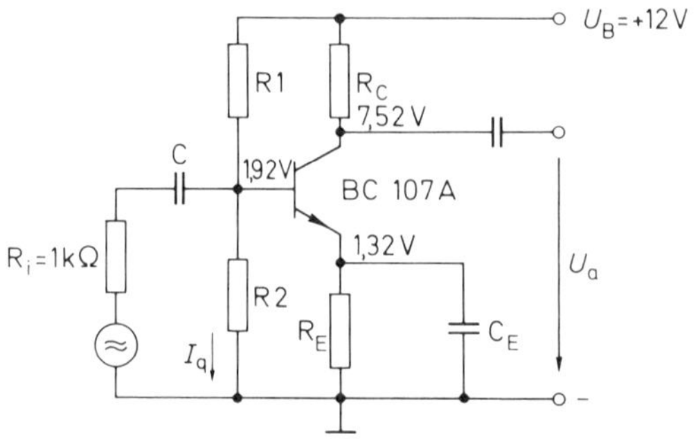

a) $U_{BE} = +0{,}6\ V$ ( )

b) $U_{BE} = +1{,}32\ V$ ( )

c) $U_{BE} = +1{,}92\ V$ ( )

d) $U_{BE} = +6{,}2\ V$ ( )

e) $U_{BE} = +7{,}52\ V$ ( )

Wertigkeit **1** P Bewertung P

In der angegebenen Schaltung wird die Basisvorspannung mit Hilfe eines Spannungsteilers erzeugt.

In welchem Verhältnis soll der Querstrom I_q durch den Spannungsteiler zu dem fließenden Basisstrom stehen?

II. 4

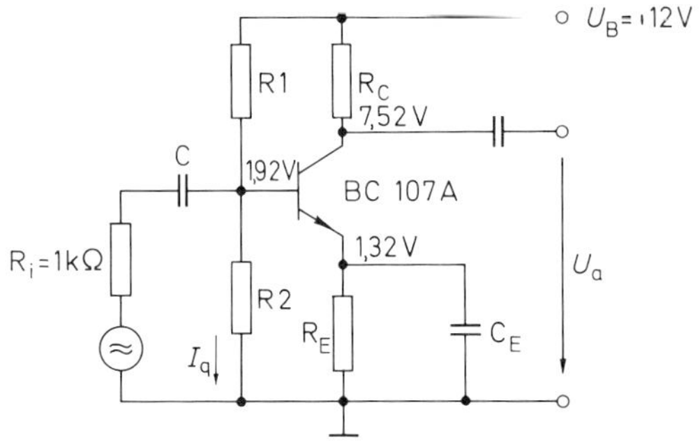

a) $I_q < I_B$

b) $I_q \approx I_B$

c) $I_q \approx 2$ bis $10 \cdot I_B$

d) $I_q \approx 50 \cdot I_B$

e) $I_q \approx 100 \cdot I_B$

Wertigkeit **1** P | Bewertung P

Welche charakteristischen Eigenschaften hat eine Emitterschaltung?

II. 4

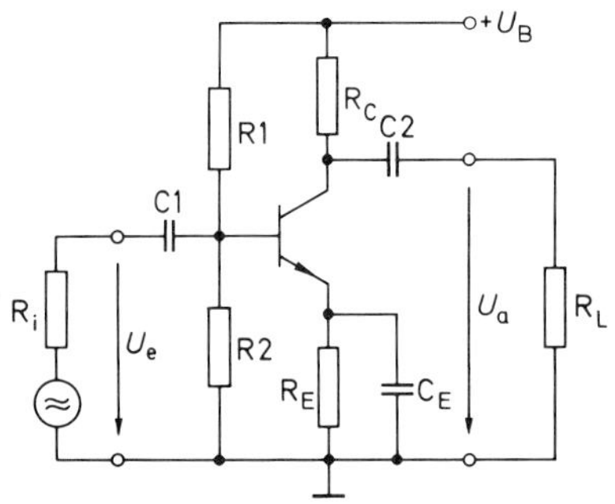

a) Große Spannungsverstärkung V_u und große Stromverstärkung V_i

b) Spannungsverstärkung $V_u < 1$

c) Stromverstärkung $V_i < 1$

d) Hoher Eingangswiderstand r_e und niedriger Ausgangswiderstand r_a

e) Sehr hohe Grenzfrequenz f_g

Wertigkeit **1** P | Bewertung P

Welche der genannten Eigenschaften hat die dargestellte Verstärkerstufe in Kollektorschaltung?

II. 4

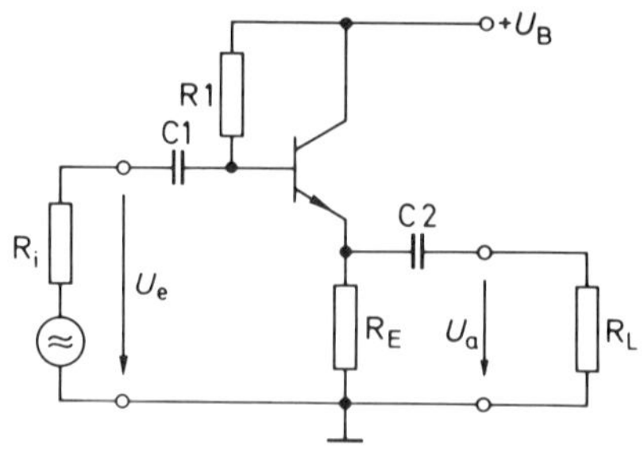

a) $V_i > 1$ und Phasenverschiebung $\varphi \approx 0°$ zwischen U_e und U_a

b) $V_i < 1$ und Phasenverschiebung $\varphi \approx 90°$ zwischen U_e und U_a

c) $V_u > 1$ und Phasenverschiebung $\varphi \approx 0°$ zwischen U_e und U_a

d) $V_i > 1$ und Phasenverschiebung $\varphi \approx 180°$ zwischen U_e und U_a

e) $V_i < 1$ und Phasenverschiebung $\varphi \approx 180°$ zwischen U_e und U_a

Wertigkeit **1** P — Bewertung P

Bei welcher der genannten Grundschaltungen tritt grundsätzlich eine Phasenverschiebung $\varphi \approx 180°$ zwischen der Eingangsspannung U_e und der Ausgangsspannung U_a auf?

II. 4

a) Bei der Kollektorschaltung

b) Bei der Emitterschaltung

c) Bei dem Emitterfolger

d) Bei der Basisschaltung

e) Bei der Darlington-Schaltung

Wertigkeit **1** P — Bewertung P

II. 4

Welche charakteristische Eigenschaft hat eine Basisschaltung?

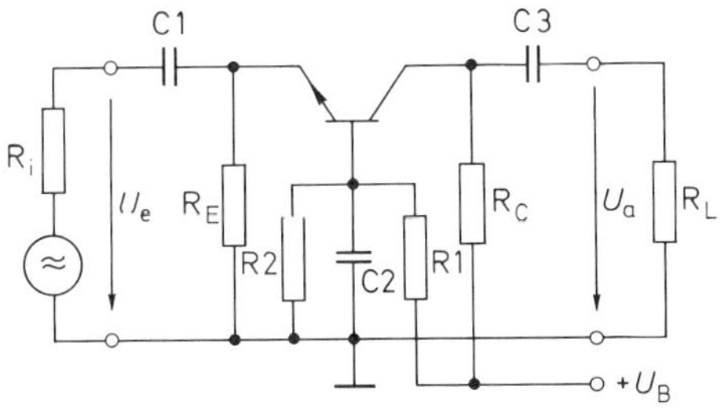

a) Eine große Stromverstärkung V_i

b) Eine Spannungsverstärkung $V_u < 1$

c) Einen hochohmigen Eingangswiderstand r_e

d) Einen niederohmigen Ausgangswiderstand r_a

e) Eine sehr hohe Grenzfrequenz f_{go}

Wertigkeit **1** P   Bewertung P

II. 4

In welcher charakteristischen Größenordnung liegt der Wechselstrom-Eingangswiderstand r_e einer Verstärkerstufe in Emitterschaltung?

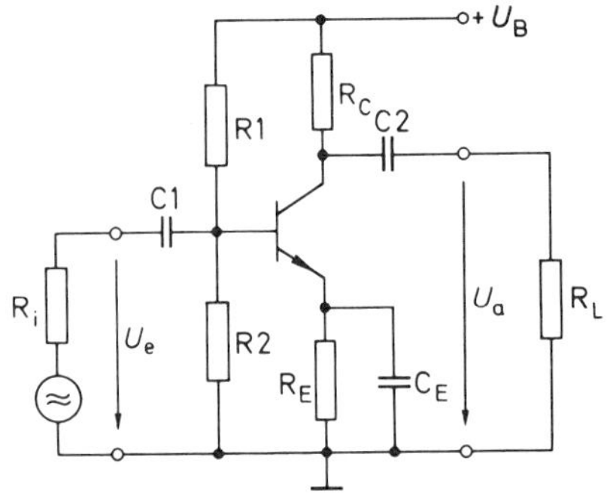

a) $r_e \approx$ 4 Ω bis 5 Ω

b) $r_e \approx$ 40 Ω bis 50 Ω

c) $r_e \approx$ 400 Ω bis 5 kΩ

d) $r_e \approx$ 40 kΩ bis 500 kΩ

e) $r_e \approx$ 4 MΩ bis 5 MΩ

Wertigkeit **1** P   Bewertung P

II. 4

Wie groß ist bei der angegebenen Zusammenschaltung zweier Transistoren die Gesamtstromverstärkung B_{ges}, wenn T1 die Stromverstärkung B_1 und T2 die Stromverstärkung B_2 hat?

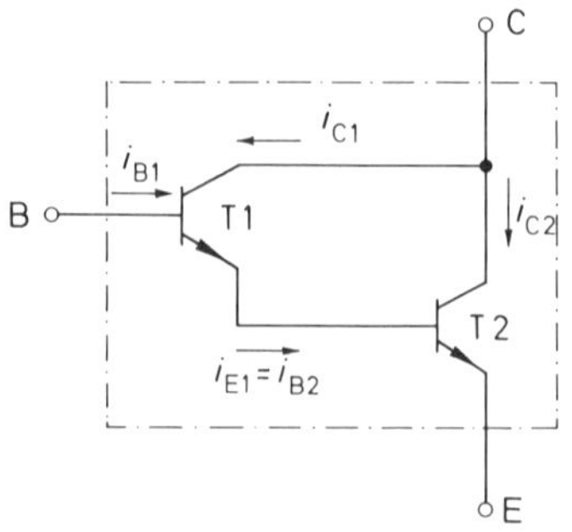

a) $B_{ges} \approx B_1 + B_2$

b) $B_{ges} \approx B_1 - B_2$

c) $B_{ges} \approx B_1 \cdot B_2$

d) $B_{ges} \approx \frac{B_1}{B_2}$

e) $B_{ges} \approx \frac{B_2}{B_1}$

Wertigkeit **1** P

Bewertung P

II. 4

Wie wird die dargestellte Transistorschaltung bezeichnet?

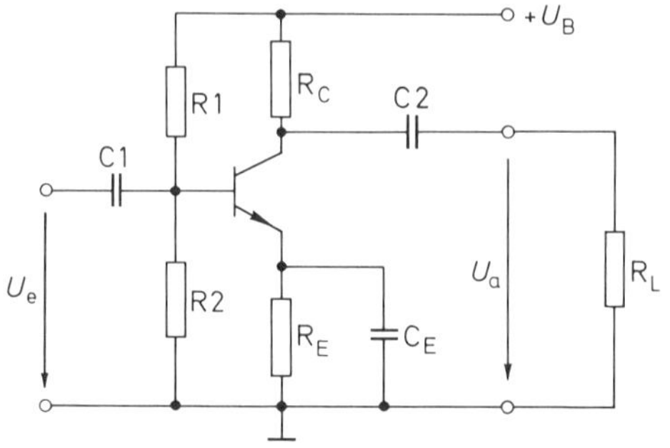

a) Gleichspannungsverstärker

b) Wechselspannungsverstärker

c) Selektiver Wechselspannungsverstärker

d) Schaltverstärker

e) Darlington-Verstärker

Wertigkeit **1** P

Bewertung P

II. 4

In das Ausgangskennlinienfeld eines Transistors ist die Arbeitsgerade eines NF-Leistungsverstärkers mit 5 möglichen Arbeitspunkten eingetragen.

Welcher Arbeitspunkt ist einzustellen, wenn die Verstärkerstufe im A-Betrieb betrieben werden soll?

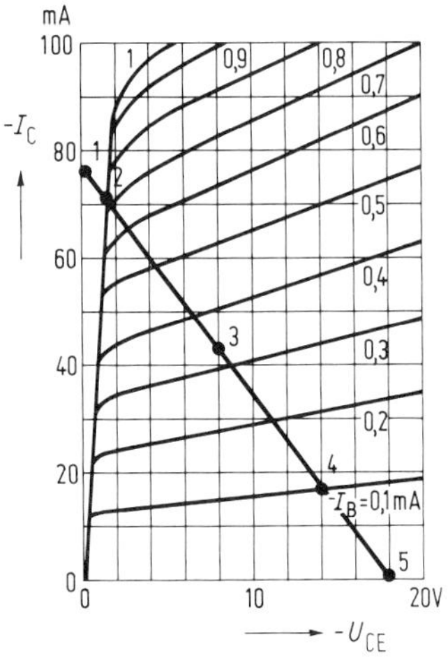

a) Arbeitspunkt 1

b) Arbeitspunkt 2

c) Arbeitspunkt 3

d) Arbeitspunkt 4

e) Arbeitspunkt 5

Wertigkeit **1** P

Bewertung P

II. 4

In das Ausgangskennlinienfeld eines Transistors ist die Arbeitsgerade eines Transistorschalters mit 5 möglichen Arbeitspunkten eingetragen.

Welcher der Arbeitspunkte stellt sich bei diesem Transistorschalter ein, wenn der Transistor gesperrt ist?

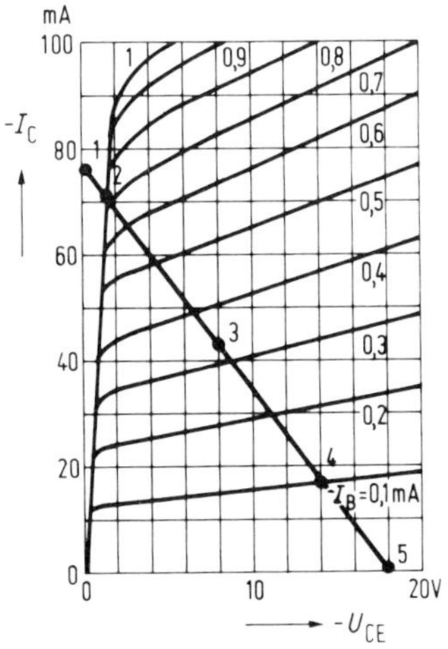

a) Arbeitspunkt 1

b) Arbeitspunkt 2

c) Arbeitspunkt 3

d) Arbeitspunkt 4

e) Arbeitspunkt 5

Wertigkeit **1** P

Bewertung P

II. 4

Transistoren in Schaltverstärkern werden meistens übersteuert.

Welcher Übersteuerungsfaktor *ü* wird bei Schaltverstärkern in der Regel gewährt?

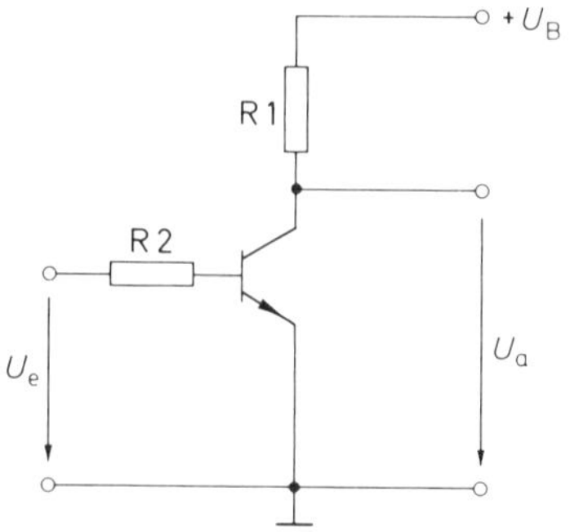

a) $ü \approx$ 200 bis 1000

b) $ü \approx$ 20 bis 100

c) $ü \approx$ 2 bis 10

d) $ü \approx$ 1 bis 2

e) $ü \approx$ 0,2 bis 1

Wertigkeit **1** P

Bewertung P

II. 4

Das Bild zeigt das Ausgangskennlinienfeld eines Schalttransistors mit der Arbeitsgeraden für Ohmsche Last.

In welchem der angegebenen Arbeitspunkte ist der Transistor übersteuert?

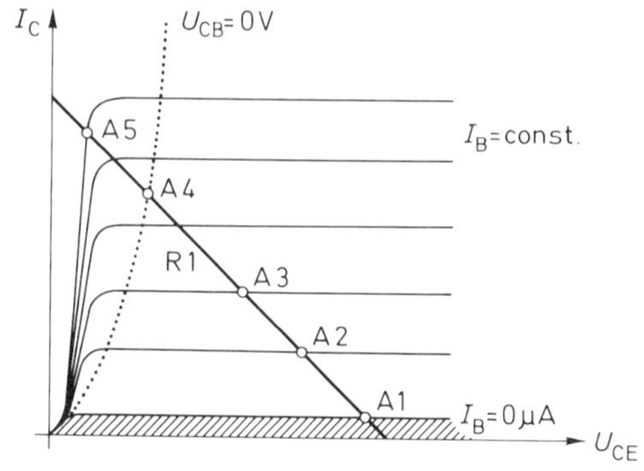

a) Im Arbeitspunkt A1

b) Im Arbeitspunkt A2

c) Im Arbeitspunkt A3

d) Im Arbeitspunkt A4

e) Im Arbeitspunkt A5

Wertigkeit **1** P

Bewertung P

II. 4

Das Bild zeigt die Schichtfolgen eines NPN-Transistors.

In welcher Weise werden die beiden Sperrschichten betrieben?

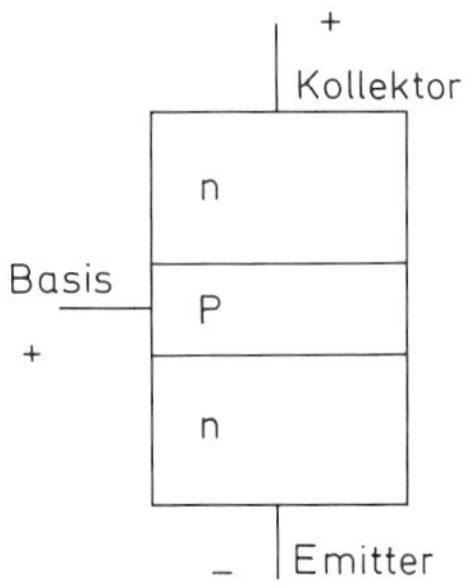

a) E-B-Sperrschicht in Durchlaßrichtung
C-B-Sperrschicht in Sperrichtung

b) E-B-Sperrschicht in Sperrichtung
C-B-Sperrschicht in Durchlaßrichtung

c) E-B-Sperrschicht in Sperrichtung
C-B-Sperrschicht in Sperrichtung

d) E-B-Sperrschicht in Durchlaßrichtung
C-B-Sperrschicht in Durchlaßrichtung

e) C-E-Sperrschicht in Durchlaßrichtung
E-B-Sperrschicht in Sperrichtung

Wertigkeit **2** P   Bewertung P

II. 4

In der dargestellten Versuchsschaltung werden die angegebenen Spannungen gemessen.

In welcher Weise werden die beiden pn-Übergänge des Transistors betrieben?

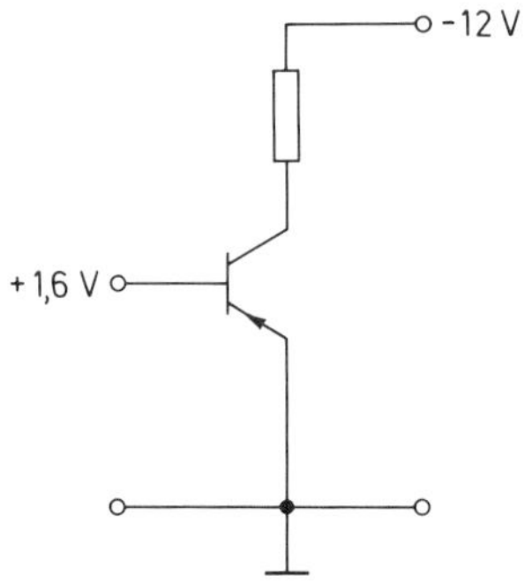

a) E-B-Sperrschicht in Durchlaßrichtung
C-B-Sperrschicht in Sperrichtung

b) E-B-Sperrschicht in Sperrichtung
C-B-Sperrschicht in Durchlaßrichtung

c) E-B-Sperrschicht in Sperrichtung
C-B-Sperrschicht in Sperrichtung

d) E-B-Sperrschicht in Durchlaßrichtung
C-B-Sperrschicht in Durchlaßrichtung

e) C-E-Sperrschicht in Durchlaßrichtung
E-B-Sperrschicht in Sperrichtung

Wertigkeit **2** P   Bewertung P

II. 4

In der dargestellten Versuchsschaltung werden die angegebenen Spannungen gemessen.

In welcher Weise werden die beiden pn-Übergänge des Transistors betrieben?

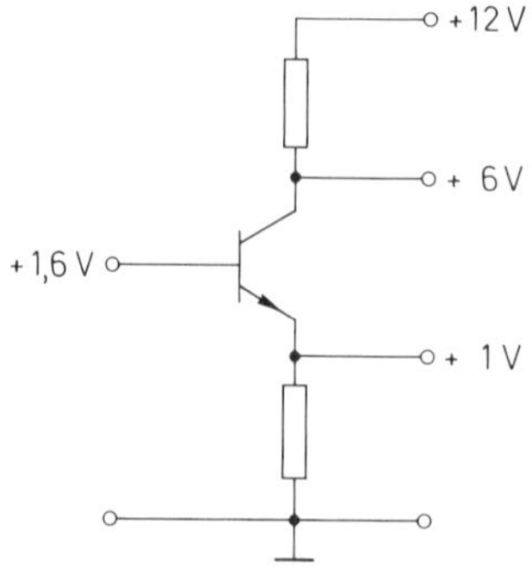

a) E-B-Sperrschicht in Durchlaßrichtung
C-B-Sperrschicht in Sperrichtung

b) E-B-Sperrschicht in Sperrichtung
C-B-Sperrschicht in Durchlaßrichtung

c) E-B-Sperrschicht in Sperrichtung
C-B-Sperrschicht in Sperrichtung

d) E-B-Sperrschicht in Durchlaßrichtung
C-B-Sperrschicht in Durchlaßrichtung

e) C-E-Sperrschicht in Durchlaßrichtung
E-B-Sperrschicht in Sperrichtung

Wertigkeit **2** P | Bewertung P

II. 4

In dem Diagramm ist die Eingangskennlinie eines Transistors dargestellt.

Wie groß muß die Basis-Emitterspannung U_{BE} sein, wenn ein Basisstrom $I_B = 20\,\mu A$ fließen soll?

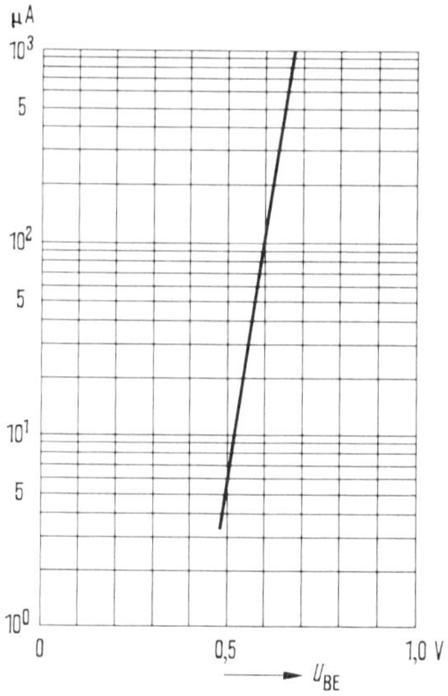

a) $U_{BE} = 0{,}5\,V$

b) $U_{BE} = 0{,}55\,V$

c) $U_{BE} = 0{,}6\,V$

d) $U_{BE} = 0{,}63\,V$

e) U_{BE} im Diagramm nicht mehr ablesbar

Wertigkeit **2** P | Bewertung P

II. 4

Das Diagramm zeigt die Eingangskennlinie eines Transistors.

Wie groß ist der in den Transistor fließende Strom I_B, wenn die Basis-Emitterspannung $U_{BE} = 0{,}6\,V$ beträgt?

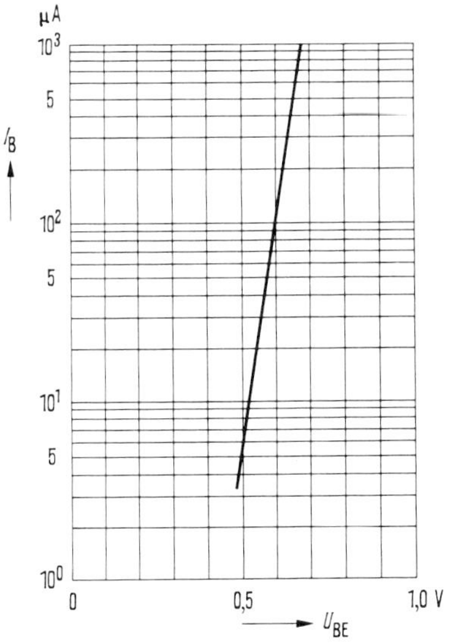

a) $I_B = 10\,\mu A$ ☐

b) $I_B = 100\,\mu A$ ☐

c) $I_B = 1\,mA$ ☐

d) $I_B = 10\,mA$ ☐

e) $I_B = 100\,mA$ ☐

Wertigkeit **2** P   Bewertung P

II. 4

Welche Kennlinie eines Transistors kann mit der angegebenen Schaltung punktweise ermittelt werden?

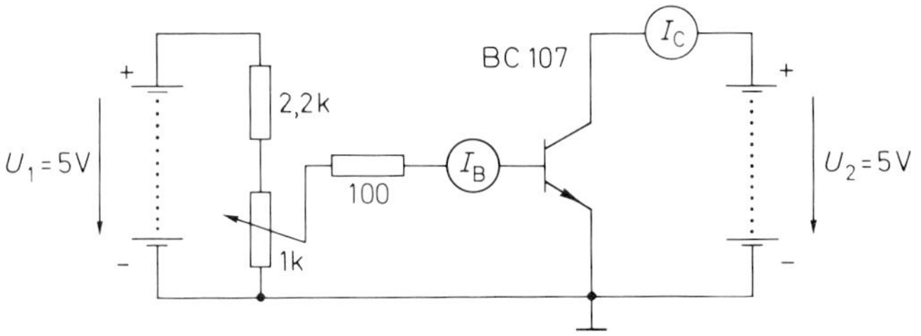

a) Die Eingangskennlinie ☐

b) Die Stromverstärkungskennlinie ☐

c) Die Ausgangskennlinie ☐

d) Die Steuerkennlinie ☐

e) Die Rückwirkungskennlinie ☐

Wertigkeit **2** P   Bewertung P

Welche Kennlinie eines Transistors kann mit der angegebenen Schaltung punktweise ermittelt werden?

II. 4

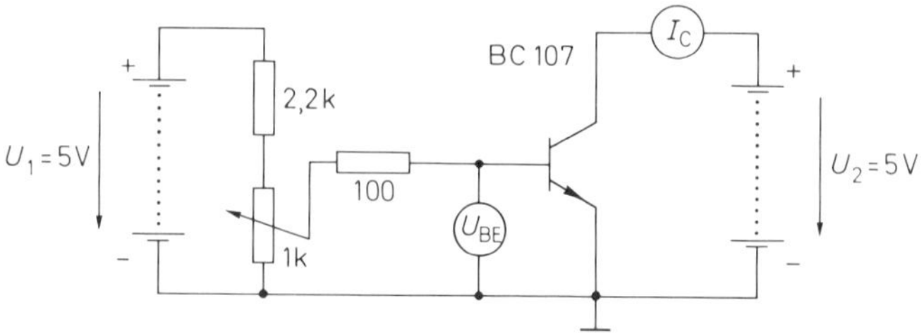

a) Die Eingangskennlinie

b) Die Stromverstärkungskennlinie

c) Die Ausgangskennlinie

d) Die Steuerkennlinie

e) Die Rückwirkungskennlinie

Wertigkeit **2** P

Bewertung P

Das Diagramm zeigt den Zusammenhang zwischen der Gleichstromverstärkung B und dem Kollektorstrom I_C bei verschiedenen Umgebungstemperaturen T_U für den Transistor BC107.

II. 4

Welchen Wert hat B bei $I_C = 0{,}2\,mA$ und $T_U = 25\,°C$?

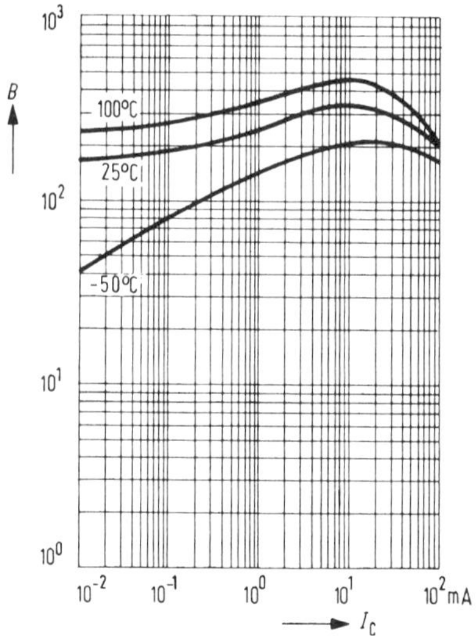

a) $B \approx 100$

b) $B \approx 180$

c) $B \approx 200$

d) $B \approx 280$

e) $B \approx 310$

Wertigkeit **2** P

Bewertung P

II. 4

Das Diagramm zeigt den Zusammenhang zwischen der Gleichstromverstärkung B und dem Kollektorstrom I_C bei verschiedenen Umgebungstemperaturen T_U für den Transistor BC 107.

Wie groß muß I_C gewählt werden, damit bei $T_U = 25\,°C$ eine Gleichstromverstärkung $B = 300$ erreicht wird?

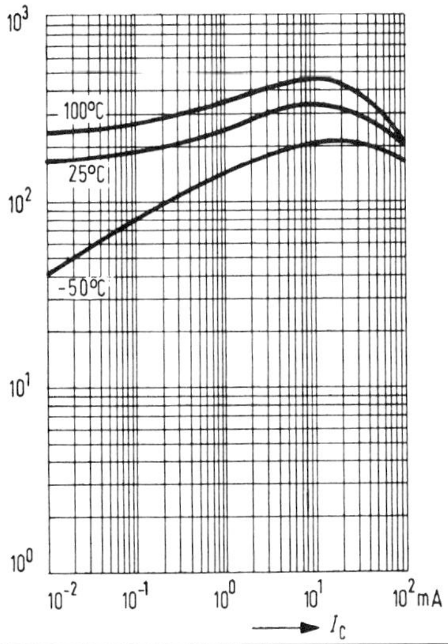

a) $I_C \approx 0{,}1$ mA

b) $I_C \approx 1$ mA

c) $I_C \approx 1{,}5$ mA

d) $I_C \approx 3$ mA

e) $I_C \approx 10$ mA

Wertigkeit **2** P | Bewertung P

II. 4

Das Diagramm zeigt den Zusammenhang zwischen der Gleichstromverstärkung B und dem Kollektorstrom I_C bei verschiedenen Umgebungstemperaturen T_U für den Transistor BC 107.

Wie ändert sich die Gleichstromverstärkung B, wenn bei $I_C = 0{,}2$ mA die Umgebungstemperatur von $T_U = 25\,°C$ auf $T_U = 100\,°C$ ansteigt?

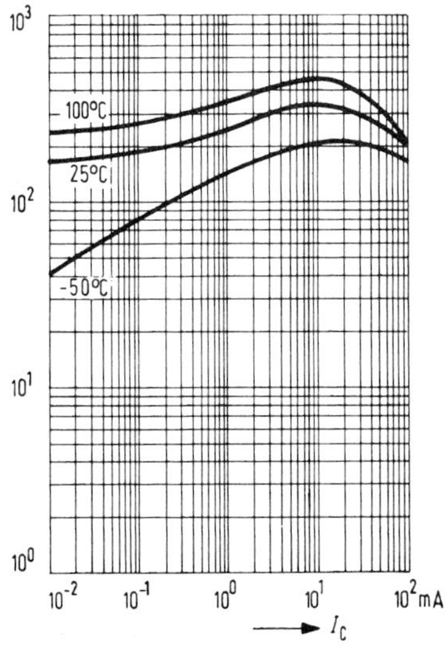

$T_U = 25\,°C$; $T_U = 100\,°C$

a) $B \approx 180$; $B \approx 250$

b) $B \approx 200$; $B \approx 290$

c) $B \approx 250$; $B \approx 350$

d) $B \approx 350$; $B \approx 480$

e) $B \approx 310$; $B \approx 410$

Wertigkeit **2** P | Bewertung P

II. 4

In das Kennlinienfeld eines Transistors ist eine Arbeitsgerade eingezeichnet.

Wie groß ist die Gleichstromverstärkung B, wenn der Transistor in dem angegebenen Arbeitspunkt 2 betrieben wird?

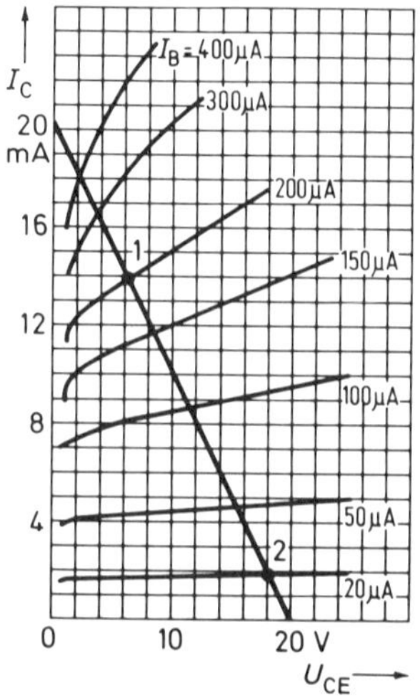

a) $B = 7$

b) $B = 10$

c) $B = 20$

d) $B = 70$

e) $B = 100$

Wertigkeit **2** P

Bewertung P

II. 4

Das Diagramm zeigt das Ausgangskennlinienfeld des Transistors BC 107.

Welcher Kollektorstrom stellt sich ein, wenn $U_{CE} = 2\,\text{V}$ und $I_B = 1{,}5\,\mu\text{A}$ betragen?

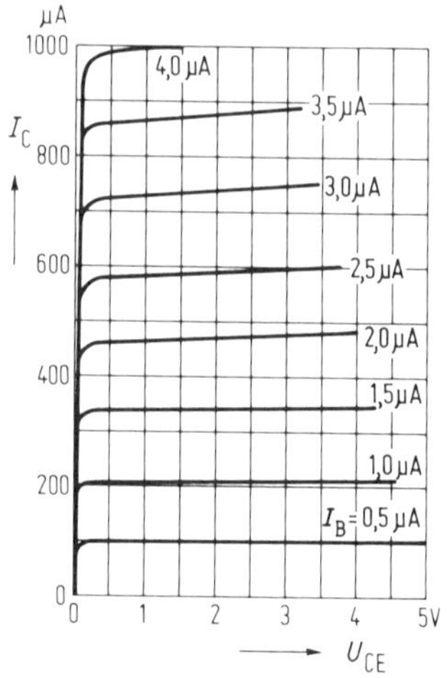

a) $I_C = 6$ mA

b) $I_C = 3{,}4$ mA

c) $I_C = 0{,}6$ mA

d) $I_C = 0{,}34$ mA

e) $I_C = 0{,}2$ mA

Wertigkeit **2** P

Bewertung P

II. 4

Das Diagramm zeigt die Stromverstärkungskennlinie der Transistoren BC 107/108/237/238.

Wie groß ist die Gleichstromverstärkung B in dem angegebenen Arbeitspunkt 3?

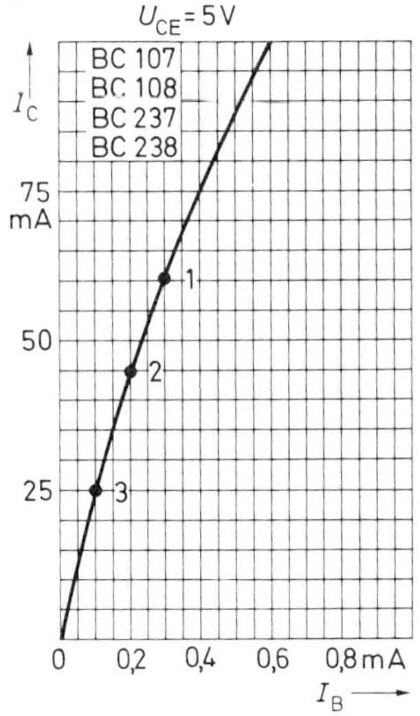

a) $B = 200$

b) $B = 225$

c) $B = 250$

d) $B = 450$

e) $B = 500$

Wertigkeit **2** P

Bewertung P

II. 4

Das Diagramm zeigt das Ausgangskennlinienfeld des Transistors BCW 61, in das zusätzlich eine Arbeitsgerade für einen Kollektorwiderstand eingetragen ist.

Wie groß ist die Spannung U_{CE}, wenn ein Kollektorstrom $I_C = 40$ mA fließt?

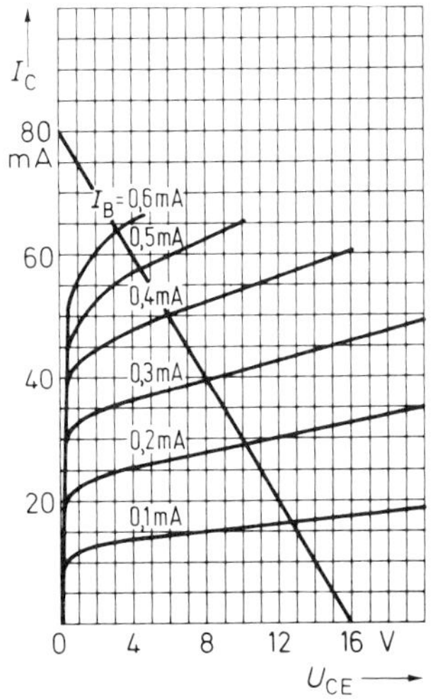

a) $U_{CE} \approx 16$ V

b) $U_{CE} \approx 12$ V

c) $U_{CE} \approx 10$ V

d) $U_{CE} \approx 8$ V

e) $U_{CE} \approx 6$ V

Wertigkeit **2** P

Bewertung P

II. 4

Das Diagramm zeigt das Ausgangskennlinienfeld des Transistors BCW 61, in das zusätzlich eine Arbeitsgerade für einen Kollektorwiderstand eingetragen ist.

Welchen Widerstandswert hat der Kollektorwiderstand R_C?

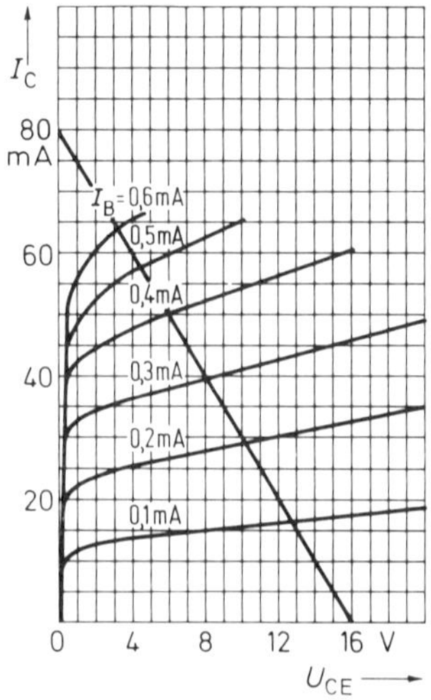

a) $R_C = 80\ k\Omega$

b) $R_C = 16\ k\Omega$

c) $R_C = 2\ k\Omega$

d) $R_C = 800\ \Omega$

e) $R_C = 200\ \Omega$

Wertigkeit **2** P

Bewertung P

II. 4

Das Diagramm zeigt das Ausgangskennlinienfeld des Transistors BC 182, in das zusätzlich eine Arbeitsgerade für einen Kollektorwiderstand R_C eingetragen ist.

Wie groß ist der Kollektorstrom I_C, wenn ein Basisstrom $I_B = 200\ \mu A$ fließt?

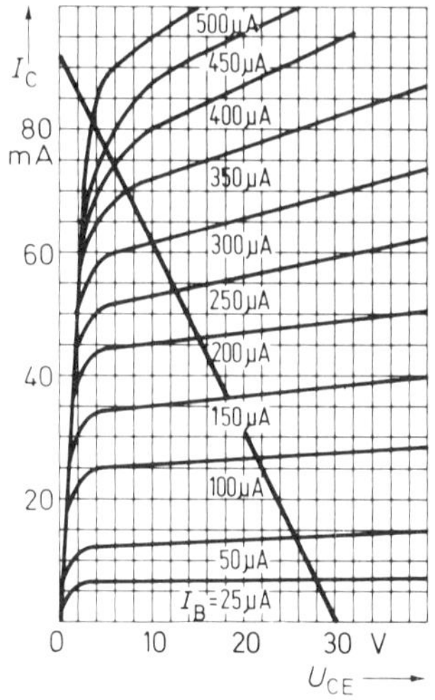

a) $I_C \approx 14\ mA$

b) $I_C \approx 30\ mA$

c) $I_C \approx 46\ mA$

d) $I_C \approx 62\ mA$

e) $I_C \approx 90\ mA$

Wertigkeit **2** P

Bewertung P

II. 4

Das Diagramm zeigt das Ausgangskennlinienfeld des Transistors BC 182, in das zusätzlich eine Arbeitsgerade für einen Kollektorwiderstand R_C eingetragen ist.

Welchen Widerstandswert hat der Kollektorwiderstand R_C?

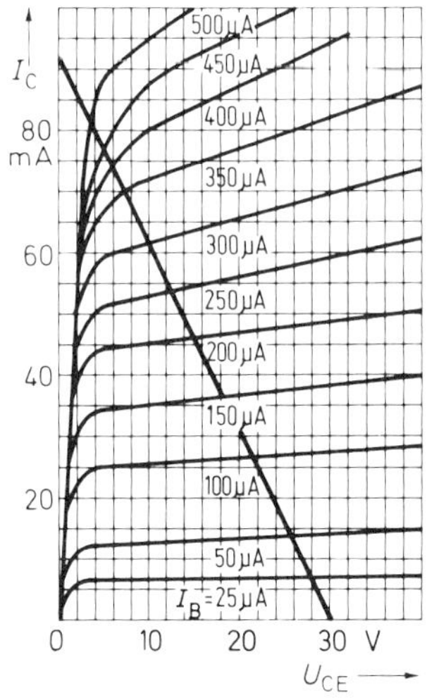

a) $R_C \approx 33\ \Omega$

b) $R_C \approx 327\ \Omega$

c) $R_C \approx 3{,}3\ k\Omega$

d) $R_C \approx 9\ k\Omega$

e) $R_C \approx 30\ k\Omega$

Wertigkeit **2** P

Bewertung P

II. 4

Das Diagramm zeigt das Ausgangskennlinienfeld des Transistors 2N3054, in das zusätzlich die Arbeitsgerade für einen Kollektorwiderstand R_C eingetragen ist. Der Transistor wird in der zugehörigen Verstärkerstufe mit $I_B = 2{,}5\,mA$ betrieben. Bei einer Ansteuerung mit einem Eingangssignal ändert sich die Spannung U_{CE} um $\pm 10\,V$.

Welche Änderung des Kollektorstromes ΔI_C kann für diesen Betriebsfall aus dem Kennlinienfeld ermittelt werden?

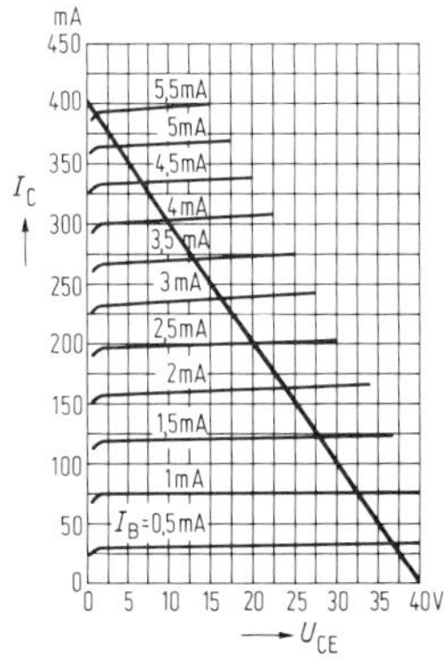

a) $\Delta I_C = 100\,mA$

b) $\Delta I_C = 200\,mA$

c) $\Delta I_C = 300\,mA$

d) $\Delta I_C = 400\,mA$

e) $\Delta I_C = 500\,mA$

Wertigkeit **2** P

Bewertung P

II. 4

Das Diagramm zeigt das Ausgangskennlinienfeld des Transistors 2N3054, in das zusätzlich die Arbeitsgerade für einen Kollektorwiderstand R_C eingetragen ist.

Welchen Wert hat der Kollektorwiderstand R_C?

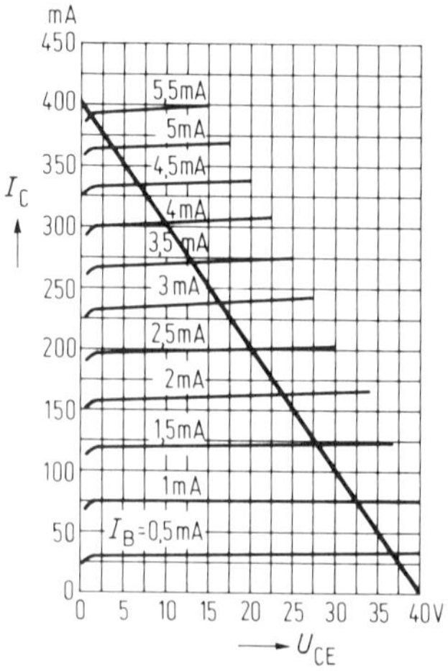

a) $R_C = 40\ \Omega$

b) $R_C = 60\ \Omega$

c) $R_C = 100\ \Omega$

d) $R_C = 400\ \Omega$

e) $R_C = 1\ k\Omega$

Wertigkeit **2** P | Bewertung P

II. 4

In dem Diagramm ist die Sättigungsspannung $U_{CE\,sat}$ des Transistors BC 107 als Funktion von I_C für verschiedene Umgebungstemperaturen dargestellt.

Wie groß ist der Mittelwert von $U_{CE\,sat}$, wenn ein Kollektorstrom $I_C = 10$ mA bei $T_U = 25\,°C$ fließt?

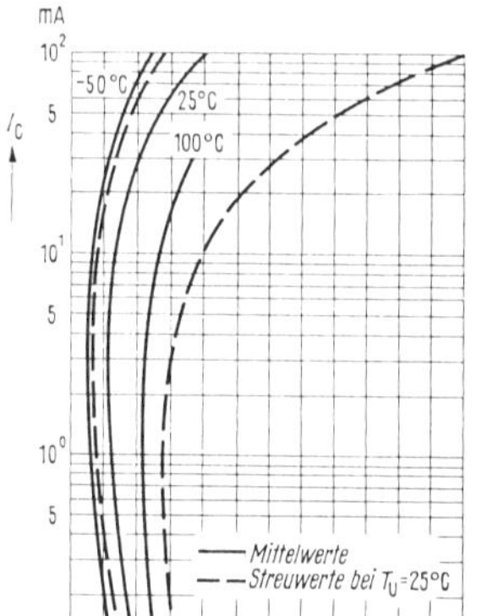

a) $U_{CE\,sat} \approx 40$ mV

b) $U_{CE\,sat} \approx 70$ mV

c) $U_{CE\,sat} \approx 0{,}1$ V

d) $U_{CE\,sat} \approx 0{,}5$ V

e) $U_{CE\,sat} \approx 0{,}7$ V

Wertigkeit **2** P | Bewertung P

II. 4

In dem Diagramm ist die Sättigungsspannung des Transistors BC 107 dargestellt.

Wie ändert sich der Mittelwert der Sättigungsspannung $U_{CE\,sat}$, wenn ein Kollektorstrom $I_C = 4\,\text{mA}$ fließt und die Umgebungstemperatur sich von $T_U = 25\,°C$ auf $T_U = 100\,°C$ erhöht?

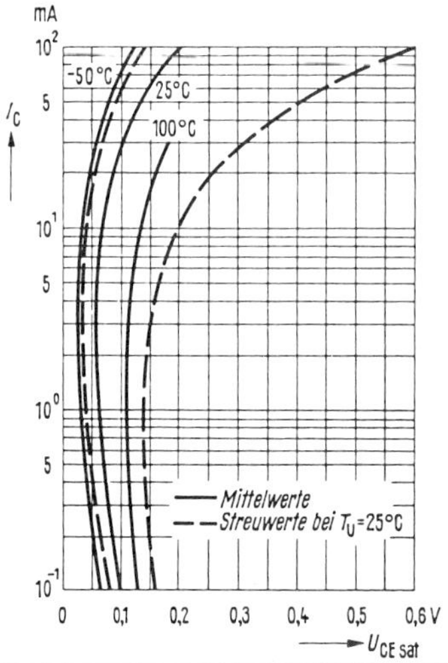

	$T_U = 25\,°C$		$T_U = 100\,°C$
a)	$U_{CE\,sat} \approx$ 20 mV	;	$U_{CE\,sat} \approx$ 55 mV
b)	$U_{CE\,sat} \approx$ 55 mV	;	$U_{CE\,sat} \approx$ 110 mV
c)	$U_{CE\,sat} \approx$ 55 mV	;	$U_{CE\,sat} \approx$ 130 mV
d)	$U_{CE\,sat} \approx$ 70 mV	;	$U_{CE\,sat} \approx$ 130 mV
e)	$U_{CE\,sat} \approx$ 110 mV	;	$U_{CE\,sat} \approx$ 55 mV

Wertigkeit **2** P Bewertung P

II. 4

Das Diagramm zeigt die Steuerkennlinie des Transistors BC 107.

Welcher mittlere Kollektorstrom I_C stellt sich ein, wenn bei $U_{BE} = 0{,}65\,\text{V}$ die Umgebungstemperatur $T_U = 25\,°C$ beträgt?

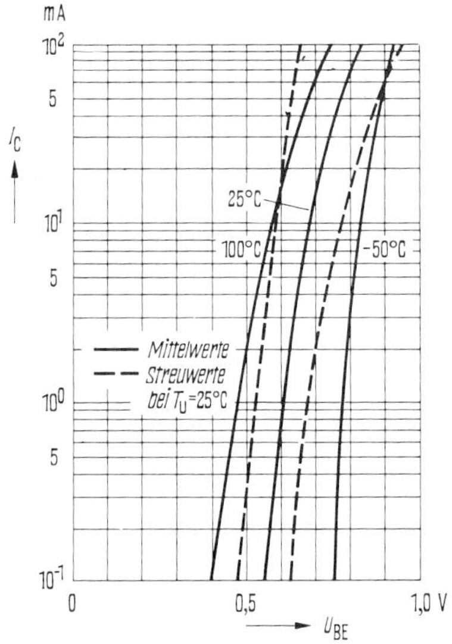

a) $I_C =$ 1 mA

b) $I_C =$ 2 mA

c) $I_C =$ 4 mA

d) $I_C =$ 15 mA

e) $I_C =$ 70 mA

Wertigkeit **2** P Bewertung P

II. 4

Das Diagramm zeigt die Steuerkennlinie des Transistors BC 107.

Wie ändert sich der Mittelwert des Kollektorstromes I_C, wenn bei $U_{BE} = 0{,}65\,V$ die Umgebungstemperatur von $T_U = 25\,°C$ auf $T_U = 100\,°C$ ansteigt?

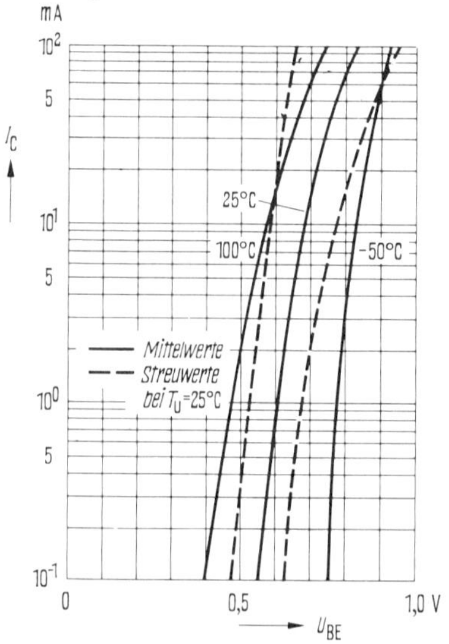

a) $\Delta I_C \approx$ 1,4 mA

b) $\Delta I_C \approx$ 3,5 mA

c) $\Delta I_C \approx$ 14 mA

d) $\Delta I_C \approx$ 26 mA

e) $\Delta I_C \approx$ 55 mA

Wertigkeit **2** P — Bewertung P

II. 4

Das Diagramm zeigt die Steuerkennlinie des Transistors BC 107.

Um welchen Wert ΔU_{BE} muß unter Berücksichtigung der Mittelwerte die Basis-Emitterspannung geändert werden, damit trotz Änderung der Umgebungstemperatur von $T_U = 25\,°C$ auf $T_U = 100\,°C$ ein Kollektorstrom $I_C = 1\,mA$ fließt?

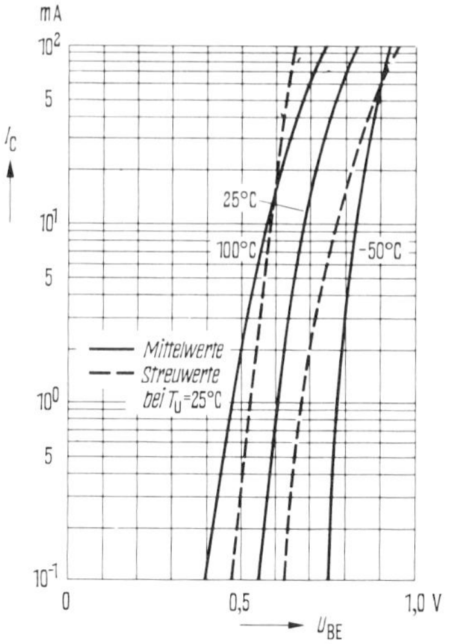

a) $\Delta U_{BE} \approx$ 12 mV

b) $\Delta U_{BE} \approx$ 100 mV

c) $\Delta U_{BE} \approx$ 130 mV

d) $\Delta U_{BE} \approx$ 200 mV

e) $\Delta U_{BE} \approx$ 1,4 V

Wertigkeit **2** P — Bewertung P

II. 4

Das Diagramm zeigt das Ausgangskennlinienfeld des Transistors BC 107.

Wie können diese Ausgangskennlinien eines Transistors mathematisch bezeichnet werden?

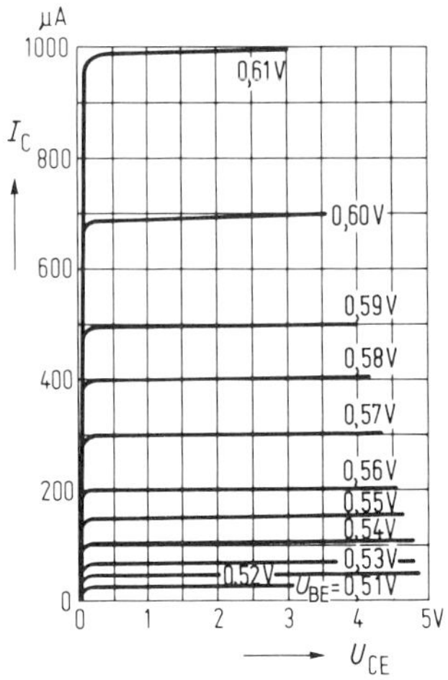

a) $I_C = f\,(U_{CE})$; I_B = const.

b) $I_C = f\,(U_{BE})$; U_{CE} = const.

c) $I_C = f\,(I_B)$; U_{CE} = const.

d) $U_{BE} = f\,(I_C)$; U_{BE} = const.

e) $I_C = f\,(U_{CE})$; U_{BE} = const.

Wertigkeit **2** P Bewertung P

II. 4

Das Diagramm zeigt die Gleichstromverstärkung des Transistors BC 107.

Wie kann diese Kennlinie eines Transistors mathematisch bezeichnet werden?

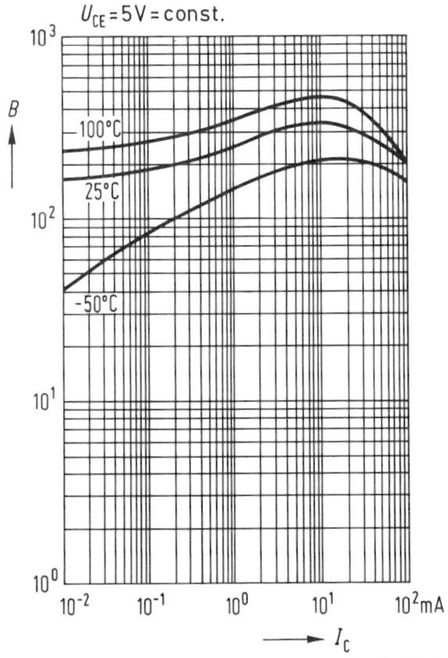

a) $I_C = f\,(B)$; U_{CE} = const.

b) $B = f\,(I_C)$; T_U = const.

c) $B = f\,(U_{CE})$; I_C = const.

d) $I_C = f\,(U_{CE})$; B = const.

e) $U_{CE} = f\,(B)$; I_C = const.

Wertigkeit **2** P Bewertung P

Das Diagramm zeigt die Eingangskennlinie des Transistors BC 107.	II. 4

Wie kann diese Eingangskennlinie eines Transistors mathematisch bezeichnet werden?

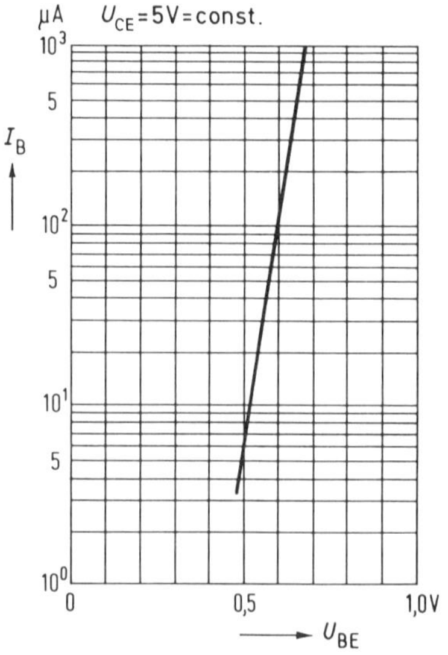

a) $U_{CE} = f\ (I_B)$; $U_{BE} = \text{const.}$ ☐

b) $U_{BE} = f\ (U_{CE})$; $I_B = \text{const.}$ ☐

c) $U_{BE} = f\ (I_B)$; $U_{CE} = \text{const.}$ ☐

d) $I_B = f\ (U_{BE})$; $U_{CE} = \text{const.}$ ☒

e) $I_B = f\ (U_{CE})$; $U_{BE} = \text{const.}$ ☐

Wertigkeit **2** P

Bewertung P

Die in einem Transistor entstehende Verlustleistung P_V muß stets kleiner als die vom Hersteller angegebene Verlustleistung P_{tot} sein.	II. 4

Mit welcher der angegebenen Gleichungen läßt sich die Verlustleistung P_V eines Transistors berechnen?

a) $P_V = U_{CE} \cdot I_B + U_{BE} \cdot I_C$ ☐

b) $P_V = \dfrac{U_{CE}}{I_C} - \dfrac{U_{BE}}{I_B}$ ☐

c) $P_V = U_{CE} \cdot I_C - U_{BE} \cdot I_B$ ☐

d) $P_V = U_{CE} \cdot I_C + U_{BE} \cdot I_B$ ☒

e) $P_V = U_{CE} \cdot I_B - U_{BE} \cdot I_C$ ☐

Wertigkeit **2** P

Bewertung P

II. 4

Die Leistungsverstärkung V_p eines Transistors ist das Verhältnis von Ausgangsleistung zu Eingangsleistung.

Nach welcher der 5 angegebenen Gleichungen kann die Leistungsverstärkung V_p einer Verstärkerstufe ebenfalls ermittelt werden?

a) $V_p = V_u + V_i$

b) $V_p = V_u - V_i$

c) $V_p = V_u \cdot V_i$

d) $V_p = \frac{V_u}{V_i}$

e) $V_p = \frac{V_i}{V_u}$

Wertigkeit **2** P

Bewertung P

II. 4

Die Temperaturabhängigkeit des Reststromes I_{CB0} des Transistors BC 107 ist in dem Diagramm dargestellt.

Wie groß ist der Mittelwert des Reststromes I_{CB0} bei einer Umgebungstemperatur $T_U = 90\,°C$?

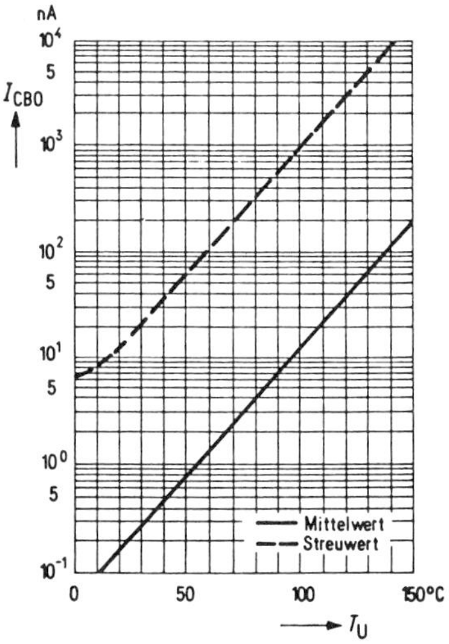

a) $I_{CB0} =$ 0,8 nA

b) $I_{CB0} =$ 1,8 nA

c) $I_{CB0} =$ 2,6 nA

d) $I_{CB0} =$ 7 nA

e) $I_{CB0} =$ 80 nA

Wertigkeit **2** P

Bewertung P

II. 4

Für den Transistortyp BDY 12 (Grenzdaten: $U_{CE0} = 40\,V$; $I_{C\,max} = 3\,A$; $P_{tot} = 26\,W$) ist unter Berücksichtigung der Einbaubedingungen eine maximal zulässige Verlustleistung $P_{max\,zul.} = 7{,}5\,W$ ermittelt worden. Die Betriebsspannung beträgt $U_B = 20\,V$.

Welcher der fünf angegebenen Arbeitspunkte darf gewählt werden?

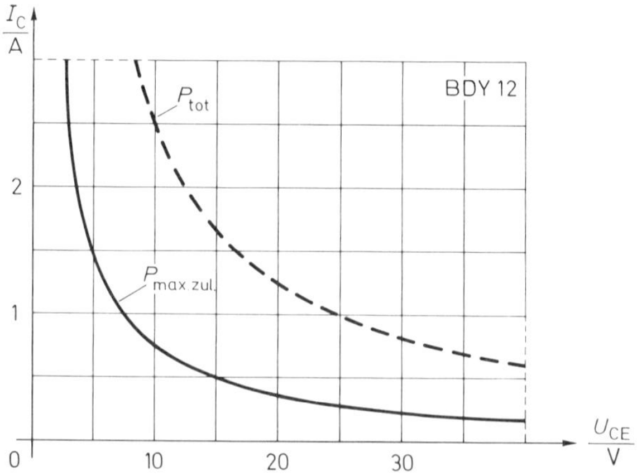

a) $U_{CE} = 1{,}6\,V$; $I_C = 3{,}5\,A$

b) $U_{CE} = 42\,V$; $I_C = 0{,}12\,A$

c) $U_{CE} = 8\,V$; $I_C = 1\,A$

d) $U_{CE} = 26\,V$; $I_C = 0{,}4\,A$

e) $U_{CE} = 10\,V$; $I_C = 0{,}6\,A$

Wertigkeit **2** P — Bewertung P

II. 4

Dynamische Kenndaten von Transistoren werden in Datenblättern häufig in *h*-Parameter-Schreibweise angegeben.

Wie ist die Kurzschluß-Stromverstärkung β definiert?

a) $\beta = h_{11e} = \frac{\Delta I_C}{\Delta I_B}$ bei $U_{CE} = \text{const.}$

b) $\beta = h_{21e} = \frac{\Delta I_C}{\Delta I_B}$ bei $U_{CE} = \text{const.}$

c) $\beta = h_{21e} = \Delta I_C \cdot \Delta I_B$ bei $U_{CE} = \text{const.}$

d) $\beta = h_{12e} = \frac{\Delta I_B}{\Delta I_C}$ bei $U_{CE} = \text{const.}$

e) $\beta = h_{11e} = \frac{\Delta I_B}{\Delta I_C}$ bei $U_{CE} = \text{const.}$

Wertigkeit **2** P — Bewertung P

II. 4

Welcher Zusammenhang besteht bei einem Transistor zwischen der Transitfrequenz f_T, der Grenzfrequenz f_g und der Stromverstärkung β?

a) $f_T = \frac{f_g}{\beta}$

b) $f_g = \frac{f_T}{\beta}$

c) $\beta = f_T \cdot f_g$

d) $f_T = \frac{\beta}{f_g}$

e) $f_g = \sqrt{\frac{f_T}{\beta}}$

Wertigkeit **2** P

Bewertung P

II. 4

Bei Betrieb eines Transistors wird die in der Sperrschicht zwischen Basis und Kollektor umgesetzte Verlustleistung P_V in Wärme umgewandelt. Wie gut diese Wärme an die Umgebungsluft abgeführt wird, wird durch den Wärmewiderstand R_{thJU} angegeben.

Wie ist der Wärmewiderstand R_{thJU} definiert?

a) $R_{thJU} = (T_J - T_U) \cdot P_V$

b) $R_{thJU} = (T_J \cdot T_U) \cdot P_V$

c) $R_{thJU} = \frac{P_V}{T_J + T_U}$

d) $R_{thJU} = \frac{P_V}{T_J - T_U}$

e) $R_{thJU} = \frac{T_J - T_U}{P_V}$

Wertigkeit **2** P

Bewertung P

II. 4

Entsprechend dem Ersatzschaltbild sind am gesamten Wärmewiderstand R_{thU} eines Transistors mit Kühlkörper die drei Teilwiderstände R_{thJG}, R_{thGK} und R_{thK} beteiligt.

Wie läßt sich der gesamte Wärmewiderstand R_{thU} aus den drei Teilwiderständen ermitteln?

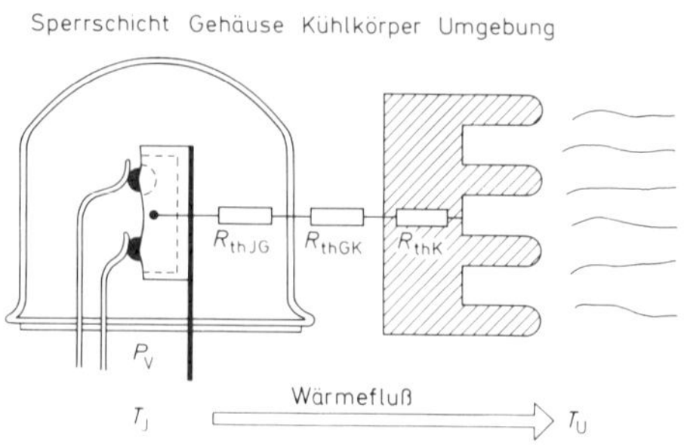

a) Durch Addieren

b) Durch Multiplizieren

c) Durch Subtrahieren

d) Durch Dividieren

e) Durch Potenzieren

Wertigkeit **2** P

Bewertung P

II. 4

Mit welcher der angegebenen Gleichungen kann die Verlustleistung P_V eines mit Kühlkörper betriebenen Transistors berechnet werden?

a) $P_V = (T_J - T_U)\,(R_{thJG} + R_{thGK} + R_{thK})$

b) $P_V = \dfrac{T_J - T_U}{R_{thJG} + R_{thGK} + R_{thK}}$

c) $P_V = \dfrac{T_J - T_U}{R_{thJG} \cdot R_{thGK} \cdot R_{thK}}$

d) $P_V = \dfrac{R_{thJG} + R_{thGK} + R_{thK}}{T_J - T_U}$

e) $P_V = \dfrac{R_{thJG} \cdot R_{thGK} \cdot R_{thK}}{T_J - T_U}$

Wertigkeit **2** P

Bewertung P

II. 4

Die dargestellte Emitterschaltung wird im Arbeitspunkt $U_{CE} = 10\,V$, $I_C = 2\,mA$ betrieben.

Welche *wesentliche* Änderung tritt ein, wenn bei konstanter Eingangsspannung U_e die Betriebsspannung von $U_B = +15\,V$ auf $U_B = +10\,V$ herabgesetzt wird?

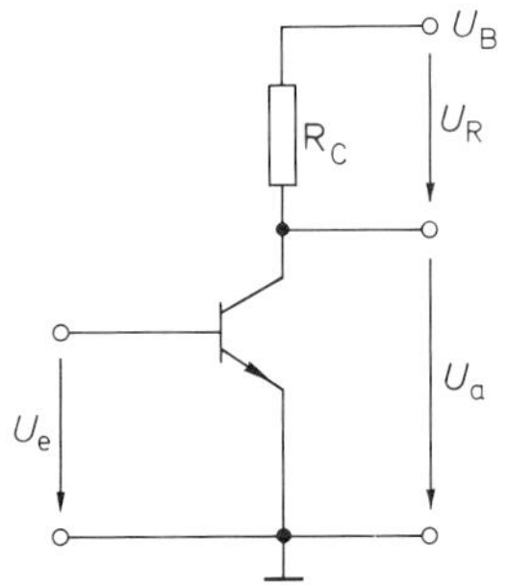

a) I_C wird erheblich kleiner

b) I_B wird erheblich kleiner

c) U_a wird um etwa 5 V kleiner

d) U_R wird um etwa 5 V kleiner

e) P_V des Transistors wird größer

Wertigkeit **2** P — Bewertung P

II. 4

Die dargestellte Emitterschaltung wird im Arbeitspunkt $U_{CE} = 5\,V$, $I_C = 2\,mA$ betrieben.

Welche *wesentliche* Änderung tritt ein, wenn bei konstanter Eingangsspannung U_e die Betriebsspannung von $U_B = +10\,V$ auf $U_B = +15\,V$ heraufgesetzt wird?

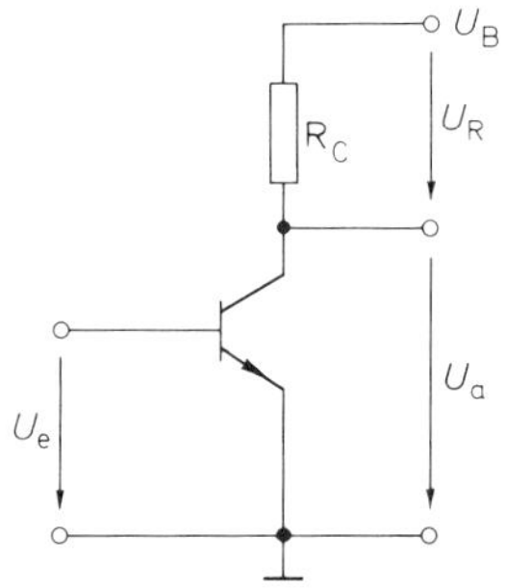

a) I_C wird erheblich größer

b) I_B wird erheblich größer

c) U_R wird um etwa 5 V größer

d) U_a wird um etwa 5 V größer

e) P_V des Transistors wird kleiner

Wertigkeit **2** P — Bewertung P

II. 4

Das Schaltbild zeigt eine Versuchsschaltung, bei der durch Verstellen des Potentiometers R2 die Basis-Emitterspannung U_{BE} verändert werden kann.

Welche der angegebenen Änderungen tritt ein, wenn der Schleifer von R2 von seiner Mittelstellung aus in Richtung des Anschlages a verstellt wird?

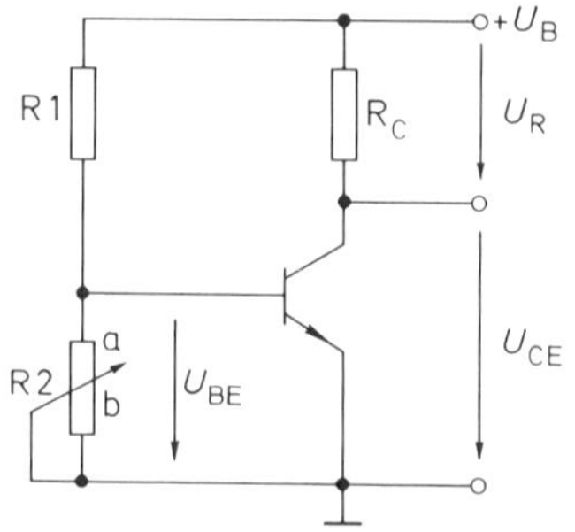

a) U_{CE} wird größer

b) U_{CE} wird kleiner

c) I_C wird größer

d) U_{BE} wird größer

e) U_R wird größer

Wertigkeit **2** P

Bewertung P

II. 4

Das Schaltbild zeigt eine Versuchsschaltung, bei der durch Verstellen des Potentiometers R2 die Basis-Emitterspannung U_{BE} verändert werden kann.

Welche der angegebenen Änderungen tritt ein, wenn der Schleifer von R2 von seiner Mittelstellung aus in Richtung des Anschlages b verstellt wird?

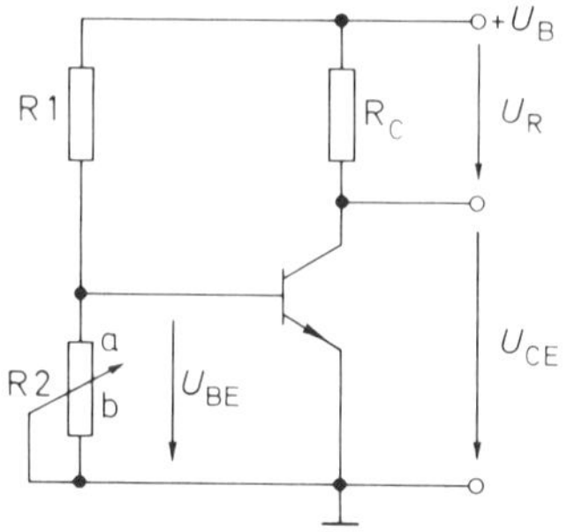

a) U_{CE} wird größer

b) I_C wird größer

c) I_C wird kleiner

d) U_R wird kleiner

e) U_{BE} wird kleiner

Wertigkeit **2** P

Bewertung P

II. 4

Das Schaltbild zeigt eine Versuchsschaltung, bei der durch Verstellen des Potentiometers R2 die Basis-Emitterspannung U_{BE} verändert werden kann.

Welche der angegebenen Änderungen tritt ein, wenn der Schleifer von R2 von seiner Mittelstellung aus in Richtung des Anschlages b verstellt wird?

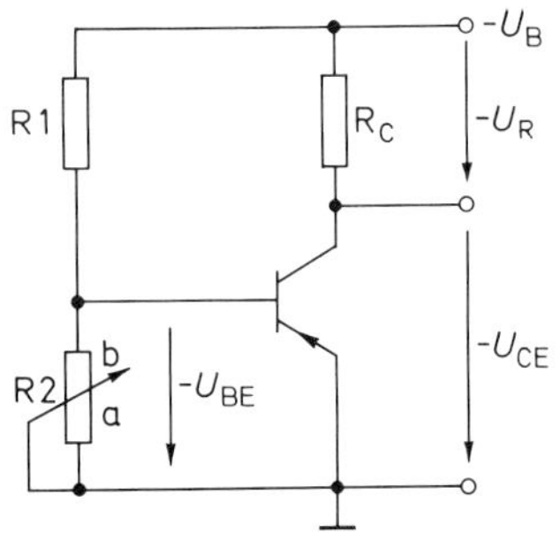

a) Der Wert von I_C wird größer

b) Der Wert von U_R wird größer

c) Der Wert von I_B wird kleiner

d) Der Wert von U_{BE} wird größer

e) Der Wert von U_{CE} wird kleiner

Wertigkeit **2** P   Bewertung   P

II. 4

Nach dem angegebenen Schaltbild wurde eine Versuchsschaltung aufgebaut. Bei Inbetriebnahme zeigte sich jedoch, daß eine Verstellung von R2 keine Änderung von U_a bewirkte.

Welchen Fehler enthält das Schaltbild?

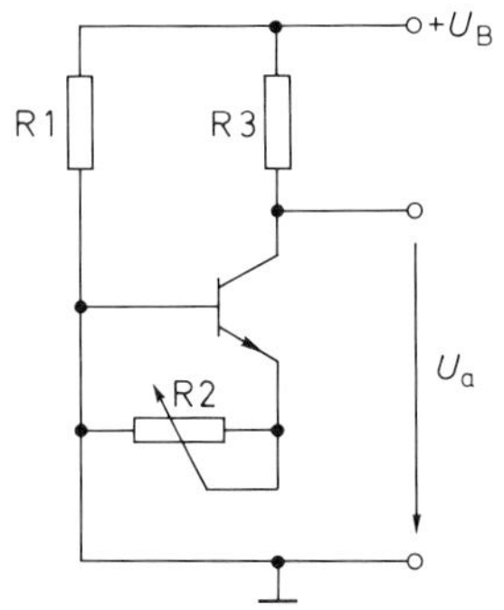

a) Der Schleifer von R2 wurde falsch angeschlossen

b) Anstelle des Emitters wurde die Basis mit Masse verbunden

c) In dieser Schaltung muß ein PNP-Transistor verwendet werden

d) R1 muß am Kollektor angeschlossen werden

e) Die Polarität von U_B ist falsch angegeben

Wertigkeit **2** P   Bewertung   P

II. 4

Bei der angegebenen Schaltung wird ein NTC-Widerstand zur thermischen Stabilisierung des Arbeitspunktes des Transistors eingesetzt.

Wodurch wird der Arbeitspunkt stabilisiert, wenn die Sperrschichttemperatur steigt?

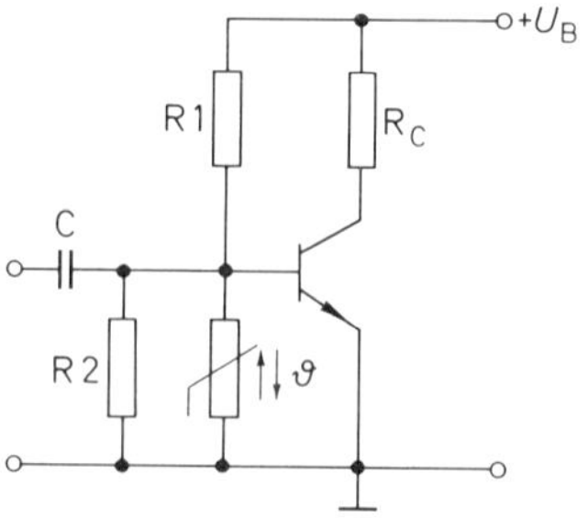

a) U_{BE} wird so verringert, daß $I_C \approx$ const.

b) U_{BE} wird so vergrößert, daß $I_C \approx$ const.

c) U_{BE} wird konstant gehalten, damit auch $I_C \approx$ const.

d) U_{BE} wird so verringert, daß I_C kleiner wird

e) U_{BE} wird so vergrößert, daß I_C größer wird

Wertigkeit **2** P Bewertung P

II. 4

Das Schaltbild zeigt eine Versuchsschaltung. Nach Inbetriebnahme zeigte sich jedoch, daß eine Verstellung von R2 keine Änderung von U_a bewirkte.

Welcher Fehler liegt vor?

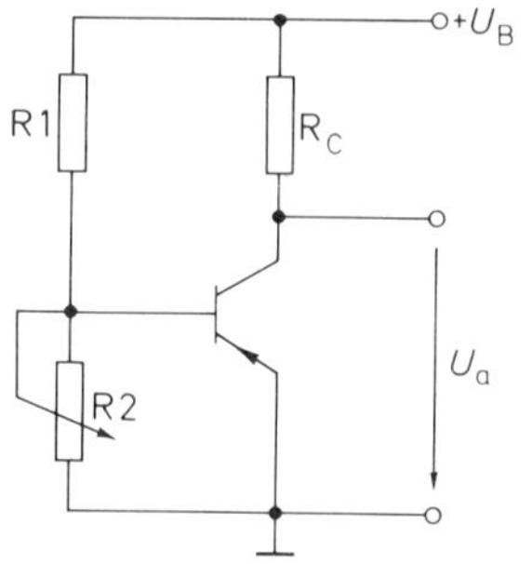

a) Der Schleifer von R2 wurde falsch angeschlossen

b) Der Emitter liegt an Masse

c) R1 wurde nicht am Kollektor angeschlossen

d) Die Widerstände R1 und R2 wurden vertauscht

e) Die Betriebsspannung U_B wurde falsch gepolt

Wertigkeit **2** P Bewertung P

II. 4

Welchen Einfluß hat in der angegebenen Verstärkerstufe der Emitterwiderstand R_E auf den Arbeitspunkt des Transistors?

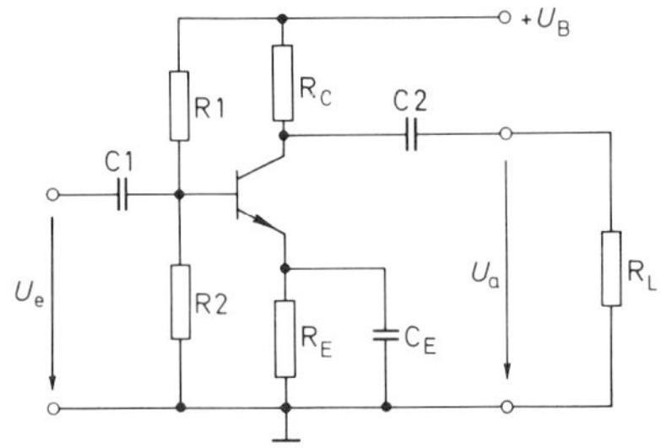

a) Bei Ansteigen von T_U wird U_{RE} größer, so daß U_{BE} ansteigt

b) Bei Erhöhen von U_B wird U_{RE} größer, so daß U_{BE} ansteigt

c) Bei Ansteigen von T_U wird I_C größer. Dadurch wird auch U_{RE} größer, so daß U_{BE} kleiner wird und daher $I_C \approx$ const.

d) Bei Absinken von T_U wird U_{RE} kleiner, so daß auch U_{BE} kleiner wird

e) Durch R_E bleibt bei Ansteuerung der Stufe $V_u \approx$ const.

Wertigkeit **2** P | Bewertung P

II. 4

Bei der angegebenen Verstärkerstufe wurden die Werte der Widerstände und Kondensatoren so gewählt, daß bei einem Versuch eine sinusförmige Eingangsspannung $U_{e\,SS} = 50\,\mathrm{mV}/f = 1\,\mathrm{kHz}$ unverzerrt verstärkt wird.

Welche Änderung der Ausgangsspannung U_a ist zu erwarten, wenn der Emitterkondensator C_E abgelötet wird?

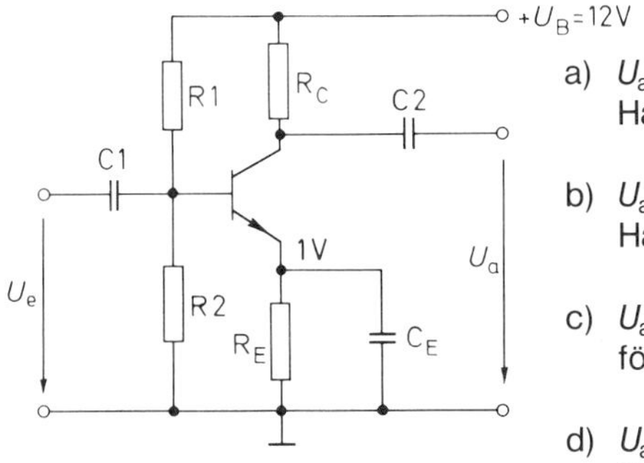

a) U_a besteht nur noch aus positiven Halbwellen

b) U_a besteht nur noch aus negativen Halbwellen

c) U_a hat zwar weiterhin einen sinusförmigen Verlauf, wird aber kleiner

d) U_a hat zwar weiterhin einen sinusförmigen Verlauf, wird aber größer

e) U_a erhält einen rechteckförmigen Verlauf

Wertigkeit **2** P | Bewertung P

II. 4

Das Schaltbild zeigt eine Versuchsschaltung.

Welche der angegebenen Veränderungen tritt ein, wenn der Schleifer des Potentiometers von seiner Mittelstellung aus in Richtung des Anschlages a verstellt wird?

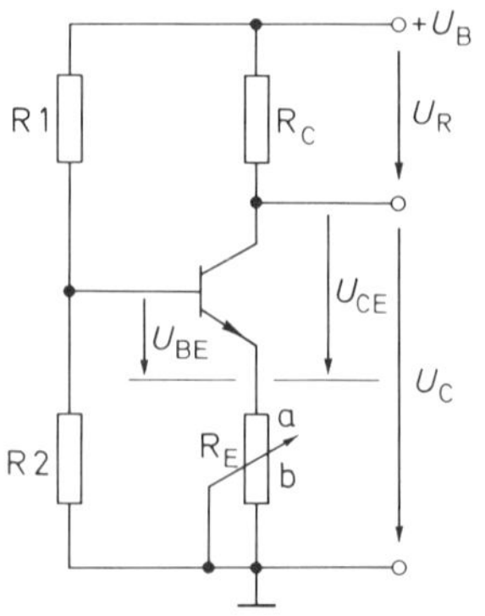

a) U_{CE} wird größer

b) I_C wird größer

c) U_C wird größer

d) U_{BE} wird kleiner

e) U_R wird kleiner

Wertigkeit **2** P | Bewertung P

II. 4

Das Bild zeigt eine Versuchsschaltung.

Welche der Änderungen tritt ein, wenn bei U_e = const. der Schleifer von seiner Mittelstellung aus in Richtung des Anschlages b verstellt wird?

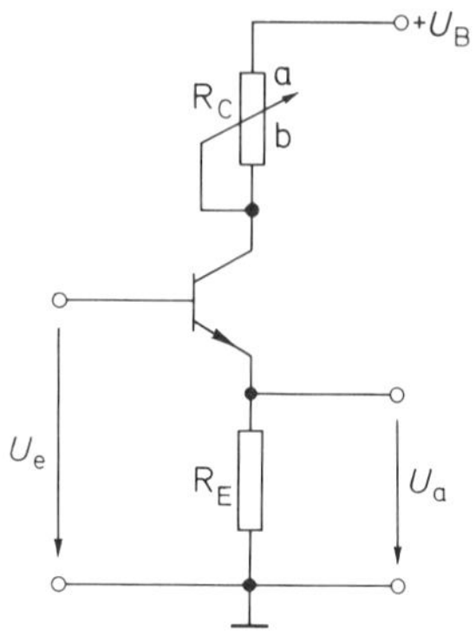

a) U_a wird größer

b) P_V wird kleiner

c) P_V wird größer

d) I_E wird größer

e) R_{CE} wird größer

Wertigkeit **2** P | Bewertung P

Welche Aufgabe hat der Widerstand R1 in der angegebenen Schaltung?

II. 4

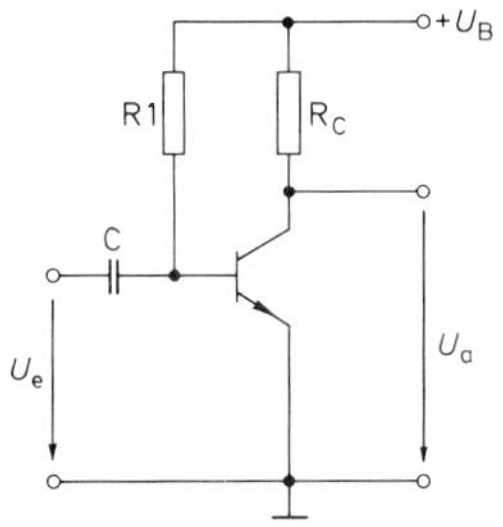

a) Thermische Arbeitspunktstabilisierung durch Stromgegenkopplung

b) Thermische Arbeitspunktstabilisierung durch Spannungsgegenkopplung

c) Erzeugung der erforderlichen Basisvorspannung

d) Erhöhung der Spannungsverstärkung V_u

e) Erhöhung der oberen Grenzfrequenz f_{go}

Wertigkeit **2** P

Bewertung P

Welche Aufgabe hat der Widerstand R1 in der angegebenen Schaltung?

II. 4

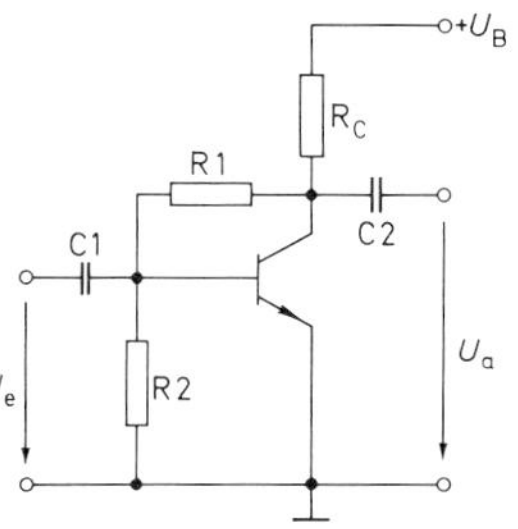

a) Thermische Arbeitspunktstabilisierung durch Stromgegenkopplung

b) Thermische Arbeitspunktstabilisierung durch Spannungsgegenkopplung

c) Erhöhung der Leistungsverstärkung V_p

d) Erhöhung der Spannungsverstärkung V_u

e) Erhöhung der unteren Grenzfrequenz f_{gu}

Wertigkeit **2** P

Bewertung P

II. 4

Bei der angegebenen Verstärkerstufe ist der Trimmer R2 auf seine Mittelstellung eingestellt, so daß der Transistor im angegebenen Arbeitspunkt A betrieben wird.

Wie verschiebt sich die Lage des Arbeitspunktes, wenn der Trimmer R2 von seiner Mittelstellung aus in Richtung des Anschlages b verstellt wird?

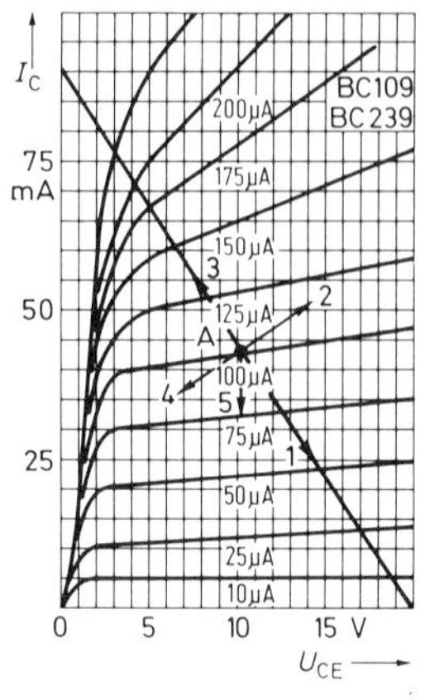

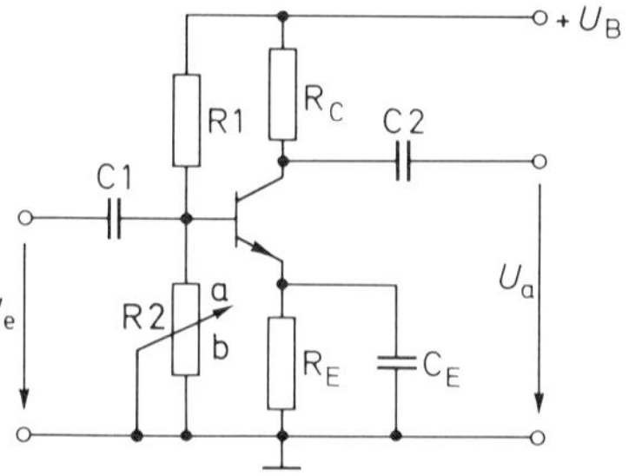

a) In Richtung 1

b) In Richtung 2

c) In Richtung 3

d) In Richtung 4

e) In Richtung 5

Wertigkeit **2** P | Bewertung P

II. 4

Welche wesentliche Aufgabe hat der Emitterkondensator C_E in der angegebenen Schaltung?

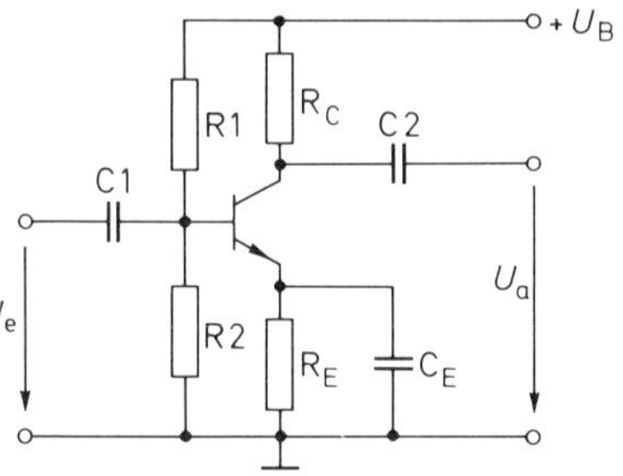

a) Eingangssignale mit einer Frequenz $f > f_{gu}$ werden nicht mehr gegengekoppelt

b) Eingangssignale mit einer Frequenz $f < f_{gu}$ werden nicht mehr gegengekoppelt

c) Es wird eine bessere thermische Arbeitspunktstabilisierung erreicht

d) Die durch R_E auftretende Gegenkopplung der Gleichspannung wird durch C_E kompensiert

e) C_E ermöglicht die Verstärkung von Wechselspannungssignalen

Wertigkeit **2** P | Bewertung P

II. 4

Das Schaltbild zeigt eine Verstärkerstufe in Emitterschaltung.

Wie groß ist der Wechselstrom-Eingangswiderstand r_e dieser Schaltung?

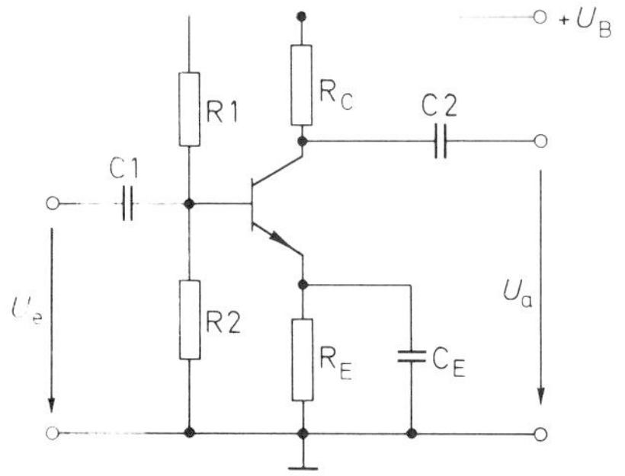

a) $r_e = R2$

b) $r_e = R1 \parallel R2$

c) $r_e = R1 \parallel R2 \parallel r_{BE}$

d) $r_e = R2 \parallel r_{BE}$

e) $r_e = R1$

Wertigkeit	2 P	Bewertung	P

II. 4

Das Schaltbild zeigt eine Verstärkerstufe in Kollektorschaltung.

Wie groß ist der Wechselstrom-Eingangswiderstand r_e dieser Schaltung?

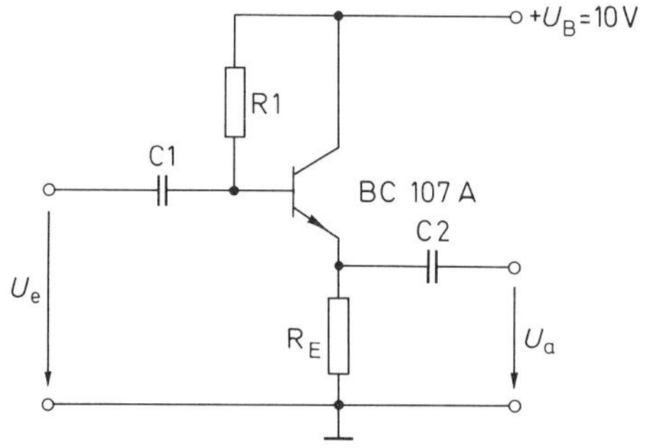

a) $r_e \approx R1$

b) $r_e \approx R_E \cdot \beta$

c) $r_e \approx r_{BE} \cdot \beta$

d) $r_e \approx (r_{BE} + R_E \cdot \beta) \parallel R1$

e) $r_e \approx \frac{R1}{\beta}$

Wertigkeit	2 P	Bewertung	P

Die drei Transistor-Grundschaltungen haben unterschiedliche charakteristische Eigenschaften.

Welche der angegebenen charakteristischen Eigenschaften gehören zu einer Emitterschaltung?

	r_e	r_a	V_u	V_i	
a)	hochohmig	niederohmig	<1	groß	☐
b)	niederohmig	mittel	groß	<1	☐
c)	niederohmig	hochohmig	groß	<1	☐
d)	mittel	hochohmig	<1	groß	☐
e)	mittel	mittel	groß	groß	☐

II. 4

Wertigkeit **2** P

Bewertung P

Die einzelnen Transistor-Grundschaltungen haben aufgrund ihrer charakteristischen Eigenschaften bevorzugte Einsatzgebiete.

Für welche der angegebenen Aufgaben wird die Kollektorschaltung vorzugsweise eingesetzt?

a) Als NF-Verstärker ☐

b) Als Impedanzwandler ☐

c) Als Schaltverstärker ☐

d) Als HF-Verstärker ☐

e) Als Frequenzteiler ☐

II. 4

Wertigkeit **2** P

Bewertung P

Nach welcher der Gleichungen läßt sich die untere Grenzfrequenz f_{gu} der dargestellten Verstärkerstufe in Emitterschaltung ermitteln? (Mögliche Einflüsse von C_E und C2 können vernachlässigt werden.)

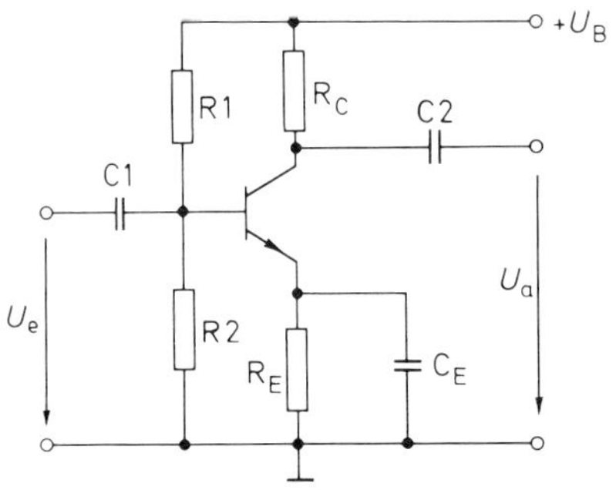

a) $f_{gu} \approx 2\pi \cdot r_e \cdot C1$

b) $f_{gu} \approx \dfrac{1}{2\pi \cdot R_E \cdot C1}$

c) $f_{gu} \approx \dfrac{1}{2\pi \cdot r_a \cdot C1}$

d) $f_{gu} \approx \dfrac{1}{2\pi \cdot r_e \cdot C1}$

e) $f_{gu} \approx \dfrac{C1}{2\pi \cdot r_e}$

II. 4

Wertigkeit **2** P

Bewertung P

Wie groß ist die Bandbreite b eines NF-Verstärkers mit den Grenzfrequenzen $f_{gu} = 50$ Hz und $f_{go} = 22$ kHz?

a) $b = 50$ Hz

b) $b = 21{,}095$ kHz

c) $b = 21{,}95$ kHz

d) $b = 22$ kHz

e) $b = 22{,}05$ kHz

II. 4

Wertigkeit **2** P

Bewertung P

II. 4

Wie groß ist die Bandbreite b eines selektiven Wechselspannungsverstärkers mit der dargestellten Durchlaßkurve?

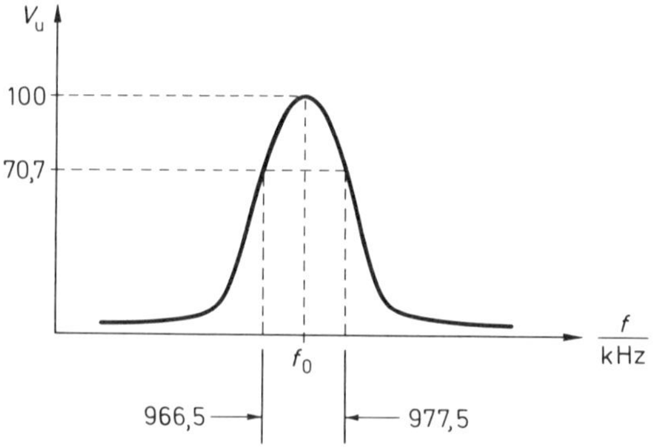

a) $b = 3{,}0\,\text{kHz}$

b) $b = 4{,}5\,\text{kHz}$

c) $b = 5{,}5\,\text{kHz}$

d) $b = 9\,\text{kHz}$

e) $b = 11\,\text{kHz}$

Wertigkeit **2** P

Bewertung P

II. 4

Bei Leistungsverstärkern wird ein Wirkungsgrad η angegeben.

Wie ist der Wirkungsgrad η bei Leistungsverstärkern definiert?

a) $\eta = P_{ab} \cdot P_{zu}$

b) $\eta = \frac{P_{zu}}{P_{ab}}$

c) $\eta = P_{zu} - P_{ab}$

d) $\eta = \frac{P_{ab}}{P_{zu}}$

e) $\eta = P_{zu} + P_{ab}$

Wertigkeit **2** P

Bewertung P

II. 4

Welche charakteristische Eigenschaft hat ein Darlington-Transistor?

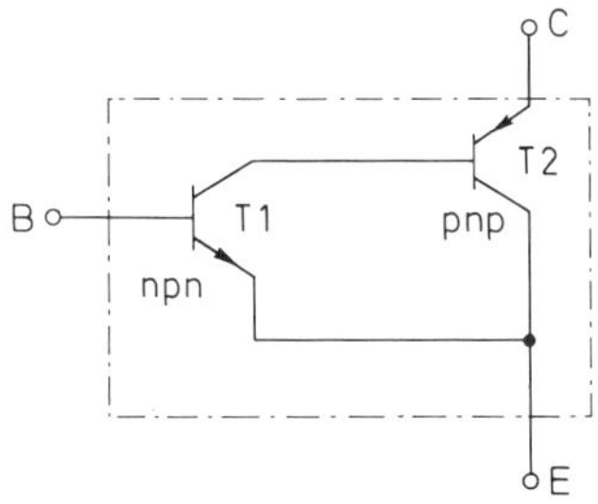

a) Niedrige untere Grenzfrequenz f_{gu}

b) Sehr hochohmiger Eingangswiderstand r_{BE}

c) Hohe Stromverstärkung B

d) Kleine Bandbreite b

e) Phasenverschiebung $\varphi = 0°$ zwischen U_e und U_a

Wertigkeit **2** P | Bewertung P

II. 4

Welche charakteristische Eigenschaft hat ein Leistungsverstärker in AB- oder B-Betrieb?

a) Es fließt ein großer Ruhestrom

b) Der Eingangswiderstand ist sehr hochohmig

c) Der Aussteuerbereich ist groß

d) Der Wirkungsgrad η ist klein

e) Die Verlustleistung ist groß

Wertigkeit **2** P | Bewertung P

II. 4

Welche charakteristische Eigenschaft hat ein Leistungsverstärker in AB- oder B-Betrieb?

a) Es fließt ein großer Ruhestrom

b) Es fließt ein kleiner Ruhestrom

c) Der Aussteuerbereich ist klein

d) Der Wirkungsgrad η ist klein

e) Die Verlustleistung P_V ist groß

Wertigkeit **2** P

Bewertung P

II. 4

Das Schaltbild zeigt einen Transistorschalter.

Welche der angegebenen Änderungen tritt ein, wenn der Schalter S geschlossen wird?

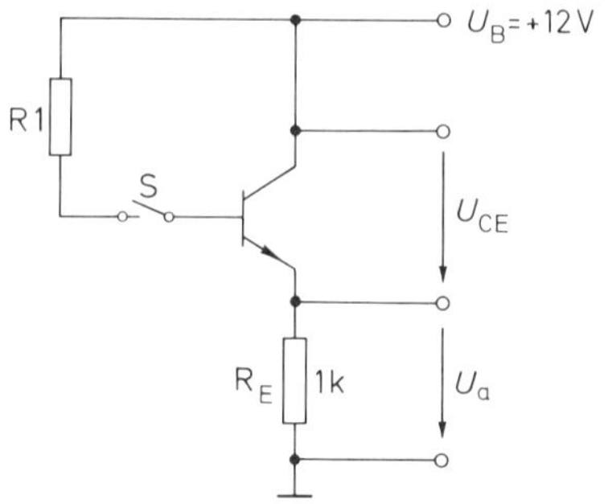

a) U_a steigt auf $U_a \approx U_B$ an

b) U_a sinkt auf $U_a \approx 0\,V$ ab

c) Der Transistor wird sofort zerstört

d) U_{CE} steigt auf $U_{CE} \approx U_B$ an

e) I_C steigt auf $I_C \approx 1{,}2\,mA$ an

Wertigkeit **2** P

Bewertung P

II. 4

Bei der angegebenen Kollektorschaltung wird bei konstanter Eingangsspannung $U_e = 6\,V$ die Betriebsspannung von $U_B = 10\,V$ auf $U_B = 15\,V$ erhöht.

Welche wesentliche Spannungs- oder Stromänderung tritt dadurch in der Schaltung auf?

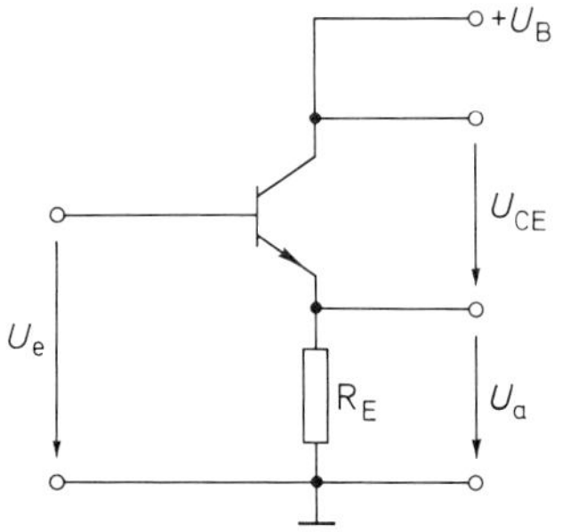

a) U_a wird größer

b) I_B wird größer

c) I_E wird größer

d) U_{BE} wird größer

e) U_{CE} wird größer

Wertigkeit **2** P

Bewertung P

II. 4

Bei der angegebenen Kollektorschaltung wird bei konstanter Eingangsspannung $U_e = 6\,V$ die Betriebsspannung von $U_B = 15\,V$ auf $U_B = 10\,V$ verringert.

Welche wesentliche Spannungs- oder Stromänderung tritt dadurch in der Schaltung auf?

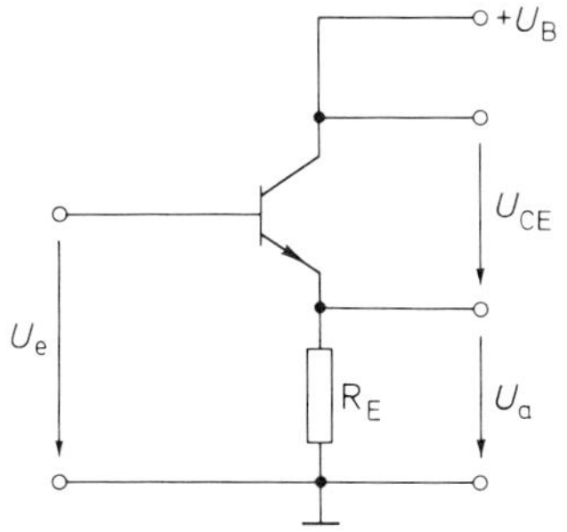

a) U_a wird kleiner

b) U_{CE} wird kleiner

c) I_E wird kleiner

d) U_{BE} wird kleiner

e) I_B wird kleiner

Wertigkeit **2** P

Bewertung P

II. 4

Auf den Eingang der dargestellten Verstärkerstufe wird eine rechteckförmige Spannung U_e gegeben. Die Stufe ist so dimensioniert, daß U_e unverzerrt verstärkt wird.

In welchem der 5 Diagramme ist die Ausgangsspannung U_a phasen- und potentialmäßig richtig dargestellt?

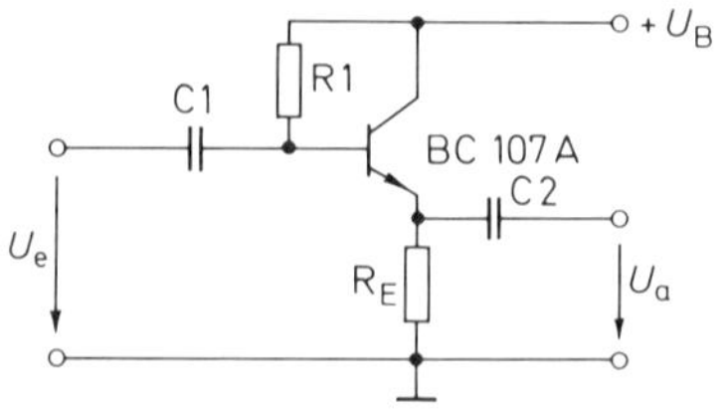

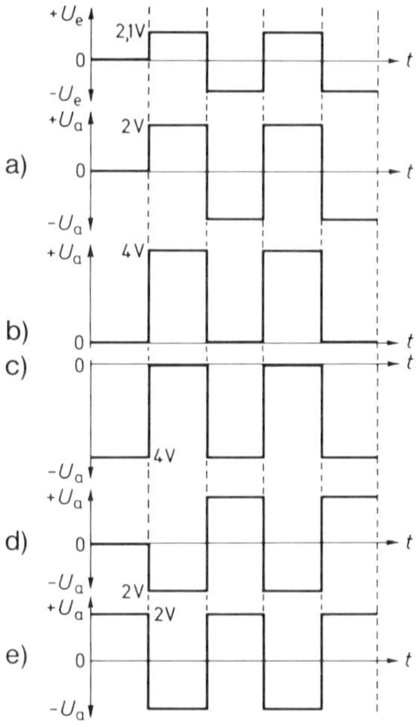

Wertigkeit **2** P

Bewertung P

II. 4

Das Schaltbild zeigt einen Transistorschalter.

Bei welcher der angegebenen Eingangsspannungen U_e ist der Transistor leitend?

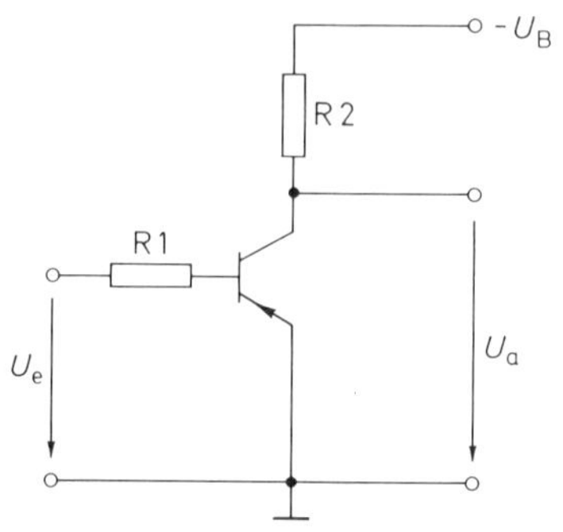

a) $U_e = -3$ V

b) $U_e = -0{,}1$ V

c) $U_e = 0$ V

d) $U_e = +0{,}1$ V

e) $U_e = +3$ V

Wertigkeit **2** P

Bewertung P

II. 4

Das Schaltbild zeigt einen Transistorschalter.

Welche zwei Ausgangsspannungen U_a sind den beiden Betriebszuständen zuzuordnen?

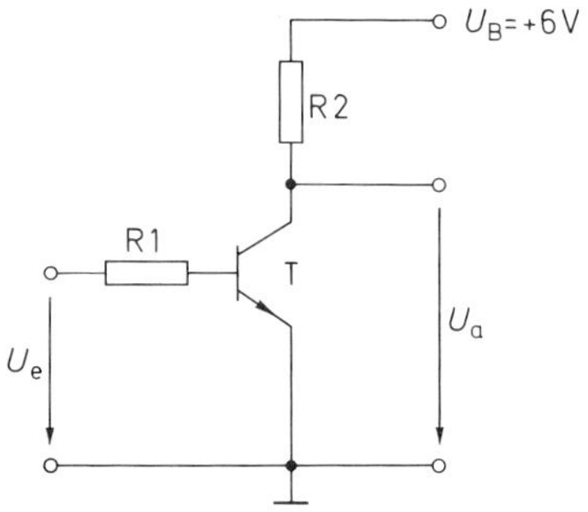

	T gesperrt	T leitend
a)	$U_a = -6\ V$	$U_a = -0{,}1\ V$
b)	$U_a = +6\ V$	$U_a = +0{,}1\ V$
c)	$U_a = -0{,}1\ V$	$U_a = -6\ V$
d)	$U_a = +0{,}1\ V$	$U_a = +6\ V$
e)	$U_a = 0\ V$	$U_a = +3\ V$

Wertigkeit **2** P

Bewertung P

II. 4

Auf den Eingang des dargestellten NF-Verstärkers wird eine rechteckförmige Eingangsspannung $U_e = 50\,mV/f = 1\,kHz$ gegeben. Das Ausgangssignal ist jedoch in der angegebenen Weise verformt.

Durch welche der angegebenen Maßnahmen läßt sich die Verformung der Ausgangsspannung U_a beseitigen?

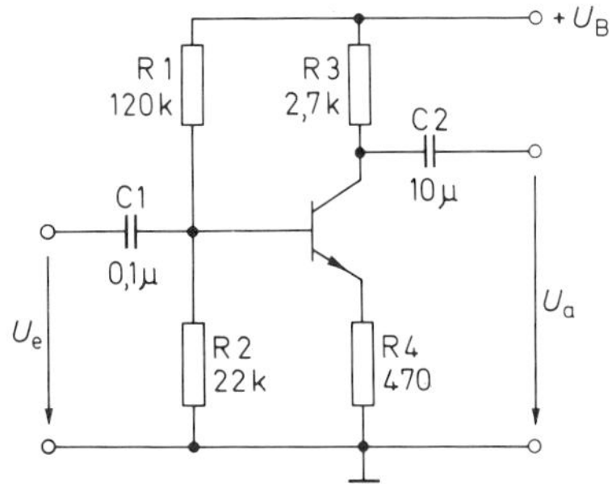

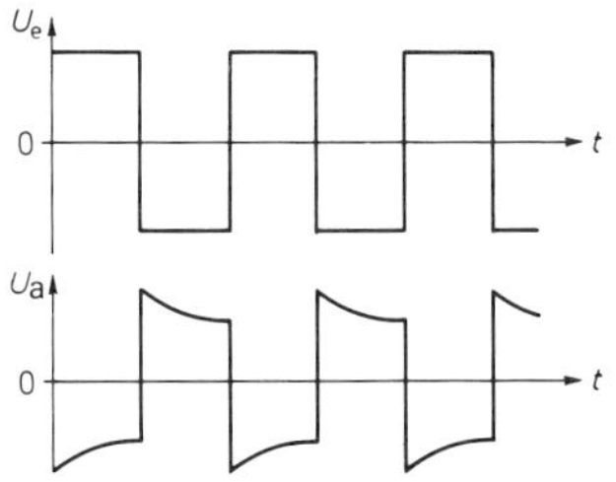

a) Durch Verkleinern von R4

b) Durch Vergrößern von R3

c) Durch Verkleinern von C1

d) Durch Vergrößern von C1

e) Durch Vergrößern von R2

Wertigkeit **2** P

Bewertung P

II. 4

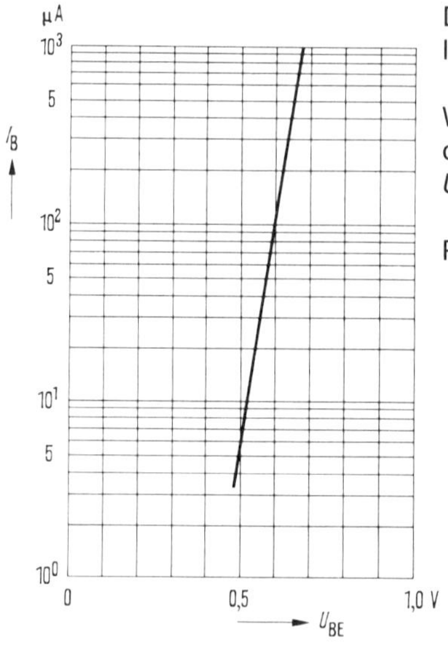

Das Diagramm zeigt die Eingangskennlinie eines Transistors.

Wie groß ist der statische Eingangswiderstand R_E dieses Transistors, wenn $U_{BE} = 0{,}6\,V$ beträgt?

RECHNUNG

$R_E = \frac{0{,}6}{100\,\mu A}$

a) $R_E \approx 600\ \Omega$

b) $R_E \approx 6\,k\Omega$

c) $R_E \approx 60\,k\Omega$

d) $R_E \approx 600\,k\Omega$

e) $R_E \approx 8\,M\Omega$

Wertigkeit **3** P | Bewertung P

II. 4

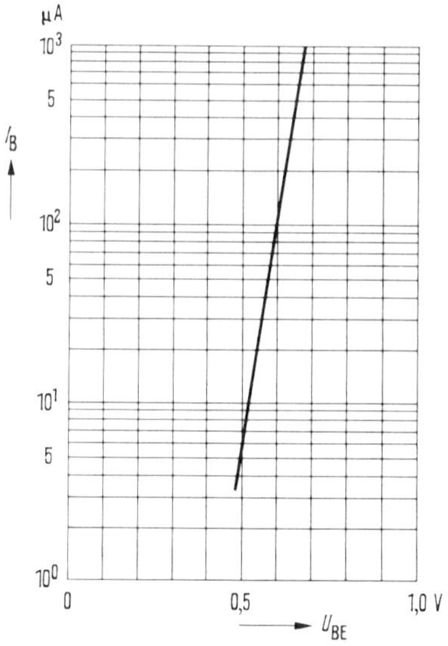

Das Diagramm zeigt die Eingangskennlinie eines Transistors.

Wie groß ist der Kurzschlußeingangswiderstand r_{BE} dieses Transistors, wenn die Basis-Emitter-Spannung von $U_{BE} = 0{,}6\,V$ auf $U_{BE} = 0{,}65\,V$ geändert wird?

RECHNUNG

$r_{BE} = \frac{\Delta U_E}{\Delta r_{BE}}$

a) $r_{BE} \approx 400\ \Omega$

b) $r_{BE} \approx 1{,}25\,k\Omega$

c) $r_{BE} \approx 2{,}7\,k\Omega$

d) $r_{BE} \approx 16{,}7\,k\Omega$

e) $r_{BE} \approx 27\,k\Omega$

Wertigkeit **3** P | Bewertung P

II. 4

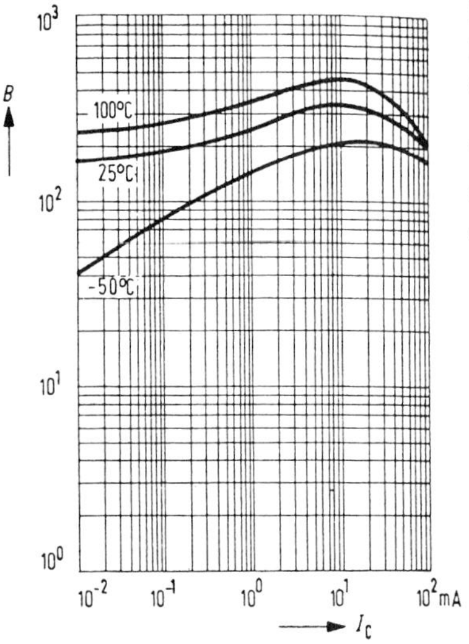

Im Diagramm ist die Gleichstromverstärkung B des Transistors BC107 dargestellt.

Wie groß muß der Basisstrom I_B sein, damit bei $T_U = 25\,°C$ ein Kollektorstrom $I_C = 3\,mA$ fließt?

RECHNUNG

$B = \frac{I_C}{I_B}$

$I_B = \frac{I_C}{B}$

$I_B = \frac{3\,mA}{300} = I_B = 10\,\mu A$

a) $I_B \approx 60\ \mu A$

b) $I_B \approx 52{,}7\ \mu A$

c) $I_B \approx 40\ \mu A$

d) $I_B \approx 28{,}6\ \mu A$

e) $I_B \approx 10\ \mu A$ [x]

Wertigkeit **3** P

Bewertung P

II. 4

In der angegebenen Schaltung wird ein Transistor BC107 A mit $B = 170$ verwendet.

Welcher Basisstrom I_B ist erforderlich, damit $U_{CE} = 4\,V$ beträgt?

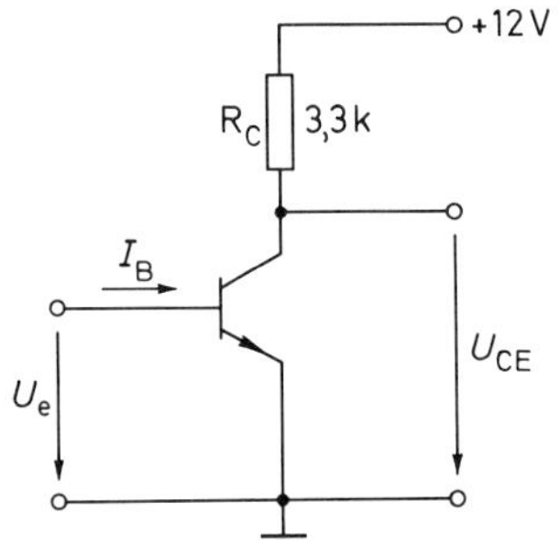

RECHNUNG

$I_C = \frac{U_{RC}}{R_C} = \frac{8\,V}{3{,}3\,k\Omega}$

$I_C = 2{,}42\,mA$

$I_B = \frac{I_C}{B}$

$I_B = \frac{2{,}42\,mA}{170} = 14{,}26\,A$

a) $I_B = 1{,}4\ \mu A$

b) $I_B = 4{,}1\ \mu A$

c) $I_B = 7{,}1\ \mu A$

d) $I_B = 14{,}3\ \mu A$ [x]

e) $I_B = 71\ \mu A$

Wertigkeit **3** P

Bewertung P

II. 4

Das Diagramm zeigt das Ausgangskennlinienfeld eines Transistors, in das eine Arbeitsgerade eingetragen ist.

Wie groß ist die Verlustleistung P_V des Transistors, wenn er bei dem angegebenen Arbeitswiderstand mit $I_B = 1{,}5\,\text{mA}$ betrieben wird?

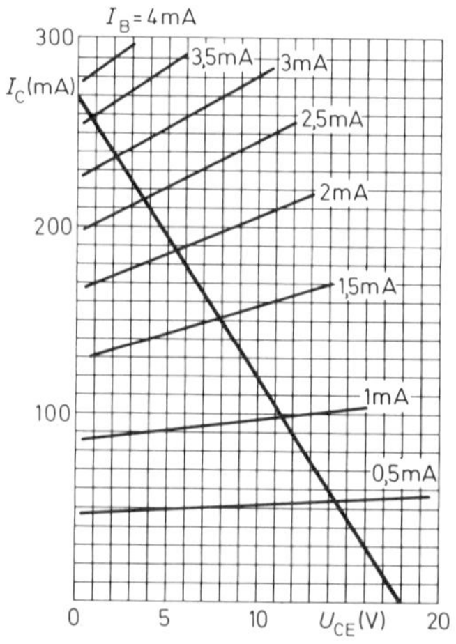

RECHNUNG

$P_V = U_{CE} \cdot I_C$
$P_V = 8V \cdot 150mA$
$P_V = 1{,}2\,W$

a) $P_V = 1$ W ☐

b) $P_V = 1{,}2$ W ☒

c) $P_V = 2{,}16$ W ☐

d) $P_V = 2{,}7$ W ☐

e) $P_V = 4{,}86$ W ☐

Wertigkeit **3** P — Bewertung P

II. 4

Ein Transistor wird in der angegebenen Versuchsschaltung betrieben.

Welche Stromverstärkung B hat der Transistor, wenn bei $U_{BE} = 0{,}7\,\text{V}$ eine Spannung $U_{CE} = 9{,}1\,\text{V}$ auftritt?

RECHNUNG

$B = \frac{I_C}{I_B}$

$I_C = \frac{3{,}6V}{1k\Omega} = 3{,}6\,mA$

$I_B = \frac{12V}{300k\Omega} = 40\,\mu A$

$B = \frac{3{,}6\,mA}{40\,\mu A}$

$B = 90$

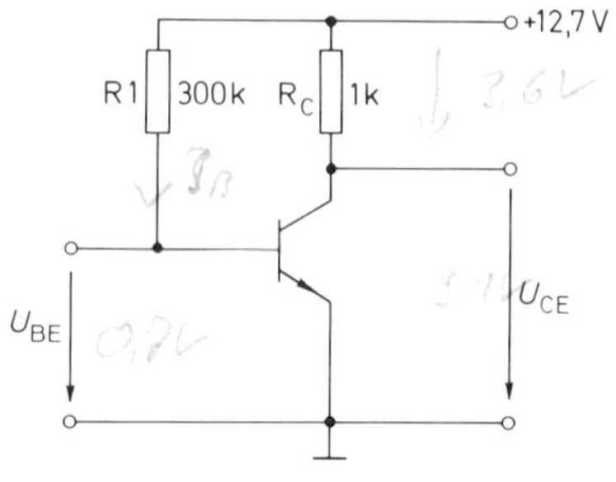

a) $B = 30$ ☐

b) $B = 45$ ☐

c) $B = 60$ ☐

d) $B = 90$ ☒

e) $B = 135$ ☐

Wertigkeit **3** P — Bewertung P

II. 4

Bei der dargestellten Verstärkerstufe ist der Basisspannungsteiler so dimensioniert, daß ohne Ansteuerung ein Kollektorstrom $I_C = 8\,\text{mA}$ fließt.

Wie groß ist die Verlustleistung P_V des Transistors in diesem Betriebsfall?

RECHNUNG

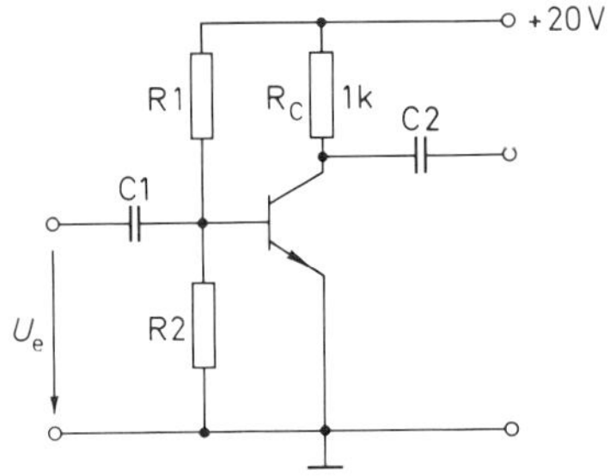

a) $P_V = 0{,}032\,\text{W}$

b) $P_V = 0{,}064\,\text{W}$

c) $P_V = 0{,}096\,\text{W}$

d) $P_V = 0{,}32\,\text{W}$

e) $P_V = 0{,}64\,\text{W}$

Wertigkeit **3** P

Bewertung P

II. 4

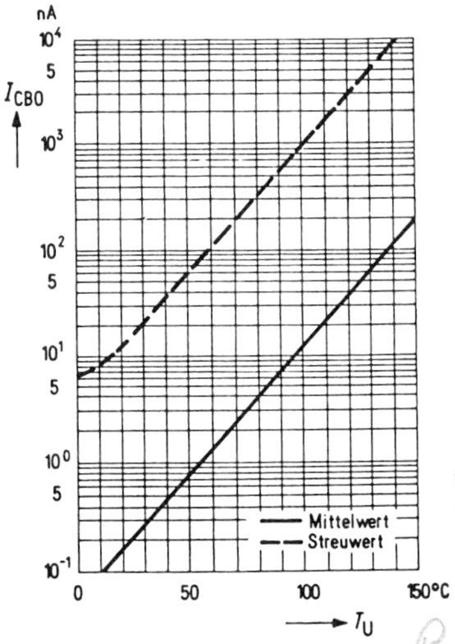

Das Diagramm zeigt die Temperaturabhängigkeit des Reststromes I_{CBO}.

Wie groß ist der Sperrwiderstand R_R dieses Transistors bei $U_{CBO} = 10\,\text{V}$ und $T_U = 80\,°\text{C}$, wenn nur der Mittelwert von I_{CBO} Berücksichtigung findet?

RECHNUNG

a) $R_R \approx 125\,\text{k}\Omega$

b) $R_R \approx 2{,}5\,\text{M}\Omega$

c) $R_R \approx 125\,\text{M}\Omega$

d) $R_R \approx 2{,}5\,\text{G}\Omega$

e) $R_R \approx 12{,}5\,\text{G}\Omega$

Wertigkeit **3** P

Bewertung P

II. 4

Für das Schaltverhalten eines Transistors gilt:

$t_{ein} = t_d + t_r$ (t_d = Verzögerungszeit; t_r = Anstiegszeit)
$t_{aus} = t_s + t_f$ (t_s = Speicherzeit; t_f = Abfallzeit)

$$f_{max} = \frac{1}{t_{ein} + t_{aus}}$$

Wie groß ist die höchste Schaltfrequenz eines Transistors, wenn für ihn folgende Daten angegeben sind:

$t_d = 6\,ns$; $t_r = 10\,ns$; $t_s = 180\,ns$; $t_f = 20\,ns$

RECHNUNG

$t_{ein} = 6ns + 10ns = 16ns$

$t_{aus} = 180ns + 20ns = 200ns$

$f_{max} = \frac{1}{16ns + 200ns}$

$f_{max} = 4{,}6\,MHz$

a) $f_{max} = 360$ kHz ☐
b) $f_{max} = 460$ kHz ☐
c) $f_{max} = 3{,}6$ MHz ☐
d) $f_{max} = 4{,}6$ MHz ☒
e) $f_{max} = 36$ MHz ☐

Wertigkeit **3** P Bewertung P

II. 4

Laut Datenblatt hat der Transistor BSY58 einen Wärmewiderstand $R_{thJU} = 220\,K/W$ und eine zulässige Sperrschichttemperatur $T_J = 200\,°C$.

Welcher Kollektorstrom I_C darf fließen, wenn dieser Transistor bei $T_U = 60\,°C$ mit $U_{CE} = 8\,V$ betrieben werden soll?

RECHNUNG $R_{th} = \frac{T_J - T_U}{P_V}$

$P_V = \frac{200° - 60°}{220\,K/W} = 636\,mW$

$I_C = \frac{P_V}{U_{CE}}$ $I_C = \frac{636\,mW}{8V}$

$I_C = 79{,}5\,mA$

a) $I_C = 53$ mA ☐
b) $I_C = 62$ mA ☐
c) $I_C = 80$ mA ☒
d) $I_C = 109$ mA ☐
e) $I_C = 136$ mA ☐

Wertigkeit **3** P Bewertung P

Laut Datenblatt hat der Transistor 2 N 3055 einen Wärmewiderstand $R_{thJG} = 1{,}5$ K/W und eine zulässige Sperrschichttemperatur $T_J = 200$ °C. Er soll bei $T_U = 50$ °C im Arbeitspunkt $U_{CE} = 12$ V; $I_C = 1{,}5$ A mit einem Kühlkörper betrieben werden.

Welchen Wärmewiderstand R_{thK} muß der Kühlkörper haben, wenn $R_{thGK} = 0{,}5$ K/W beträgt?

RECHNUNG Rthju = RthJG + RthGk + Rthk

Pv = Uce · Ic = 12 V · 1,5 A

Pv = 18 W

Rthju = ΔT / Pv = 150° / 18 W = 8,33

Rthk = Rthju − RthJG − RthGk

Rthk = 6,33 K/W

a) $R_{thK} = 0{,}7$ K/W

b) $R_{thK} = 1{,}3$ K/W

c) $R_{thK} = 3{,}5$ K/W

d) $R_{thK} = 6{,}3$ K/W

e) $R_{thK} = 8{,}6$ K/W

Wertigkeit **3** P Bewertung P

II. 4

Der Transistor 2 N 3055 hat laut Datenblatt einen Wärmewiderstand $R_{thJG} = 1{,}5$ K/W und eine zulässige Sperrschichttemperatur $T_J = 200$ °C. Er soll bei $T_U = 80$ °C mit einer Verlustleistung $P_V = 24$ W betrieben werden.

Welche Länge l muß ein Rippenkühlkörper laut angegebener Kennlinie haben, wenn $R_{thGK} = 1$ K/W beträgt?

RECHNUNG

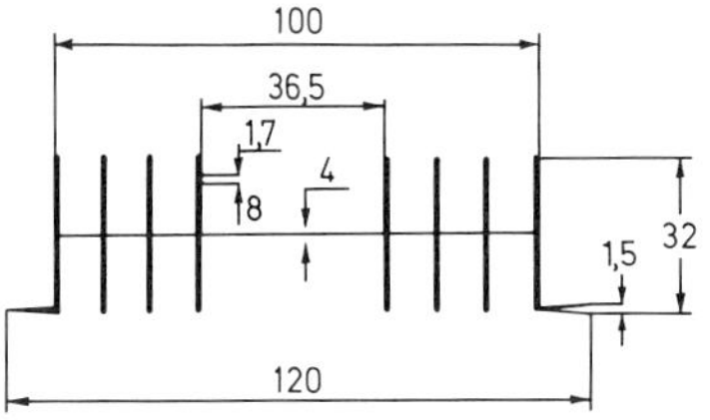

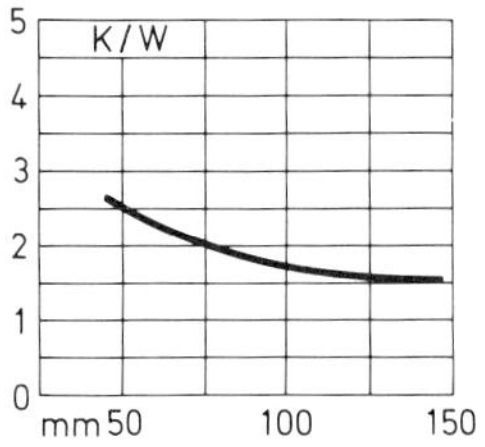

Rthju = ΔT / Pv

Rthju = 120° / 24 W

Rthju = 5 K/W

Rthk = Rthju − RthJG − RthGk

Rthk = 5 K/W − 1,5 K/W − 1 K/W

Rthk = 2,5 K/W

a) $l = 500$ mm

b) $l = 200$ mm

c) $l = 150$ mm

d) $l = 50$ mm

e) $l = 10$ mm

Wertigkeit **3** P Bewertung P

II. 4

Ein Transistor soll in der angegebenen Schaltung in einem Arbeitspunkt mit den Werten $U_{CE} = 5\,V$ und $I_C = 2\,mA$ betrieben werden.

Welchen Wert muß der Kollektorwiderstand R_C haben?

RECHNUNG

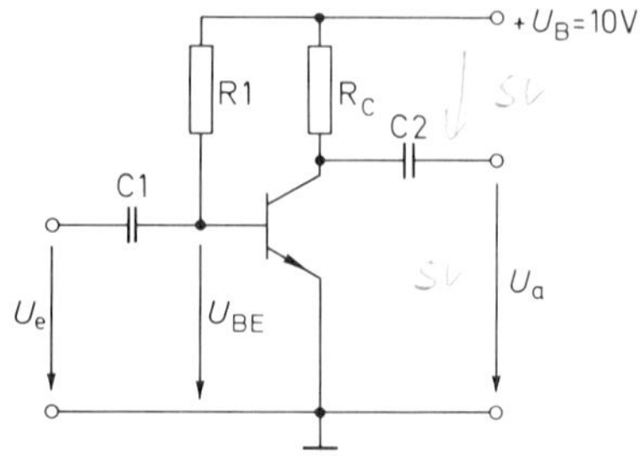

a) $R_C = 250\ \Omega$ ☐

b) $R_C = 2{,}5\ k\Omega$ ☐

c) $R_C = 10\ k\Omega$ ☐

d) $R_C = 12\ k\Omega$ ☐

e) $R_C = 22\ k\Omega$ ☐

Wertigkeit **3** P — Bewertung P

II. 4

Ein Transistor soll in der angegebenen Schaltung mit $U_{BE} = 0{,}6\,V$ und $I_C = 5\,mA$ betrieben werden.

Welchen Wert muß der Basiswiderstand R1 haben, wenn die Stromverstärkung $B = 170$ beträgt?

RECHNUNG

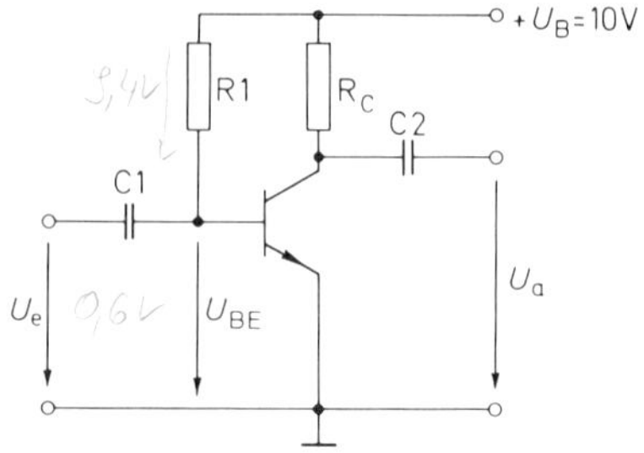

a) $R1 \approx 180\ k\Omega$ ☐

b) $R1 \approx 210\ k\Omega$ ☐

c) $R1 \approx 320\ k\Omega$ ☐

d) $R1 \approx 415\ k\Omega$ ☐

e) $R1 \approx 680\ k\Omega$ ☐

Wertigkeit **3** P — Bewertung P

Von der angegebenen Verstärkerstufe sind folgende Werte bekannt:

$R1 = 100\,k\Omega$; $U_{BE} = 0{,}6\,V$; $I_C = 2\,mA$; $B = 200$.

Welchen Wert muß der Widerstand R2 des Basisspannungsteilers haben?

RECHNUNG

$I_{R1} = \frac{U_{R1}}{R_1} = \frac{9{,}4\,V}{100\,k\Omega}$

$I_{R1} = 94\,\mu A$

$I_B = \frac{I_C}{B} = \frac{2\,mA}{200}$

$I_B = 10\,\mu A$

$I_Q = I_{R1} - I_C = 94\,\mu A - 10\,\mu A$

$I_Q = 84\,\mu A$

$R_2 = \frac{U_{BE}}{I_Q} = \frac{0{,}6\,V}{84\,\mu A} = 7{,}14\,k\Omega$

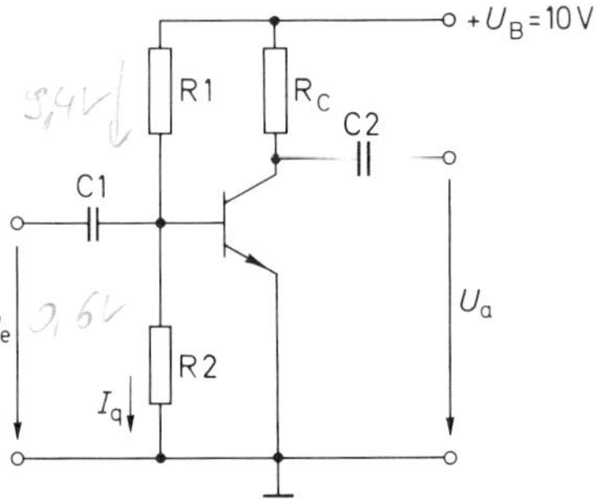

a) $R2 = 1{,}7\,k\Omega$

b) $R2 = 5{,}6\,k\Omega$

c) $R2 = 7{,}1\,k\Omega$ (x)

d) $R2 = 8{,}7\,k\Omega$

e) $R2 = 12\,k\Omega$

II. 4

Wertigkeit **3** P | Bewertung P

Bei der angegebenen Verstärkerstufe hat der verwendete Transistor eine Stromverstärkung $B = 80$. Die in der Stufe gemessenen Strom- und Spannungswerte sind in das Schaltbild eingetragen.

Welchen Wert hat der Emitterwiderstand R_E?

RECHNUNG $B = \frac{I_C}{I_B}$

$I_C = B \cdot I_B = 80 \cdot 0{,}1\,mA$

$I_C = 8\,mA$

$I_E = I_C + I_B$

$I_E = 8\,mA + 0{,}1\,mA$

$R_E = \frac{U}{I_E} = \frac{1{,}62\,V}{8{,}1\,mA} = 200\,\Omega$

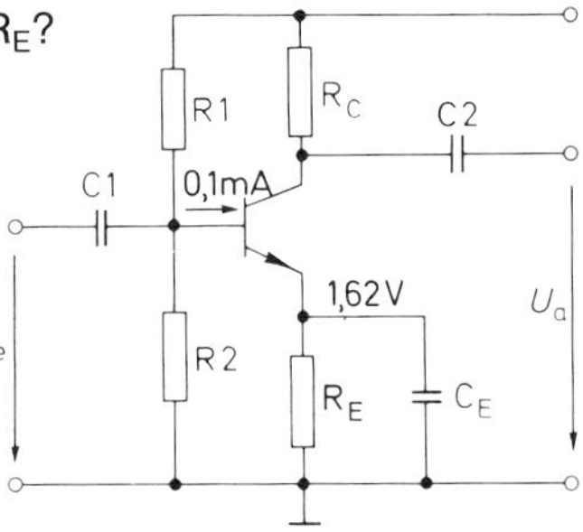

a) $R_E = 162\,\Omega$

b) $R_E = 200\,\Omega$ (x)

c) $R_E = 1{,}28\,k\Omega$

d) $R_E = 1{,}62\,k\Omega$

e) $R_E = 2\,k\Omega$

II. 4

Wertigkeit **3** P | Bewertung P

II. 4

Die angegebene Verstärkerstufe mit einem Transistor BC108 B soll dimensioniert werden. Folgende Daten sind gegeben:

$U_B = 10\,V$; $U_{RE} = 1\,V$; $I_q = 5 \cdot I_B$; $B = 220$; $U_{BE} = 0{,}6\,V$; $U_{CE} = 5\,V$; $I_C = 5\,mA$.

Welchen Wert muß der Widerstand R2 haben?

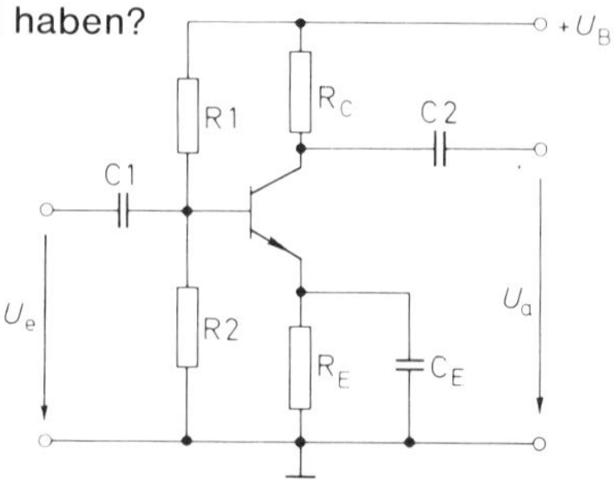

RECHNUNG

$I_B = \frac{I_C}{B} = \frac{5\,mA}{220}$

$I_B = 22{,}7\,\mu A$

$I_Q = 5 \cdot I_B = 113{,}6\,\mu A$

$U_{R2} = U_{BE} + U_{RE}$

$U_{R2} = 1{,}6\,V$

$R_2 = \frac{U_{R2}}{I_Q} = 14\,k\Omega$

a) $R2 = 1{,}4\,k\Omega$ ☐
b) $R2 = 2{,}5\,k\Omega$ ☐
c) $R2 = 14\,k\Omega$ ☒
d) $R2 = 25\,k\Omega$ ☐
e) $R2 = 250\,k\Omega$ ☐

Wertigkeit **3** P Bewertung P

II. 4

Die angegebene Verstärkerstufe mit einem Transistor BC108 B soll dimensioniert werden. Folgende Daten sind gegeben:

$U_B = 10\,V$; $U_{RE} = 1\,V$; $I_q = 5 \cdot I_B$; $B = 220$; $U_{BE} = 0{,}6\,V$; $U_{CE} = 5\,V$; $I_C = 5\,mA$.

Welchen Wert muß der Kollektorwiderstand R_C haben?

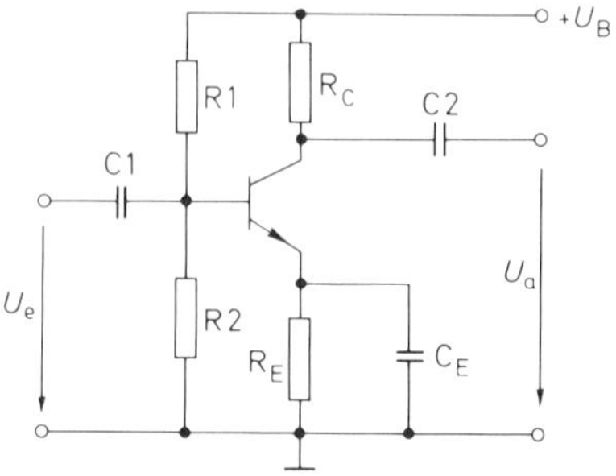

RECHNUNG

$I_B = \frac{I_C}{B} = \frac{5\,mA}{220}$

$I_B = 22{,}7\,\mu A$

$I_Q = 5 \cdot I_B = 113{,}6\,\mu A$

$U_{RC} = U_B - U_{CE} - U_{RE}$

$U_{RC} = 4\,V$

$R_C = \frac{U_{RC}}{I_C} = \frac{4\,V}{5\,mA} = 800\,\Omega$

a) $R_C = 800\,\Omega$ ☒
b) $R_C = 1{,}8\,k\Omega$ ☐
c) $R_C = 2{,}8\,k\Omega$ ☐
d) $R_C = 3{,}3\,k\Omega$ ☐
e) $R_C = 3{,}7\,k\Omega$ ☐

Wertigkeit **3** P Bewertung P

II. 4

Die Spannungsverstärkung V_u einer Emitterschaltung läßt sich mit der Gleichung $V_u \approx \frac{\beta \cdot R_C}{r_{BE}}$ näherungsweise berechnen.

Welche Spannungsverstärkung hat ein Transistor mit den Daten $\beta = 220$ und $r_{BE} = 4{,}5\ k\Omega$, der mit einem Kollektorwiderstand $R_C = 2{,}7\ k\Omega$ betrieben wird?

RECHNUNG

$V_u \approx \frac{220 \cdot 2{,}7\,k\Omega}{4{,}5\,k\Omega}$

$V_u \approx \underline{132}$

a) $V_u \approx 86$ ☐
b) $V_u \approx 105$ ☐
c) $V_u \approx 132$ ☒
d) $V_u \approx 178$ ☐
e) $V_u \approx 220$ ☐

Wertigkeit **3** P | Bewertung P

II. 4

Die Spannungsverstärkung V_u der dargestellten Emitterschaltung läßt sich näherungsweise mit der Formel $V_u \approx \frac{\beta \cdot R_C}{r_{BE}}$ berechnen. Der verwendete Transistor BC108 B soll im Arbeitspunkt $U_{CE} = 5\ V$, $I_C = 2\ mA$ betrieben werden und hat dann die Daten: $\beta = 330$; $r_{BE} = 4{,}5\ k\Omega$.

Wie groß ist die Spannungsverstärkung V_u, die sich bei Betrieb im angegebenen Arbeitspunkt erreichen läßt?

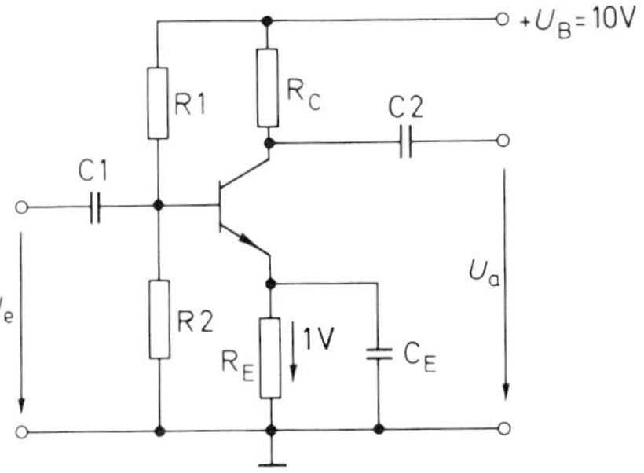

RECHNUNG

$R_C = \frac{U_C}{I_C} = \frac{4V}{2mA} = \underline{2k\Omega}$

$V_u = \frac{330 \cdot 2k\Omega}{4{,}5k\Omega}$

$V_u = \underline{146{,}6}$

a) $V_u \approx 138$ ☐
b) $V_u \approx 147$ ☒
c) $V_u \approx 172$ ☐
d) $V_u \approx 183$ ☐
e) $V_u \approx 205$ ☐

Wertigkeit **3** P | Bewertung P

Die Spannungsverstärkung V_u der dargestellten Emitterschaltung läßt sich näherungsweise mit der Formel $V_u \approx \frac{\beta \cdot R_C}{r_{BE}}$ berechnen. Der verwendete Transistor BC 109 B soll im Arbeitspunkt $U_{CE} = 5\,V$, $I_C = 2\,mA$ betrieben werden und hat dann die Daten: $h_{11e} = 4{,}5\,k\Omega$; $h_{21e} = 330$.	II. 4

Wie groß ist die Ausgangswechselspannung $U_{a\,eff}$, wenn der Transistor im angegebenen Arbeitspunkt betrieben wird und die sinusförmige Eingangswechselspannung $U_{e\,SS} = 50\,mV$ beträgt?

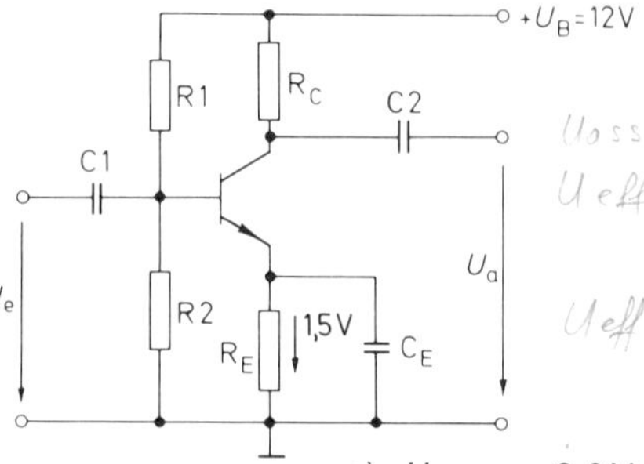

RECHNUNG

a) $U_{a\,eff} \approx 3{,}6\,V$ (+)

b) $U_{a\,eff} \approx 6\,V$

c) $U_{a\,eff} \approx 7{,}9\,V$

d) $U_{a\,eff} \approx 15{,}8\,V$

e) $U_{a\,eff} \approx 17\,V$

Wertigkeit **3** P — Bewertung P

Die Spannungsverstärkung V_u der dargestellten Emitterschaltung läßt sich näherungsweise mit der Formel $V_u \approx \frac{\beta \cdot R_C}{r_{BE}}$ berechnen. Der verwendete Transistor BC 107 A soll im Arbeitspunkt $U_{CE} = 5\,V$, $I_C = 2\,mA$ betrieben werden und hat dann die Daten: $h_{11e} = 2{,}7\,k\Omega$; $h_{21e} = 220$.	II. 4

Wie groß muß die Eingangswechselspannung $U_{e\,SS}$ sein, wenn der Transistor im angegebenen Arbeitspunkt betrieben wird und die sinusförmige Ausgangswechselspannung $U_{a\,eff} = 2{,}5\,V$ betragen soll?

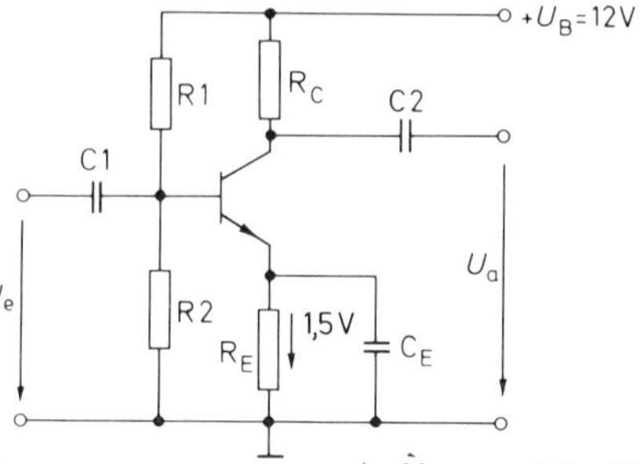

RECHNUNG

a) $\hat{U}_{e\,SS} \approx 15\,mV$

b) $U_{e\,SS} \approx 21\,mV$

c) $U_{e\,SS} \approx 32\,mV$ (+)

d) $U_{e\,SS} \approx 42\,mV$

e) $U_{e\,SS} \approx 64\,mV$

Wertigkeit **3** P — Bewertung P

II. 4

Der in der angegebenen Kollektorschaltung verwendete Transistor hat eine Stromverstärkung $B = 200$. Bei $I_C = 10$ mA beträgt die Basisspannung $U_{BE} = 0{,}65$ V.

Wie groß ist die Spannung an der Basis des Transistors $U_{B\perp}$?

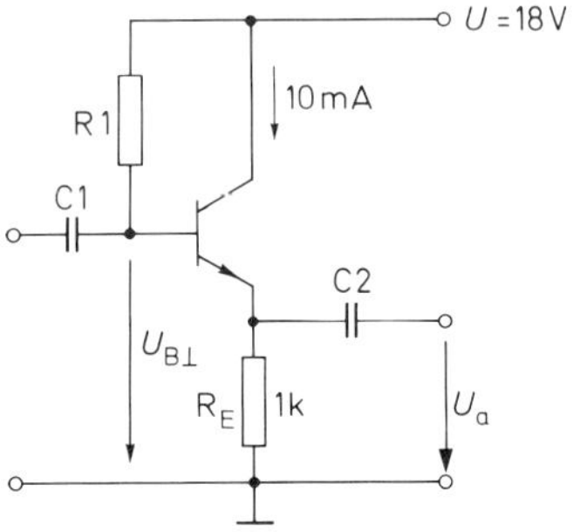

RECHNUNG

$B = \frac{I_C}{I_B}$

$I_B = \frac{I_C}{B} = \frac{10\,mA}{200} = 50\,\mu A$

$I_E = I_C + I_B$

$I_E = 10\,mA + 50\,\mu A = 10{,}05\,mA$

$U_E = I_E \cdot R_E$

$U_E = 10{,}05\,V$

$U_{B\perp} = U_E + U_{BE} = 10{,}7\,V$

a) $U_{B\perp} = 7{,}9$ V

b) $U_{B\perp} = 9{,}4$ V

c) $U_{B\perp} = 10{,}5$ V

d) $U_{B\perp} = 10{,}7$ V ☒

e) $U_{B\perp} = 17{,}35$ V

Wertigkeit **3** P Bewertung P

II. 4

Bei einer Verstärkerstufe ändert sich die Eingangsspannung von $U_e = 0{,}56$ V auf $U_e = 0{,}57$ V. Dabei tritt eine Änderung der Ausgangsspannung $\Delta U_a = 0{,}7$ V auf.

Wie groß ist die Spannungsverstärkung V_u dieser Verstärkerstufe?

RECHNUNG

$V_u = \frac{\Delta U_a}{\Delta U_E}$

$V_u = \frac{0{,}7\,V}{0{,}01\,V}$

$V_u = 70$

a) $V_u = 4$

b) $V_u = 7$

c) $V_u = 40$

d) $V_u = 70$ ☒

e) $V_u = 400$

Wertigkeit **3** P Bewertung P

Das Schaltbild zeigt einen Emitterfolger mit den Transistoren T1 und T2 in Darlington-Schaltung. T1 hat die Stromverstärkung $B_1 = 100$, T2 die Stromverstärkung $B_2 = 20$.

Wie groß ist die Leistungsaufnahme des Widerstandes R_E, wenn von T1 der Basisstrom $I_{B1} = 550\,\mu A$ beträgt?
(Bei der Ermittlung von I_E ist jeweils I_B zu berücksichtigen.)

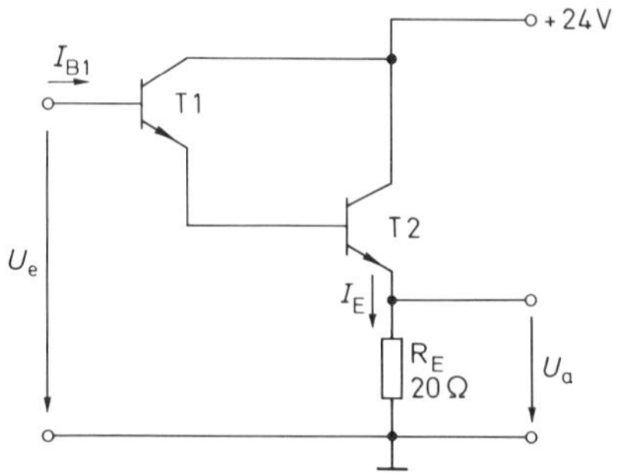

RECHNUNG

$I_{C1} = I_{B1} \cdot B_1$
$I_{C1} = 550\mu A \cdot 100 = 55\,mA$
$I_{E1} = I_{C1} + I_{B1} = 55\,mA + 550\,\mu A$
$I_{E1} = 55{,}55\,mA \quad I_{E1} = I_{B2}$
$I_{C2} = I_{B2} \cdot B_2 = 1{,}11\,A + I_B = I_{E2}$
$I_{E2} = 1{,}125 \quad P_V = I_E^2 \cdot R_E = 27{,}6$

a) $P_V = 27{,}2$ W ✓
b) $P_V = 24{,}2$ W
c) $P_V = 13{,}2$ W
d) $P_V = 2{,}2$ W
e) $P_V = 1{,}32$ W

Wertigkeit **3** P — Bewertung P

Bei dem angegebenen Transistorschalter wurde im Schaltzustand »Transistor leitend« eine Ausgangsspannung $U_a = 0{,}2$ V gemessen.

Wie groß ist der Durchlaßwiderstand R_{CE} der Kollektor-Emitterstrecke in diesem Schaltzustand »Ein«?

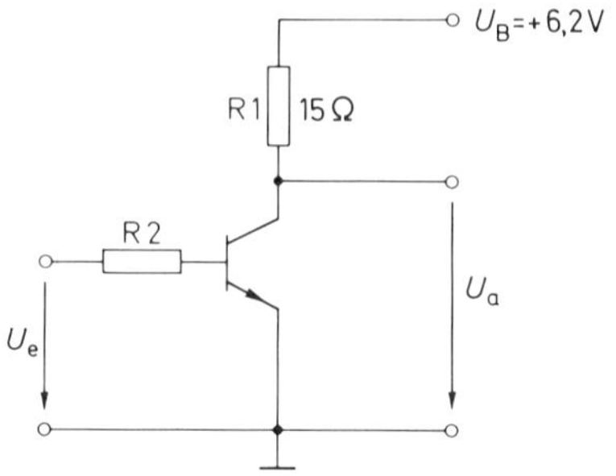

RECHNUNG

$I_C = \frac{U_{R1}}{R_1}$
$I_C = \frac{6V}{15\,\Omega}$
$I_C = 0{,}4\,A$
$R_{CE} = \frac{U_a}{I_C} = \frac{0{,}2V}{0{,}4A}$
$R_{CE} = 0{,}5\,\Omega$

a) $R_{CE} = 7{,}5\ \Omega$
b) $R_{CE} = 5\ \Omega$
c) $R_{CE} = 1{,}5\ \Omega$
d) $R_{CE} = 0{,}5\ \Omega$ ✓
e) $R_{CE} = 0{,}08\ \Omega$

Wertigkeit **3** P — Bewertung P

II. 4

Das Bild zeigt einen Transistorschalter. Bei offenem Schalter S (Transistor gesperrt) darf die Ausgangsspannung bei Belastung mit einem Lastwiderstand R_L nicht unter $U_a = 8\,V$ absinken.

Welchen Wert darf der Belastungswiderstand $R_{L\,min}$ nicht unterschreiten?

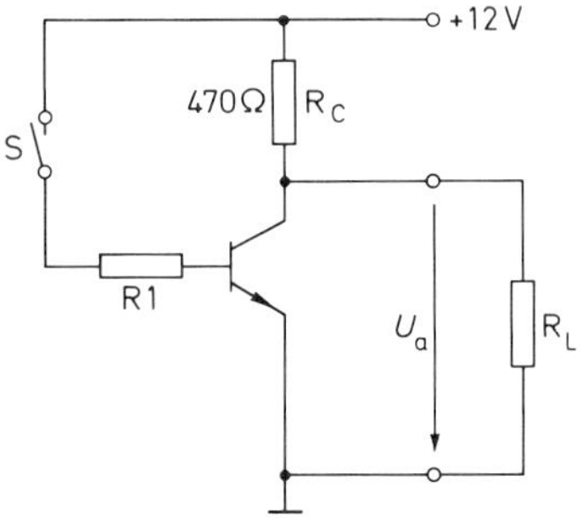

RECHNUNG

$R_L = \frac{U_a}{I_C}$

$R_L = \frac{4V}{8{,}51\,mA}$

$I_C = \frac{U_{RC}}{R_C}$

$R_L = 940\,\Omega$

a) $R_{L\,min} = 27\,\Omega$

b) $R_{L\,min} = 47\,\Omega$

c) $R_{L\,min} = 330\,\Omega$

d) $R_{L\,min} = 470\,\Omega$

e) $R_{L\,min} = 940\,\Omega$ (X)

Wertigkeit **3** P | Bewertung P

II. 4

Das Bild zeigt einen Transistorschalter. Bei offenem Schalter S (Transistor gesperrt) wird der Ausgang der Schaltung mit einem Widerstand $R_L = 680\,\Omega$ belastet.

Wie groß ist in diesem Betriebsfall die Ausgangsspannung U_a?

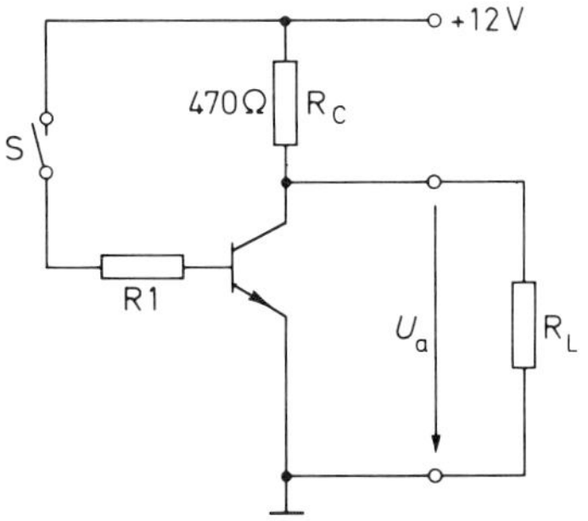

RECHNUNG

$I_C = \frac{U_B}{R_C + R_L} = \frac{12V}{1150\,\Omega}$

$I_C = 10{,}43\,mA$

$U_a = I_C \cdot R_L$

$U_a = 10{,}43\,mA \cdot 680\,\Omega$

$U_a = 7{,}1\,V$

a) $U_a = 3\,V$

b) $U_a = 4{,}95\,V$

c) $U_a = 7{,}1\,V$

d) $U_a = 10{,}6\,V$

e) $U_a = 12\,V$

Wertigkeit **3** P | Bewertung P

II. 4

In dem angegebenen Schaltverstärker wird ein Transistor BSY 34 verwendet. Er hat eine Stromverstärkung $B = 37$ und $U_{BE} = 0{,}7$ V.
Welchen Wert muß der Widerstand R2 haben, wenn der Transistor mit einem Übersteuerungsfaktor $\ddot{u} = 3$ betrieben werden soll?

RECHNUNG

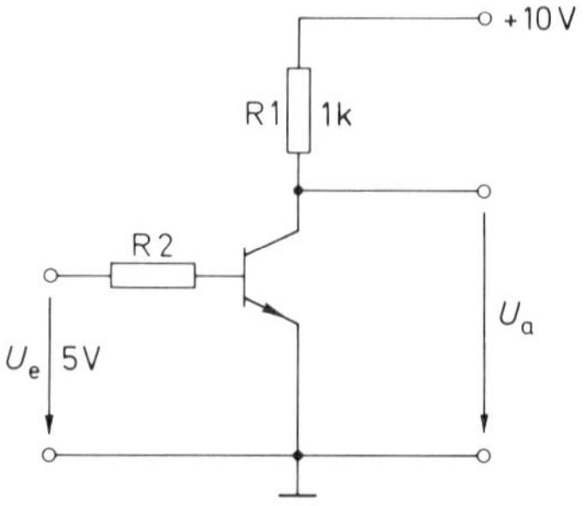

a) $R2 = 2{,}2$ kΩ

b) $R2 = 3{,}2$ kΩ

c) $R2 = 5{,}3$ kΩ

d) $R2 = 10$ kΩ

e) $R2 = 15$ kΩ

Wertigkeit **3** P | Bewertung P

II. 4

Der angegebene Schaltverstärker ist mit einem Transistor BC 108 A bestückt. Er hat eine Stromverstärkung $B = 150$ und $U_{BE} = 0{,}62$ V.
Mit welchem Übersteuerungsfaktor $\ddot{u}$ wird der Transistor betrieben, wenn die Eingangsspannung $U_e = 3$ V beträgt?

RECHNUNG

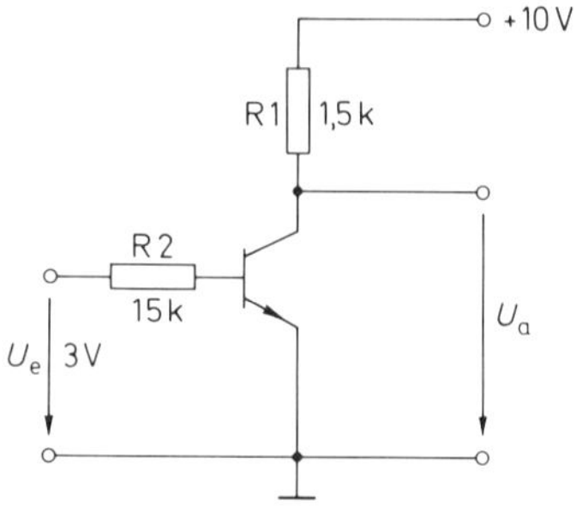

a) $\ddot{u} = 0{,}15$

b) $\ddot{u} = 0{,}28$

c) $\ddot{u} = 1{,}8$

d) $\ddot{u} = 3{,}6$

e) $\ddot{u} = 6{,}6$

Wertigkeit **3** P | Bewertung P

II. 4

In dem dargestellten Wechselspannungsverstärker wird ein Transistor BC 108 B eingesetzt. Er hat in dem gewählten Arbeitspunkt einen Eingangswiderstand $r_{BE} = 4{,}5\,k\Omega$.

Welche untere Grenzfrequenz f_{gu} hat die Verstärkerstufe, wenn ein Kondensator $C1 = 1\,\mu F$ verwendet wird und die Einflüsse von C_E und C2 vernachlässigt werden können?

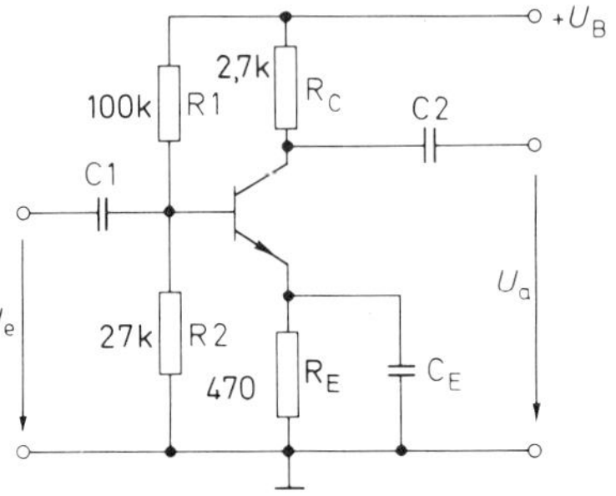

RECHNUNG

$r_e = R_1 \parallel R_2 \parallel r_{BE}$

$r_e = 100\,k\Omega \parallel 27\,k\Omega \parallel 4{,}5\,k\Omega$

$r_e = 3{,}71\,k\Omega$ $\quad f_{gu} = 42{,}8\,Hz$

$f_{gu} = \frac{1}{2\pi \cdot r_e \cdot C} = \frac{1}{2\pi \cdot 3{,}71\,k\Omega \cdot 1\,\mu F}$

a) $f_{gu} \approx 16\,Hz$

b) $f_{gu} \approx 20\,Hz$

c) $f_{gu} \approx 35\,Hz$

d) $f_{gu} \approx 43\,Hz$

e) $f_{gu} \approx 58\,Hz$

Wertigkeit **3** P | Bewertung P

II. 4

In einer Leistungsendstufe fließt bei $U_B = 18\,V$ ein Kollektorstrom $I_C = 2\,A$.

Welchen Wirkungsgrad η hat diese Endstufe, wenn die an den Verbraucher abgegebene Leistung $P_{ab} = 25{,}2\,W$ beträgt?

RECHNUNG

$P_{zu} = U_B \cdot I_C$ $\quad P_{zu} = 18\,V \cdot 2\,A$

$P_{zu} = 36\,W$

$\eta = \frac{P_{ab}}{P_{zu}} = \frac{25{,}2\,W}{36\,W}$

$\eta = 0{,}7$

a) $\eta \approx 0{,}3$

b) $\eta \approx 0{,}6$

c) $\eta \approx 0{,}7$

d) $\eta \approx 1{,}4$

e) $\eta \approx 1{,}6$

Wertigkeit **3** P | Bewertung P

II. 5
Feldeffekt-Transistoren

II. 5

Welches der fünf angegebenen Schaltzeichen stellt einen selbstleitenden N-Kanal-MOS-FET dar?

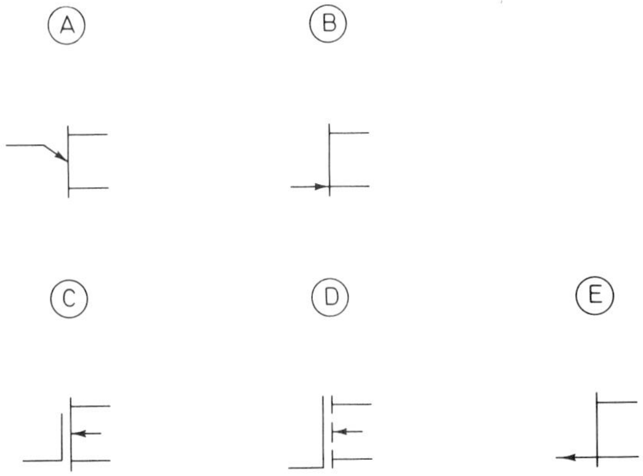

a) Schaltzeichen A

b) Schaltzeichen B

c) Schaltzeichen C

d) Schaltzeichen D

e) Schaltzeichen E

Wertigkeit **1** P — Bewertung P

II. 5

Welches Bauelement stellt das angegebene Schaltzeichen dar?

a) Einen selbstleitenden P-Kanal-MOS-FET

b) Einen selbstleitenden N-Kanal-MOS-FET

c) Einen N-Kanal-Sperrschicht-FET

d) Einen P-Kanal-Sperrschicht-FET

e) Einen selbstsperrenden N-Kanal-MOS-FET

Wertigkeit **1** P — Bewertung P

Welche Elektroden von Feldeffekt-Transistoren entsprechen den Elektroden Kollektor, Basis und Emitter von bipolaren Transistoren?

II. 5

	Kollektor	Basis	Emitter	
a)	Source	Gate	Drain	( )
b)	Drain	Source	Gate	( )
c)	Drain	Gate	Source	(+)
d)	Source	Drain	Gate	( )
e)	Gate	Source	Drain	( )

Wertigkeit **1** P   Bewertung P

Welche charakteristische Eigenschaft haben FETs?

II. 5

a) FETs können mit hohen Spannungen betrieben werden ( )

b) Zur Ansteuerung von FETs ist ein Steuerstrom erforderlich ( )

c) FETs haben einen hohen Eingangswiderstand (+)

d) Mit FETs lassen sich große Ströme schalten ( )

e) FETs haben einen niedrigen Eingangswiderstand ( )

Wertigkeit **1** P   Bewertung P

II. 5

Das Schaltbild zeigt einen Sperrschicht-FET mit den zugehörigen Versorgungsspannungen.

Welche der fünf Kennlinien gehört zu dem dargestellten FET?

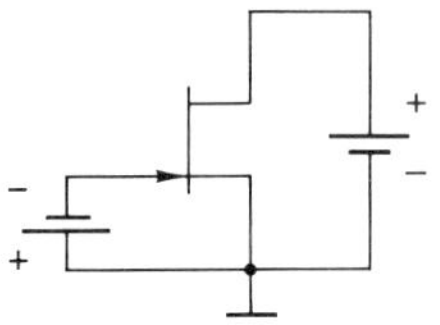

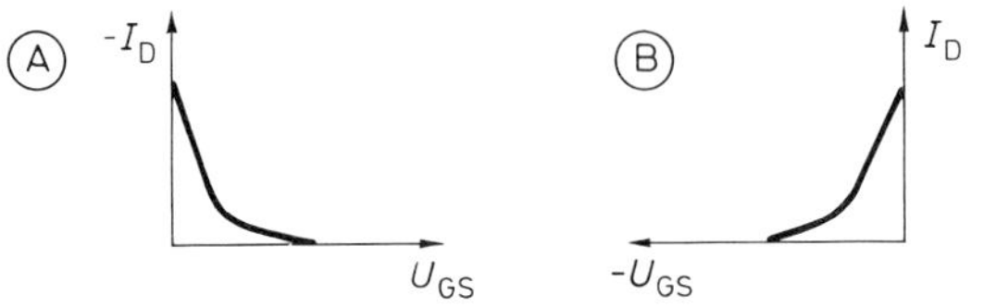

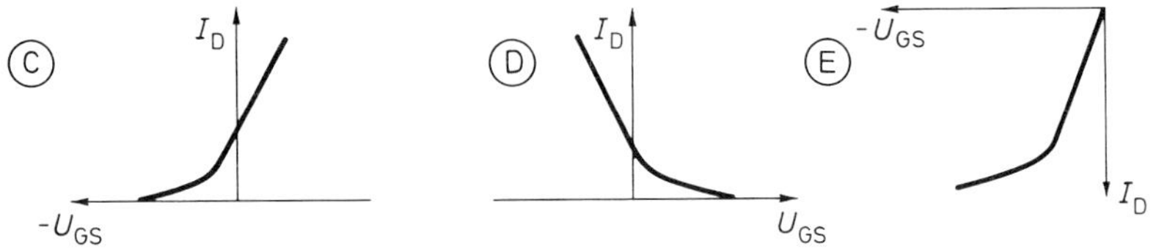

a) Kennlinie A

b) Kennlinie B

c) Kennlinie C

d) Kennlinie D

e) Kennlinie E

Wertigkeit **1** P

Bewertung P

II. 5

Das Bild zeigt die Kennlinie eines Sperrschicht-FETs.

Wie wird die angegebene Kennlinie üblicherweise bezeichnet?

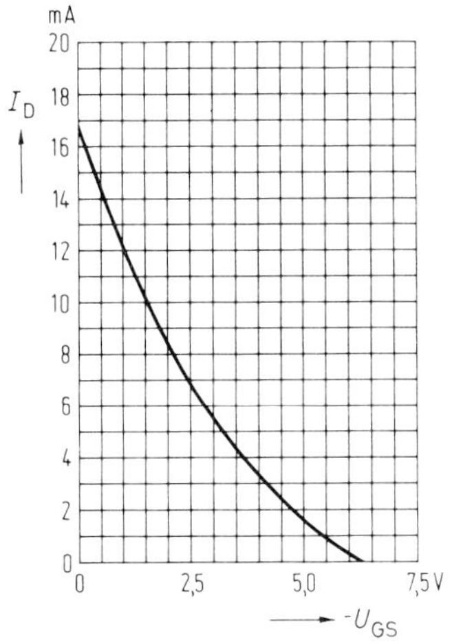

a) Stromverstärkungskennlinie

b) Übertragungskennlinie

c) Ausgangskennlinie

d) Eingangskennlinie

e) Steilheitskennlinie

Wertigkeit **1** P

Bewertung P

II. 5

Das Diagramm zeigt das Ausgangskennlinienfeld des FETs BF 245.

Welcher dynamische Kennwert kann aus dieser Kennlinie entnommen werden?

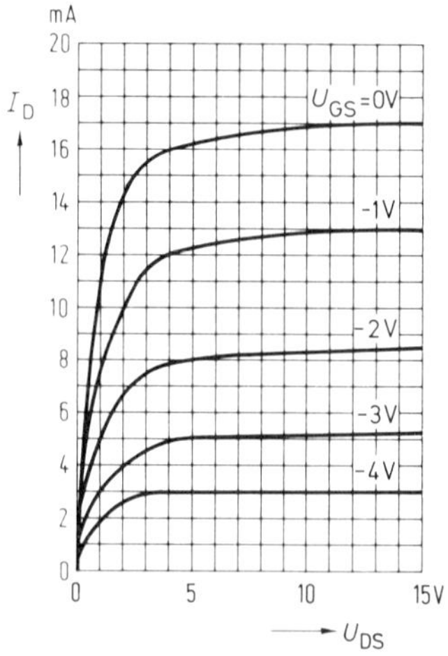

a) Der dynamische Eingangswiderstand r_e

b) Die Vorwärtssteilheit y_{21}

c) Der Ausgangsleitwert y_{22}

d) Der Rückwirkungsleitwert h_{12}

e) Der Durchgriff D

Wertigkeit **1** P

Bewertung P

II. 5

Zu welcher der fünf verschiedenen Bauarten von FETs gehören die dargestellten Kennlinien?

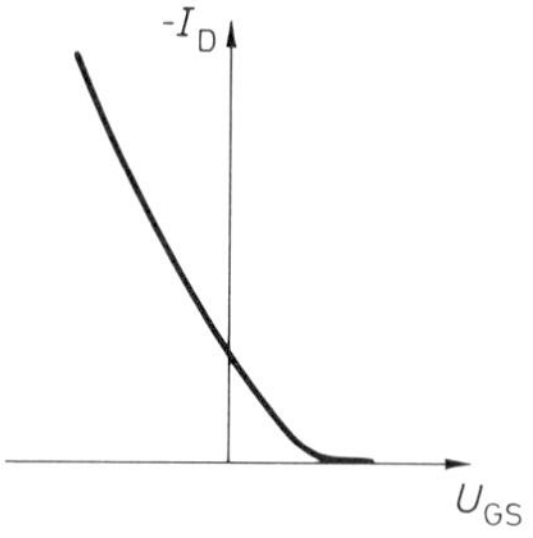

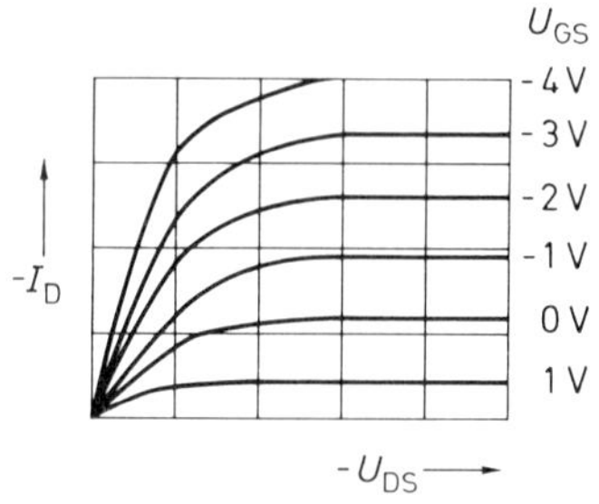

a) Zu einem N-Kanal-Sperrschicht-FET

b) Zu einem selbstleitenden N-Kanal-MOS-FET

c) Zu einem selbstsperrenden N-Kanal-MOS-FET

d) Zu einem selbstleitenden P-Kanal-MOS-FET

e) Zu einem selbstsperrenden P-Kanal-MOS-FET

Wertigkeit **1** P

Bewertung P

Es gibt mehrere Sonderbauformen von FETs.

Für welche der angegebenen Aufgaben werden SIPMOS-FETs hauptsächlich eingesetzt?

II. 5

a) Zur Spannungsstabilisierung

b) In Mischstufen von UKW- und Fernsehgeräten

c) Zur Impulserzeugung in Phasenanschnittschaltungen

d) Als schnelle Leistungsschalter

e) Zur Gleichrichtung von sägezahnförmigen Spannungen

Wertigkeit **1** P Bewertung P

Wie wird die im Bild dargestellte Grundschaltung eines FETs bezeichnet?

II. 5

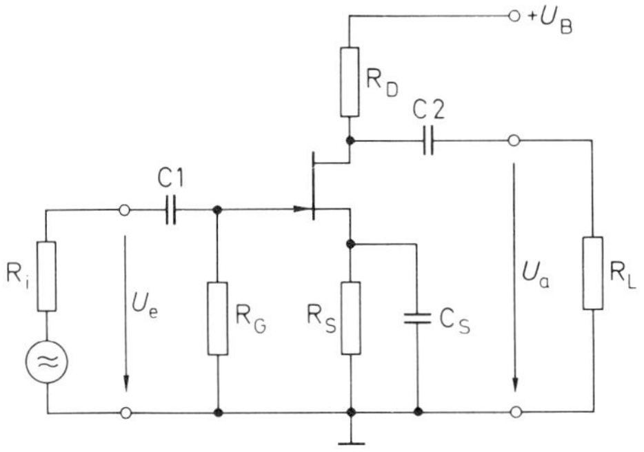

a) Drainschaltung

b) Gateschaltung

c) Emitterschaltung

d) Sourceschaltung

e) Bulkschaltung

Wertigkeit **1** P Bewertung P

Wie wird die im Bild dargestellte Grundschaltung eines FETs bezeichnet?

II. 5

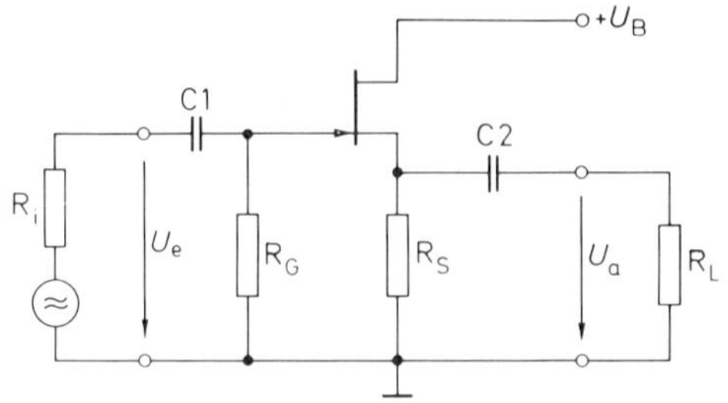

a) Drainschaltung

b) Gateschaltung

c) Emitterschaltung

d) Sourceschaltung

e) Bulkschaltung

Wertigkeit **1** P Bewertung P

In welcher der genannten Schaltungen tritt eine Phasenverschiebung $\varphi \approx 180°$ zwischen der Eingangsspannung U_e und der Ausgangsspannung U_a auf?

II. 5

a) Bei der Gateschaltung

b) Bei der Drainschaltung

c) Bei der Basisschaltung

d) Bei der Sourceschaltung

e) Bei der Kollektorschaltung

Wertigkeit **1** P Bewertung P

II. 5

Das Bild zeigt eine Verstärkerschaltung mit FET. Die in dieser Stufe gemessenen Spannungswerte sind in das Schaltbild eingetragen.

Wie groß ist die Gatevorspannung U_{GS}?

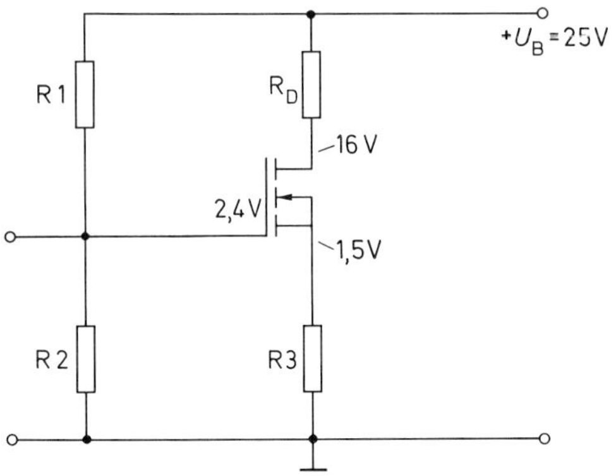

a) $U_{GS} = -\ 0{,}9\,V$

b) $U_{GS} = +\ 0{,}9\,V$

c) $U_{GS} = +\ 1{,}5\,V$

d) $U_{GS} = +\ 2{,}4\,V$

e) $U_{GS} = +\ 13{,}6\,V$

Wertigkeit **1** P

Bewertung P

II. 5

Das Bild zeigt eine Schaltung mit Sperrschicht-FET.

Wie wird diese FET-Schaltung üblicherweise bezeichnet?

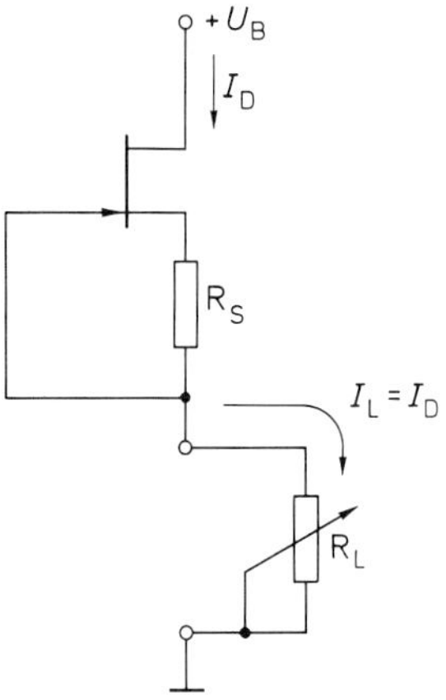

a) Wechselspannungsverstärker

b) Steuerbarer Widerstand

c) Schaltverstärker

d) Konstantstromquelle

e) Darlington-Verstärker

Wertigkeit **1** P

Bewertung P

Das Bild zeigt eine Schaltung mit Sperrschicht-FET.

II. 5

Welche Funktion hat diese FET-Schaltung, wenn sie in einem Bereich $U_A < U_{DS\,Rest}$ betrieben wird?

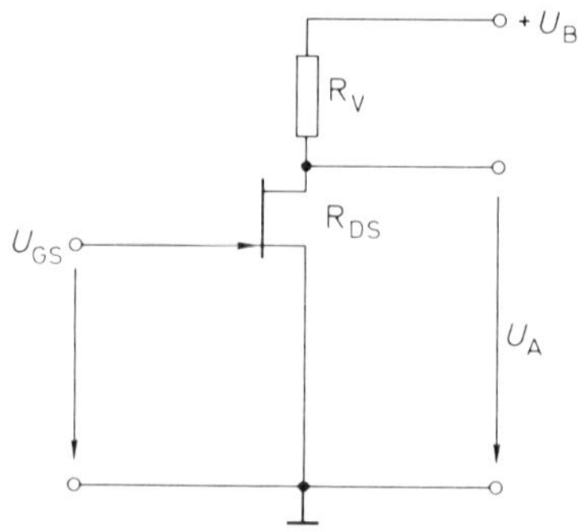

a) Wechselspannungsverstärker

b) Steuerbarer Widerstand

c) Leistungsverstärker

d) Konstantstromquelle

e) Darlington-Verstärker

Wertigkeit **1** P

Bewertung P

Das Diagramm zeigt die Übertragungskennlinie des FETs BF 245 C.

II. 5

Wie groß ist der Drainstrom I_D, wenn die Gate-Source-Spannung $-U_{GS} = 1{,}5\,V$ beträgt?

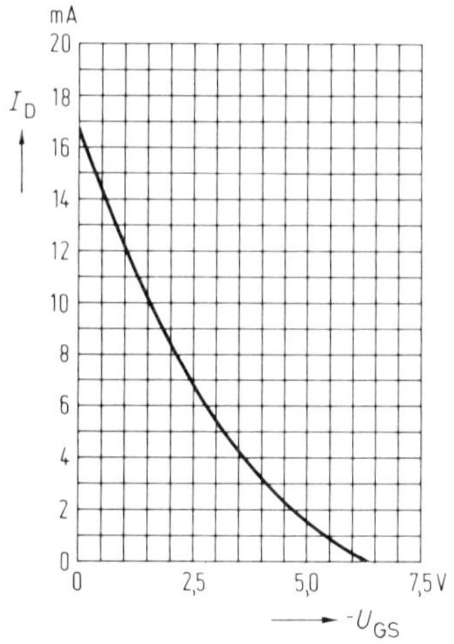

a) $I_D = 14$ mA

b) $I_D = 12$ mA

c) $I_D = 10$ mA

d) $I_D = 5$ mA

e) $I_D = 2{,}5$ mA

Wertigkeit **2** P

Bewertung P

II. 5

Die Restspannung (Kniespannung; Sättigungsspannung) $U_{DS\,Rest}$ eines FETs ist von der Abschnürspannung U_P und von der Gate-Source-Spannung U_{GS} abhängig.

Welcher Zusammenhang besteht zwischen Restspannung, Abschnürspannung und Gate-Source-Spannung?

a) $U_{DS\,Rest} = U_{GS} + U_P$

b) $U_{DS\,Rest} = \frac{U_{GS}}{U_p}$

c) $U_{DS\,Rest} = \frac{U_P}{U_{GS}}$

d) $U_{DS\,Rest} = U_{GS} \cdot U_p$

e) $U_{DS\,Rest} = U_{GS} - U_p$

Wertigkeit **2** P — Bewertung P

II. 5

Das Diagramm zeigt das Ausgangskennlinienfeld des FETs BF245C.

Wie groß ist der Drainstrom I_D, wenn $U_{DS} = 12$ V und $U_{GS} = -1$ V betragen?

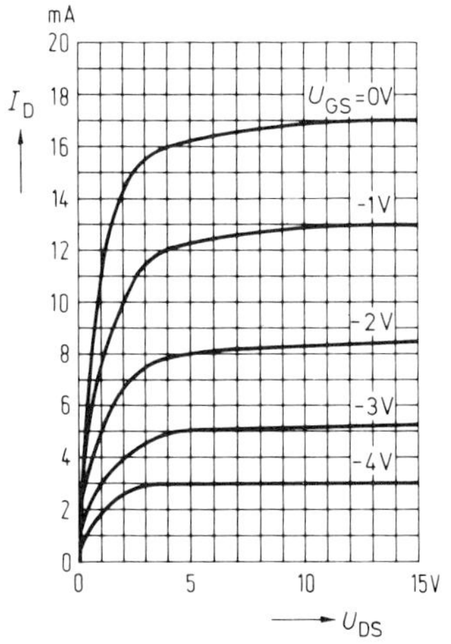

a) $I_D = 16$ mA

b) $I_D = 13$ mA

c) $I_D = 8$ mA

d) $I_D = 3$ mA

e) $I_D = 0{,}8$ mA

Wertigkeit **2** P — Bewertung P

II. 5

In dem Diagramm ist die Temperaturabhängigkeit des Drainstromes I_D von der Sperrschicht- oder Kanaltemperatur für den FET vom Typ BF 245 C dargestellt.

Um welchen Betrag ΔI_D ändert sich der Drainstrom, wenn bei $U_{GS} = -2$ V eine Temperaturänderung der Sperrschicht von $T_J = 60$ °C auf $T_J = 100$ °C auftritt?

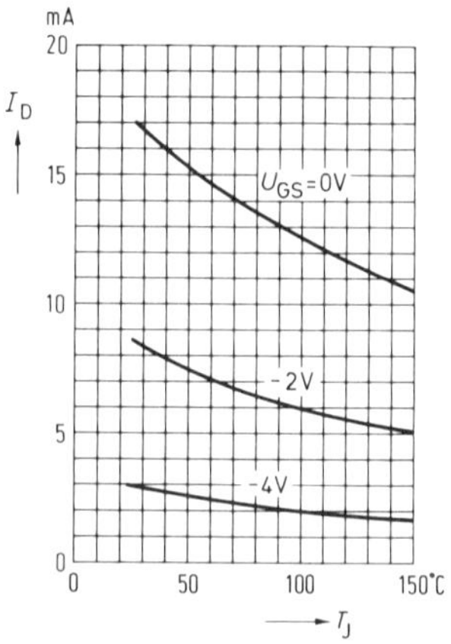

a) $\Delta I_D = 10$ mA

b) $\Delta I_D = 5$ mA

c) $\Delta I_D = 2$ mA

d) $\Delta I_D = 1$ mA

e) $\Delta I_D = 0{,}5$ mA

Wertigkeit **2** P

Bewertung P

II. 5

Durch die im FET umgesetzte elektrische Leistung P_V tritt eine Erwärmung des Kristalls auf.

Nach welcher der fünf Gleichungen läßt sich die in einem FET auftretende Verlustleistung P_V ermitteln?

a) $P_V = U_{GS} \cdot I_D$

b) $P_V = U_{DS} \cdot I_D$

c) $P_V = \frac{U_{GS}}{I_D}$

d) $P_V = \frac{U_{DS}}{I_D}$

e) $P_V = U_{DS} \cdot I_G$

Wertigkeit **2** P

Bewertung P

II. 5

In dem Diagramm ist die Funktion $-I_{GS\,S} = f\,(T_J)$ für den Sperrschicht-FET BF 245 dargestellt.

Wie groß ist die Änderung des Gate-Reststromes $-I_{GS\,S}$, wenn die Sperrschichttemperatur von $T_J = 50\,°C$ auf $T_J = 125\,°C$ ansteigt?

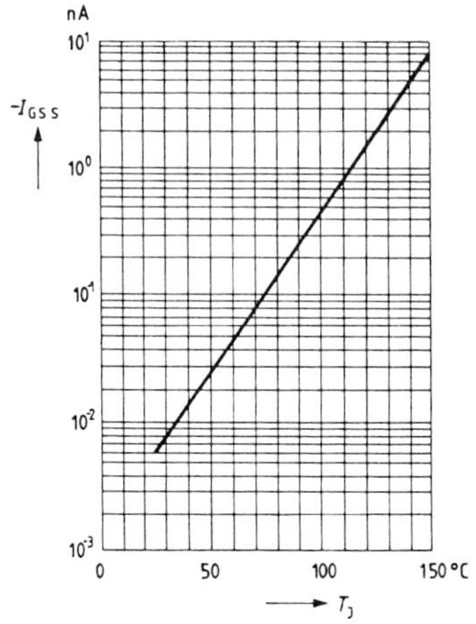

a) $\Delta I_{GS\,S} \approx$ 0,5 nA

b) $\Delta I_{GS\,S} \approx$ 0,42 nA

c) $\Delta I_{GS\,S} \approx$ 1,97 nA

d) $\Delta I_{GS\,S} \approx$ 5 nA

e) $\Delta I_{GS\,S} \approx$ 19,7 nA

Wertigkeit **2** P

Bewertung P

II. 5

In dem Diagramm ist der Zusammenhang zwischen der Vorwärtssteilheit y_{21} und dem Drainstrom I_D für den FET BF 245 wiedergegeben.

Welchen Wert hat die Vorwärtssteilheit y_{21} des BF 245 C, wenn der Drainstrom $I_D = 4$ mA beträgt?

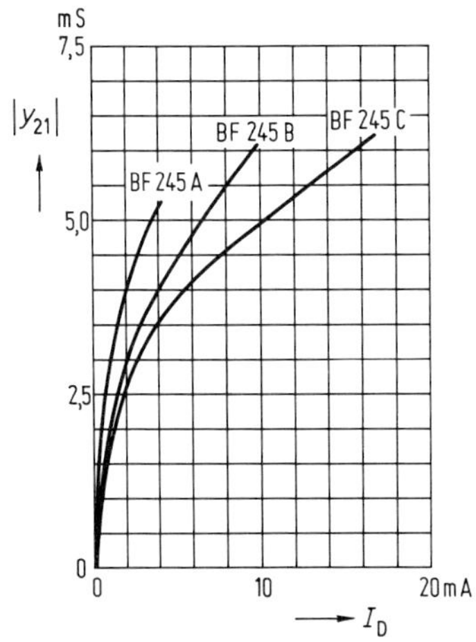

a) $y_{21} \approx$ 3,5 mS

b) $y_{21} \approx$ 4 mS

c) $y_{21} \approx$ 4,5 mS

d) $y_{21} \approx$ 5 mS

e) $y_{21} \approx$ 5,5 mS

Wertigkeit **2** P

Bewertung P

II. 5

In dem Diagramm sind die Kennlinien der Vorwärtssteilheit y_{21} für die drei Gruppen des FET BF 245 dargestellt.

Welche Werte gelten für die Vorwärtssteilheit y_{21} des BF 245 B, wenn der Drainstrom von $I_D = 4\,\text{mA}$ auf $I_D = 10\,\text{mA}$ geändert wird?

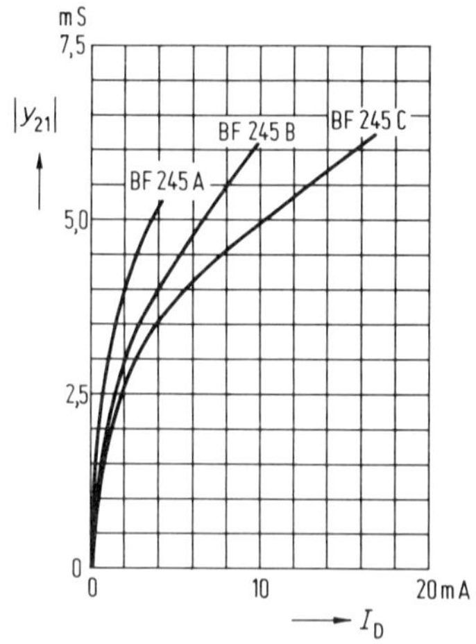

	$I_D = 4\,\text{mA}$	$I_D = 10\,\text{mA}$	
a)	$y_{21} = 3\ \text{mS}$;	$y_{21} = 6\ \text{mS}$	☐
b)	$y_{21} = 3{,}5\,\text{mS}$;	$y_{21} = 6\ \text{mS}$	☐
c)	$y_{21} = 3{,}5\,\text{mS}$;	$y_{21} = 4{,}8\,\text{mS}$	☐
d)	$y_{21} = 4\ \text{mS}$;	$y_{21} = 4{,}8\,\text{mS}$	☐
e)	$y_{21} = 4\ \text{mS}$;	$y_{21} = 6\ \text{mS}$	☒

Wertigkeit **2** P Bewertung P

II. 5

Der Ausgangsleitwert y_{22} ist ein wichtiger Kennwert von Feldeffekt-Transistoren.

Wie ist der Ausgangsleitwert y_{22} bei $U_{GS} = \text{const.}$ definiert?

a) $y_{22} = \dfrac{U_{DS}}{I_D}$ ☐

b) $y_{22} = \dfrac{\Delta U_{GS}}{\Delta I_D}$ ☐

c) $y_{22} = \dfrac{\Delta I_D}{\Delta U_{DS}}$ ☒

d) $y_{22} = \dfrac{\Delta I_D}{\Delta U_{GS}}$ ☐

e) $y_{22} = U_{GS} \cdot I_D$ ☐

Wertigkeit **2** P Bewertung P

In dem Diagramm ist dor dynamische Ausgangswiderstand r_{DS} In Abhängigkeit von der Gate-Source-Spannung $-U_{GS}$ für die drei Gruppen des FET BF 245 dargestellt.	II. 5

Welchen Wert hat der dynamische Ausgangswiderstand r_{DS} des BF 245 A, wenn die Gate-Source-Spannung $-U_{GS} = 0{,}5$ V beträgt?

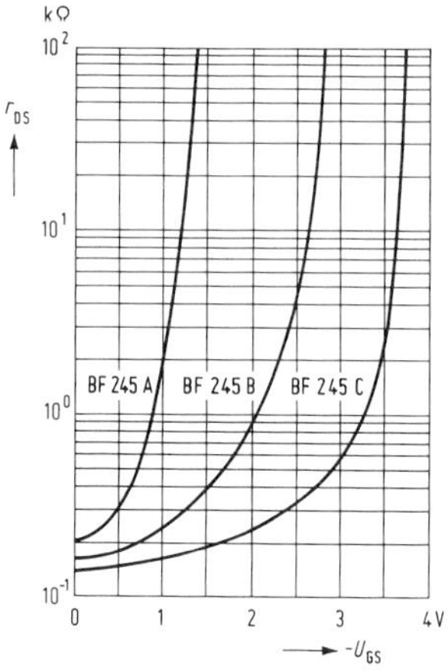

a) $r_{DS} = 300\ \Omega$ (x)

b) $r_{DS} = 400\ \Omega$

c) $r_{DS} = 2\ k\Omega$

d) $r_{DS} = 3\ k\Omega$

e) $r_{DS} = 8\ k\Omega$

Wertigkeit **2** P — Bewertung P

Die Spannungsverstärkung eines FET hängt von der Vorwärtssteilheit y_{21}, dem Drainwiderstand R_D und dem dynamischen Ausgangs-Widerstand r_{DS} ab.	II. 5

Nach welcher der fünf Gleichungen kann die Spannungsverstärkung V_u der dargestellten Verstärkerstufe berechnet werden?

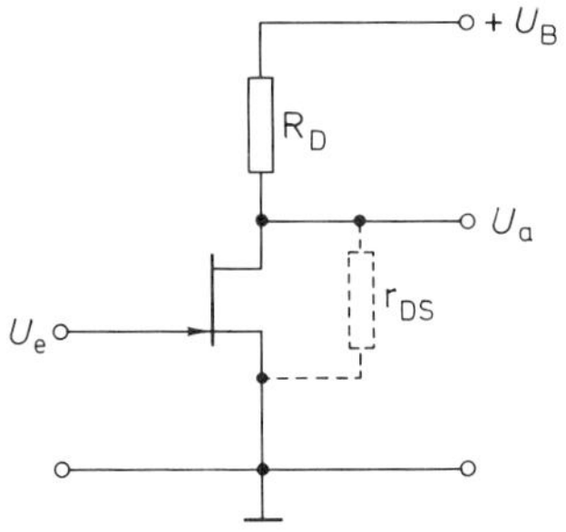

a) $V_u = y_{21} \cdot R_D \cdot r_{DS}$

b) $V_u = y_{21} \cdot (R_D + r_{DS})$

c) $V_u = y_{21} \cdot \frac{R_D \cdot r_{DS}}{R_D + r_{DS}}$ (x)

d) $V_u = y_{21} \cdot \frac{R_D + r_{DS}}{R_D \cdot r_{DS}}$

e) $V_u = y_{21} \cdot r_{DS}$

Wertigkeit **2** P — Bewertung P

Das Diagramm zeigt die Abhängigkeit der Eingangskapazität C_{11} von der Gate-Source-Spannung $-U_{GS}$ für den FET vom Typ BF 245.

Wie groß ist die Änderung der Eingangskapazität ΔC_{11}, wenn die Gate-Source-Spannung von $-U_{GS} = 1{,}5$ V auf $-U_{GS} = 6$ V erhöht wird?

II. 5

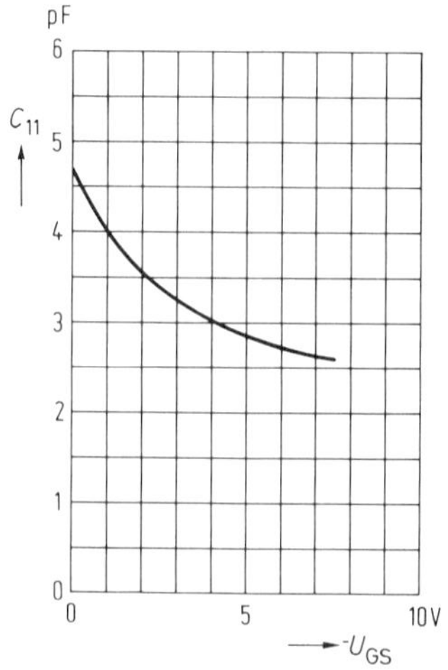

a) $\Delta C_{11} = 0{,}5$ pF

b) $\Delta C_{11} = 0{,}75$ pF

c) $\Delta C_{11} = 1$ pF

d) $\Delta C_{11} = 1{,}25$ pF

e) $\Delta C_{11} = 1{,}5$ pF

Wertigkeit **2** P — Bewertung P

Bei Betrieb eines FETs wird die im Kanal umgesetzte Verlustleistung P_V in Wärme umgewandelt. Sie muß über das Gehäuse an die Umgebungsluft abgeführt werden.

Nach welcher der angegebenen Gleichungen kann die Verlustleistung eines FETs berechnet werden?

II. 5

a) $P_V = T_J + T_U \cdot R_{thJU}$

b) $P_V = T_J - T_U \cdot R_{thJU}$

c) $P_V = (T_J - T_U) \cdot R_{thJU}$

d) $P_V = \dfrac{R_{thJU}}{T_J - T_U}$

e) $P_V = \dfrac{T_J - T_U}{R_{thJU}}$

Wertigkeit **2** P — Bewertung P

II. 5

Nach welchem Steuerungsprinzip arbeitet ein selbstsperrender N-Kanal MOS-FET?

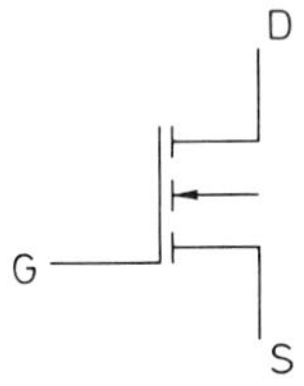

a) Bei Erhöhen von $+U_{GS}$ werden mehr Elektronen in den Kanal gezogen und I_D wird daher kleiner ( )

b) Bei Erhöhen von $+U_{GS}$ werden mehr Elektronen in den Kanal gezogen und I_D wird daher größer ( )

c) Bei Erhöhen von $-U_{GS}$ wird die Verarmungszone kleiner und I_D wird daher größer ( )

d) Bei Erhöhen von $-U_{GS}$ wird die Verarmungszone größer und I_D wird daher größer ( )

e) Bei Verringern von $+U_{GS}$ werden mehr Elektronen in den Kanal gezogen und I_D wird daher größer ( )

Wertigkeit **2** P | Bewertung P

II. 5

In die dargestellte Steuer- oder Übertragungskennlinie eines FETs ist ein Arbeitspunkt in günstiger Lage eingetragen.

Zu welcher der verschiedenen Bauarten von FETs gehört die Kennlinie mit dem Arbeitspunkt?

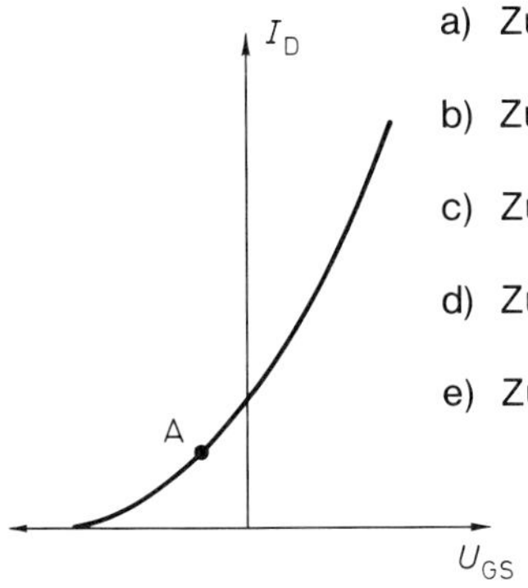

a) Zu einem N-Kanal-Sperrschicht-FET ( )

b) Zu einem selbstleitenden N-Kanal-MOS-FET ( )

c) Zu einem selbstsperrenden N-Kanal-MOS-FET ( )

d) Zu einem selbstleitenden P-Kanal-MOS-FET ( )

e) Zu einem selbstsperrenden P-Kanal-MOS-FET ( )

Wertigkeit **2** P | Bewertung P

II. 5

In die dargestellte Steuer- oder Übertragungskennlinie eines FET ist ein Arbeitspunkt in günstiger Lage eingetragen.

Zu welcher der verschiedenen Bauarten von FETs gehört die Kennlinie mit dem Arbeitspunkt?

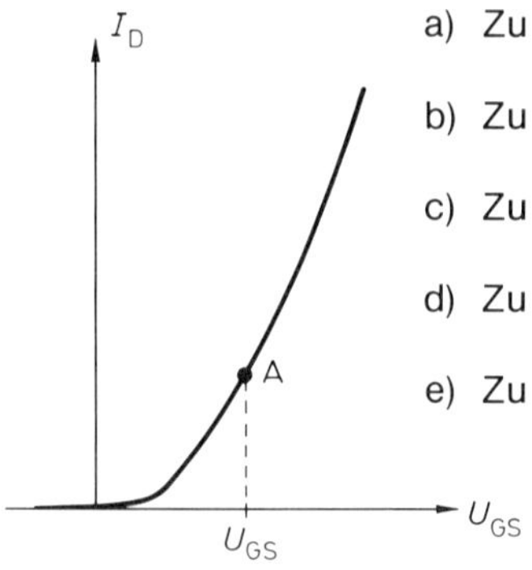

a) Zu einem N-Kanal-Sperrschicht-FET

b) Zu einem selbstleitenden N-Kanal-MOS-FET

c) Zu einem selbstsperrenden N-Kanal-MOS-FET

d) Zu einem selbstleitenden P-Kanal-MOS-FET

e) Zu einem selbstsperrenden P-Kanal-MOS-FET

Wertigkeit **2** P

Bewertung P

II. 5

Das Bild zeigt eine Verstärkerschaltung mit Sperrschicht-FET.

Mit welcher der angegebenen Gleichungen kann der Source-Widerstand R_S berechnet werden?

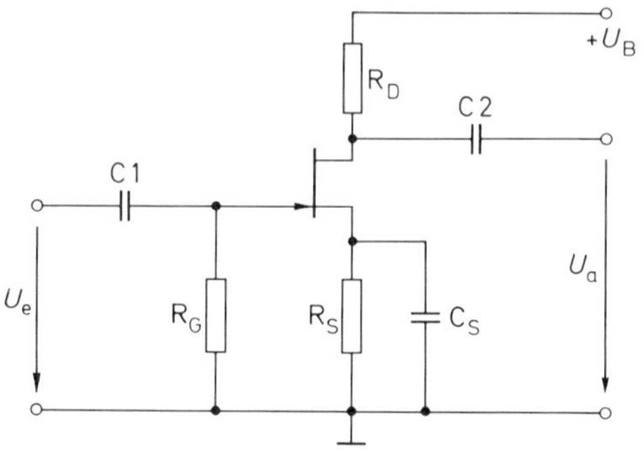

a) $R_S = \frac{U_{DS}}{I_D}$

b) $R_S = \frac{U_{GS}}{I_{GS}}$

c) $R_S = \frac{U_{DS} - U_{GS}}{I_D}$

d) $R_S = \frac{-U_{GS}}{I_D}$

e) $R_S = \frac{U_{DS} - U_{RS}}{I_D}$

Wertigkeit **2** P

Bewertung P

II. 5

Aus dem dargestellten Wechselstrom-Ersatzschaltbild für eine Sourceschaltung kann der Wechselstrom-Eingangswiderstand r_e ermittelt werden.

Wie lautet die Gleichung für den Wechselstrom-Eingangswiderstand r_e?

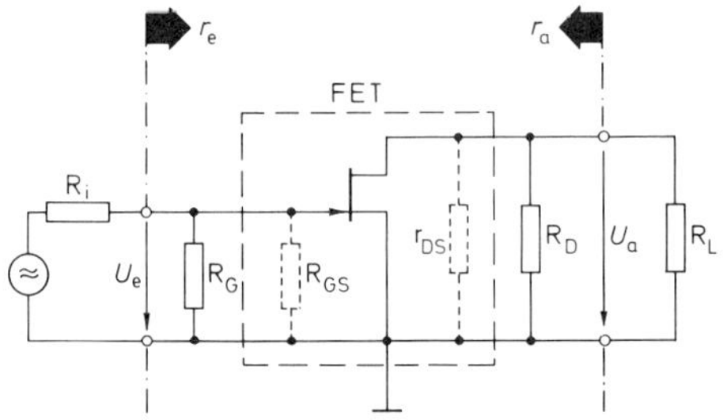

a) $r_e = y_{21} \cdot r_{DS}$

b) $r_e = \dfrac{R_G \cdot R_{GS}}{R_G + R_{GS}}$

c) $r_e = R_G \parallel R_{GS} \parallel r_{DS} \parallel R_D$

d) $r_e = R_G + R_{GS}$

e) $r_e = R_i$

Wertigkeit **2** P

Bewertung P

II. 5

Aus dem dargestellten Wechselstrom-Ersatzschaltbild für eine Drainschaltung kann der Wechselstrom-Ausgangswiderstand r_a ermittelt werden.

Wie lautet die Gleichung für den Wechselstrom-Ausgangswiderstand r_a?

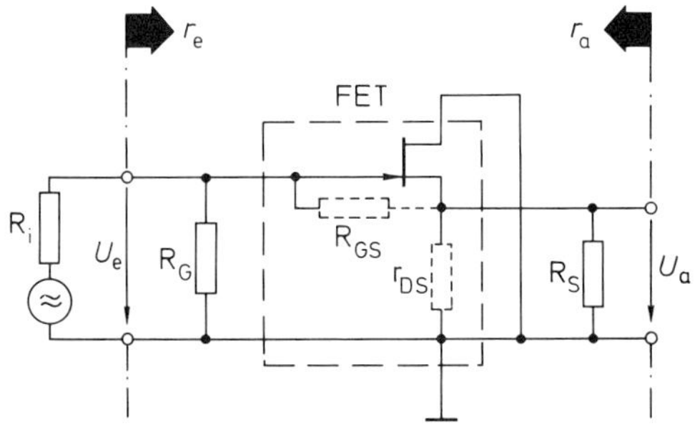

a) $r_a = r_{DS} \cdot S$

b) $r_a = r_{DS} + R_S$

c) $r_a = \dfrac{r_{DS} \cdot R_S}{r_{DS} + R_S}$

d) $r_a = \dfrac{1}{S} \parallel R_S$

e) $r_a = \dfrac{R_S}{S}$

Wertigkeit **2** P

Bewertung P

Das Bild zeigt einen Wechselspannungsverstärker in Sourceschaltung.

Mit welcher der angegebenen Gleichungen läßt sich die Spannungsverstärkung V_u der Schaltung ermitteln?

II. 5

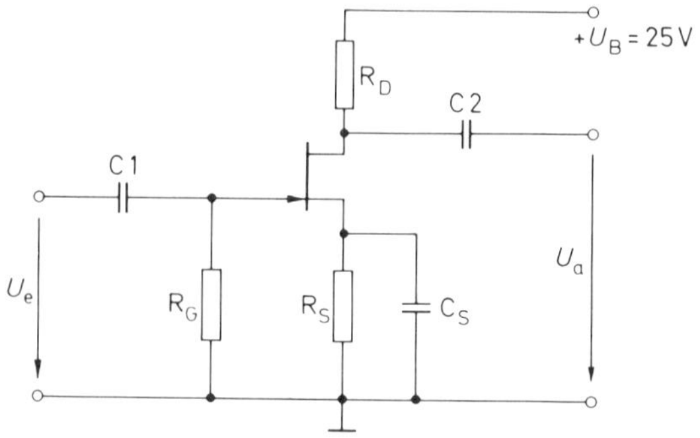

a) $V_u = S \cdot R_D$

b) $V_u = S \cdot (R_D + r_{DS})$

c) $V_u = S \cdot r_{DS}$

d) $V_u = S \cdot \dfrac{R_D + r_{DS}}{R_D \cdot r_{DS}}$

e) $V_u = \dfrac{S}{R_D \cdot r_{DS}}$

Wertigkeit **2** P

Bewertung P

Das Bild zeigt eine FET-Grundschaltung.

Wie heißt diese Grundschaltung und welche charakteristische Eigenschaft hat sie?

II. 5

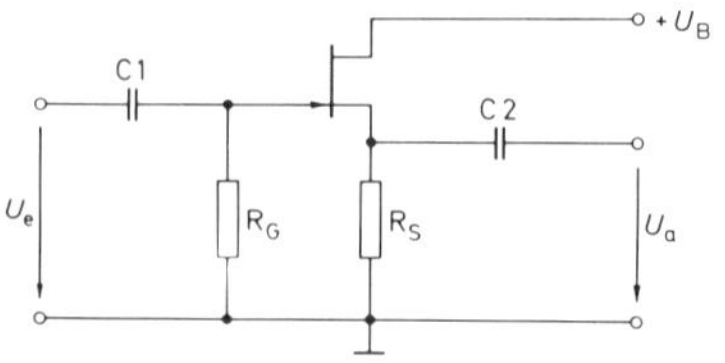

a) Sourceschaltung mit $V_u > 1$;
Phasenverschiebung $\varphi \approx 0°$ zwischen U_e und U_a

b) Drainschaltung mit $V_u < 1$;
Phasenverschiebung $\varphi \approx 0°$ zwischen U_e und U_a

c) Drainschaltung mit $V_u < 1$;
Phasenverschiebung $\varphi \approx 180°$ zwischen U_e und U_a

d) Drainschaltung mit $V_u > 1$;
Phasenverschiebung $\varphi \approx 0°$ zwischen U_e und U_a

e) Sourceschaltung mit $V_u > 1$;
Phasenverschiebung $\varphi \approx 180°$ zwischen U_e und U_a

Wertigkeit **2** P

Bewertung P

II. 5

Der Wechselstrom-Eingangswiderstand r_e einer Verstärkerstufe ist nicht nur vom FET-Typ und den Werten der in der Schaltung verwendeten Widerstände, sondern auch von der Grundschaltung der Stufe abhängig.

In welcher charakteristischen Größenordnung liegt der Wechselstrom-Eingangswiderstand r_e der dargestellten Schaltung?

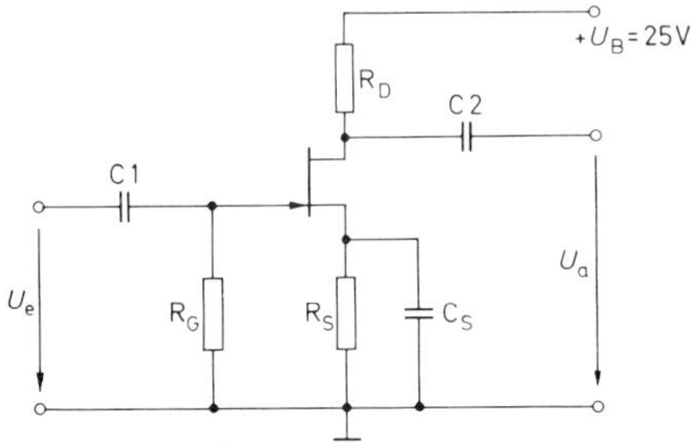

a) $r_e \approx 100\ \Omega$ bis $500\ \Omega$

b) $r_e \approx 1{,}5\ \mathrm{k}\Omega$ bis $10\ \mathrm{k}\Omega$

c) $r_e \approx 100\ \mathrm{k}\Omega$ bis $500\ \mathrm{k}\Omega$

d) $r_e \approx 1\ \mathrm{M}\Omega$ bis $10\ \mathrm{M}\Omega$

e) $r_e \approx 20\ \mathrm{M}\Omega$ bis $1\ \mathrm{G}\Omega$

Wertigkeit **2** P

Bewertung P

II. 5

Der Wechselstrom-Eingangswiderstand r_e einer Verstärkerstufe ist nicht nur vom FET-Typ und den Werten der in der Schaltung verwendeten Widerstände, sondern auch von der Grundschaltung der Stufe abhängig.

In welcher charakteristischen Größenordnung liegt der Wechselstrom-Eingangswiderstand r_e der dargestellten Schaltung?

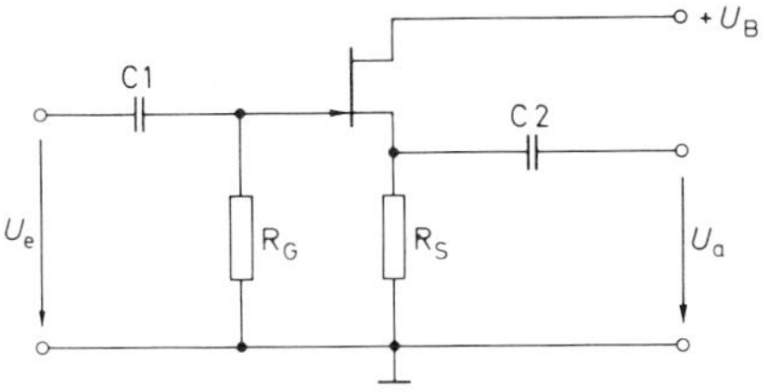

a) $r_e \approx 100\ \Omega$ bis $500\ \Omega$

b) $r_e \approx 1{,}5\ \mathrm{k}\Omega$ bis $10\ \mathrm{k}\Omega$

c) $r_e \approx 100\ \mathrm{k}\Omega$ bis $500\ \mathrm{k}\Omega$

d) $r_e \approx 1\ \mathrm{M}\Omega$ bis $20\ \mathrm{M}\Omega$

e) $r_e \approx 20\ \mathrm{M}\Omega$ bis $2\ \mathrm{G}\Omega$

Wertigkeit **2** P

Bewertung P

II. 5

Das Bild zeigt die Schaltung eines Wechselspannungsverstärkers.

Mit welcher der angegebenen Gleichungen läßt sich die untere Grenzfrequenz f_{gu} ermitteln, wenn der Einfluß von C2 und C_S vernachlässigbar ist?

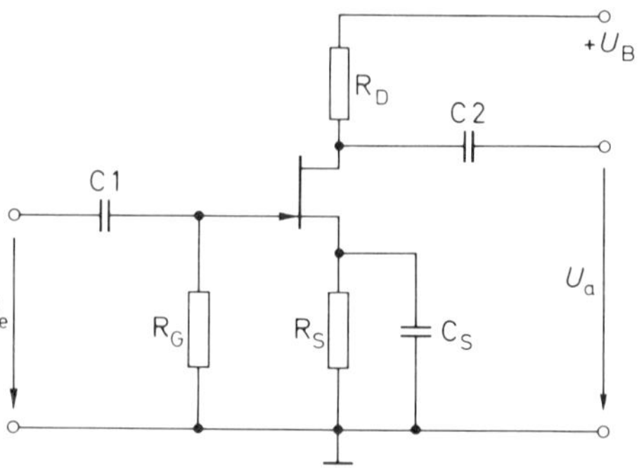

a) $f_{gu} \approx \dfrac{1}{2\pi \cdot r_e \cdot C1}$

b) $f_{gu} \approx \dfrac{1}{2\pi \cdot R_D \cdot C1}$

c) $f_{gu} \approx \dfrac{1}{2\pi \cdot r_{DS} \cdot C1}$

d) $f_{gu} \approx \dfrac{1}{2\pi \cdot y_{21} \cdot C1}$

e) $f_{gu} \approx \dfrac{1}{2\pi \cdot R_S \cdot C1}$

Wertigkeit **2** P Bewertung P

II. 5

Das Schaltbild zeigt eine Verstärkerstufe mit Sperrschicht-FET.

Welche Aufgabe hat der Kondensator C_S?

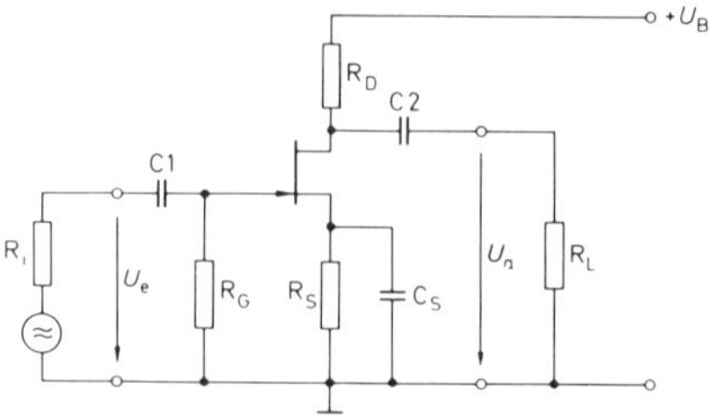

a) C_S verringert den Einfluß von Temperaturschwankungen auf den Arbeitspunkt

b) C_S erhöht die wechselspannungsmäßige Gegenkopplung der Stufe

c) C_S verringert die wechselspannungsmäßige Gegenkopplung der Stufe

d) C_S verringert die gleichspannungsmäßige Gegenkopplung der Stufe

e) C_S verringert die Spannungsverstärkung V_u bei hohen Frequenzen

Wertigkeit **2** P Bewertung P

II. 5

Das Schaltbild zeigt einen Wechselspannungsverstärker mit einem Sperrschicht-FET vom Typ BF 245 B.

Welche wesentliche Änderung tritt ein, wenn der Schleifer des Trimmers Tr2 aus seiner Mittelstellung in Richtung des Anschlages a verstellt wird?

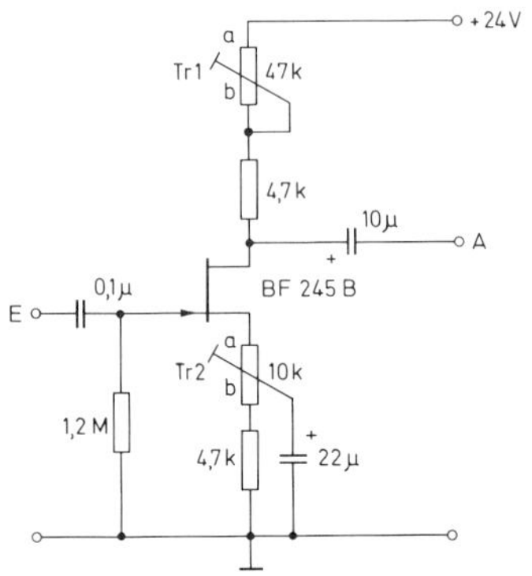

a) Die Gate-Source-Spannung $-U_{GS}$ wird größer

b) Die Drain-Source-Spannung U_{DS} wird größer

c) Die Spannungsverstärkung V_u wird größer

d) Die Spannungsverstärkung V_u wird kleiner

e) Der Drainstrom I_D wird kleiner

Wertigkeit **2** P

Bewertung P

II. 5

Das Schaltbild zeigt eine Konstantstromquelle mit Sperrschicht-FET.

Welche der angegebenen Änderungen tritt ein, wenn der Schleifer des Potentiometers von seiner Mittelstellung aus in Richtung des Anschlages a verstellt wird?

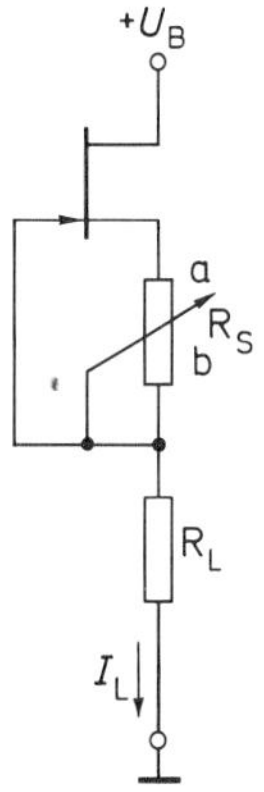

a) Die Spannung an R_L wird kleiner

b) Der Stromstabilisierungsfaktor wird kleiner

c) Der Strom I_L wird größer

d) Der Strom I_L wird kleiner

e) Der Stromstabilisierungsfaktor wird größer

Wertigkeit **2** P

Bewertung P

II. 5

Das Bild zeigt eine Schaltung, in der ein Sperrschicht-FET als steuerbarer Widerstand betrieben wird.

Nach welcher der angegebenen Gleichungen läßt sich die Ausgangsspannung U_A berechnen?

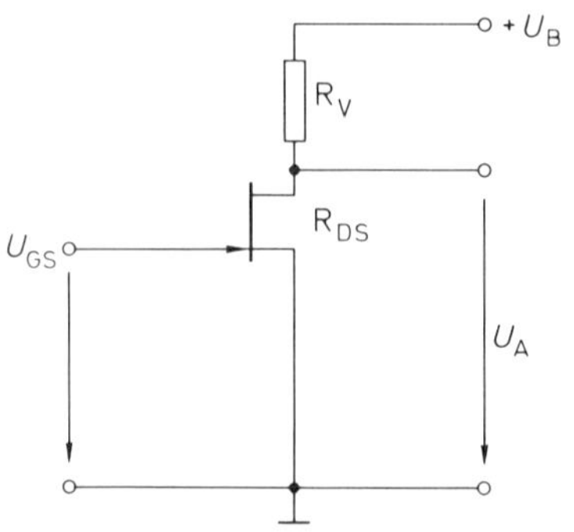

a) $U_A = \frac{U_B}{R_{DS}}$

b) $U_A = U_B \cdot \frac{1}{R_V + R_{DS}}$

c) $U_A = U_B \cdot \frac{R_{DS}}{R_V}$

d) $U_A = U_B \cdot \frac{R_{DS}}{R_V + R_{DS}}$ [x]

e) $U_A = U_B \cdot \frac{1}{S}$

Wertigkeit **2** P — Bewertung P

II. 5

Die Restspannung (Kniespannung, Sättigungsspannung) $U_{DS\,Rest}$ eines FETs ist von der Abschnürspannung U_P und der Gate-Source-Spannung U_{GS} abhängig. Es gilt: $U_{D\,Rest} = U_{GS} - U_P$

Welchen Wert hat die Abschnürspannung U_P, wenn $U_{DS\,Rest} = +\,6\,V$ und $-\,U_{GS} = 1{,}6\,V$ betragen?

RECHNUNG

$U_p = U_{DR} + U_{gs}$

$U_p = (+6V) + (-1{,}6V)$

$U_p = -7{,}6V$

$-U_{Drest} + (U_{gs}) = U_p$

a) $U_p = -\,4{,}4\,V$

b) $U_p = +\,4{,}4\,V$

c) $U_p = -\,7{,}6\,V$ [x]

d) $U_p = +\,7{,}6\,V$

e) $U_p = \ 3{,}75\,V$

Wertigkeit **3** P — Bewertung P

II. 5

Die Restspannung (Kniespannung, Sättigungsspannung) $U_{DS\,Rest}$ eines FETs ist von der Abschnürspannung U_p und der Gate-Source-Spannung U_{GS} abhängig. Es gilt: $U_{D\,Rest} = U_{GS} - U_p$

Welchen Wert hat die Gate-Source-Spannung U_{GS}, wenn $U_p = -7{,}5\,V$ und $U_{DS\,Rest} = +3\,V$ betragen?

RECHNUNG

$U_{gs} = U_{DS} + U_p$

$U_{gs} = 3V + (-7{,}5V)$

$U_{gs} = -4{,}5V$

a) $U_{GS} = +\ 4{,}5\,V$ ◯

b) $U_{GS} = -\ 4{,}5\,V$ ☒

c) $U_{GS} = -\ 10{,}5\,V$ ◯

d) $U_{GS} = +\ 10{,}5\,V$ ◯

e) $U_{GS} = -\ 22{,}5\,V$ ◯

Wertigkeit	**3** P	Bewertung	P

II. 5

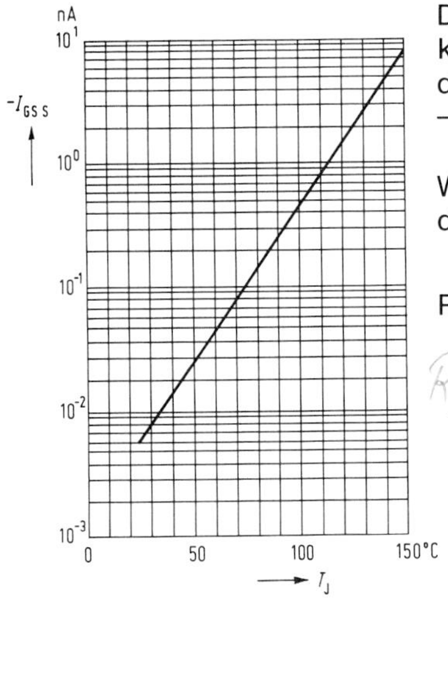

Das Diagramm zeigt die Abhängigkeit des Gate-Reststromes $-I_{GS\,S}$ von der Sperrschichttemperatur T_J bei $-U_{GS} = 20\,V$.

Wie groß ist der statische Eingangswiderstand R_{GS} bei $T_J = 70\,°C$?

RECHNUNG $I_{gss} = 0{,}08\,nA$

$R_{gs} = \frac{20V}{0{,}08\,nA} = 250\,G\Omega$

a) $R_{GS} = 2{,}5\,M\Omega$ ◯

b) $R_{GS} = 10\ G\Omega$ ◯

c) $R_{GS} = 100\ G\Omega$ ◯

d) $R_{GS} = 250\ G\Omega$ ☒

e) $R_{GS} = 2{,}5\,G\Omega$ ◯

Wertigkeit	**3** P	Bewertung	P

II. 5

Das Diagramm zeigt die Übertragungskennlinie des FETs BF 245 C.

Wie groß ist die Vorwärtssteilheit y_{21}, wenn der FET mit $-U_{GS} = 1\,V$ betrieben wird und $\Delta U_{GS} = 1\,V$ beträgt?

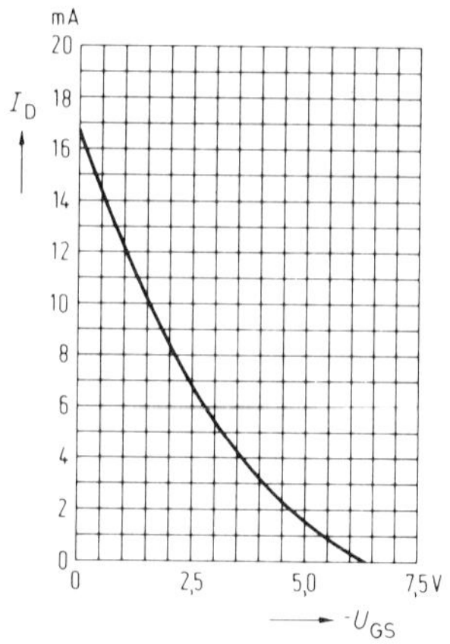

RECHNUNG

$S = \frac{\Delta I_D}{\Delta U_{GS}}$

$S = \frac{4\,mA}{1}$

$S = 4\,mS$

a) $y_{21} = 1{,}5\,mS$ ☐

b) $y_{21} = 2\,mS$ ☐

c) $y_{21} = 3\,mS$ ☐

d) $y_{21} = 4\,mS$ ☒

e) $y_{21} = 8\,mS$ ☐

Wertigkeit **3** P   Bewertung P

II. 5

Die Verlustleistung eines FETs läßt sich mit Hilfe der Gleichung

$P_V = \frac{T_J - T_U}{R_{thJU}}$ ermitteln.

Wie groß muß die Drain-Source-Spannung U_{DS} eines FETs sein, wenn $R_{thJU} = 250\,K/W$, $T_J = 150\,°C$, $T_U = 60\,°C$ und $I_D = 15\,mA$ betragen?

RECHNUNG

$P_V = \frac{150° - 60°}{250\,K/W} = 360\,mW$

$U_{DS} = \frac{P_V}{I_D} = \frac{360\,mW}{15\,mA}$

$U_{DS} = 24\,V$

a) $U_{DS} = 15\,V$ ☐

b) $U_{DS} = 22{,}4\,V$ ☐

c) $U_{DS} = 24\,V$ ☒

d) $U_{DS} = 35\,V$ ☐

e) $U_{DS} = 54\,V$ ☐

Wertigkeit **3** P   Bewertung P

II. 5

Ein Sperrschicht-FET soll bei $U_B = 20\,V$ im Arbeitspunkt $U_{DS} = 12\,V$, $I_D = 6{,}8\,mA$; $-U_{GS} = 1{,}2\,V$ betrieben werden. Der größte Sperrstrom beträgt $-I_{GSS} = 500\,nA$.

Welchen Wert muß der Drainwiderstand R_D in der angegebenen Schaltung erhalten?

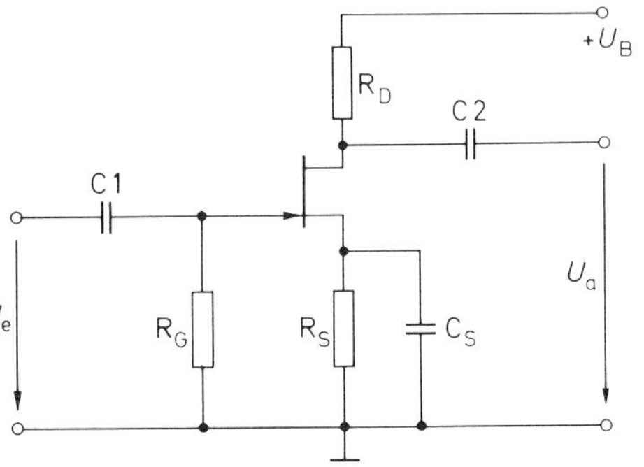

RECHNUNG

$R_D = \frac{U_B - U_{DS} - U_{gs}}{I_D}$

$= \frac{20V - 12V - 1{,}2V}{6{,}8mA} = 1000\,\Omega$

a) $R_D = 1\ k\Omega$ [x]
b) $R_D = 1{,}2\ k\Omega$
c) $R_D = 1{,}6\ k\Omega$
d) $R_D = 1{,}8\ k\Omega$
e) $R_D = 2{,}9\ k\Omega$

Wertigkeit **3** P | Bewertung P

II. 5

Ein selbstsperrender MOS-FET soll bei $U_B = 25\,V$ im Arbeitspunkt $U_{GS} = 2{,}4\,V$; $I_D = 5\,mA$ und $U_{DS} = 16\,V$ betrieben werden. Weiterhin sollen $U_S = 1\,V$ und $I_q = 60\,\mu A$ betragen.

Welchen Wert muß der Sourcewiderstand R_S in der angegebenen Schaltung erhalten?

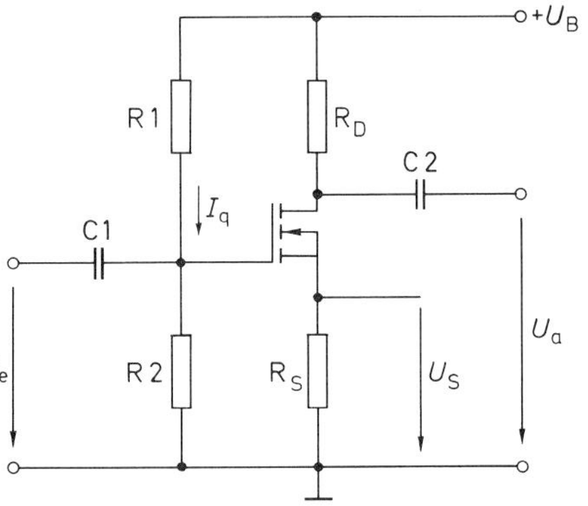

RECHNUNG

$R_S = \frac{U_S}{I_D} = \frac{1V}{5mA} = 200\,\Omega$

a) $R_S = 100\ \Omega$
b) $R_S = 200\ \Omega$ [x]
c) $R_S = 280\ \Omega$
d) $R_S = 480\ \Omega$
e) $R_S = 680\ \Omega$

Wertigkeit **3** P | Bewertung P

Ein selbstsperrender MOS-FET soll bei $U_B = 25\,V$ im Arbeitspunkt $U_{GS} = 2{,}4\,V$; $I_D = 5\,mA$ und $U_{DS} = 16\,V$ betrieben werden. Weiterhin sollen $U_S = 1\,V$ und $I_q = 60\,\mu A$ betragen.

Welchen Wert muß der Widerstand R1 in der angegebenen Schaltung erhalten?

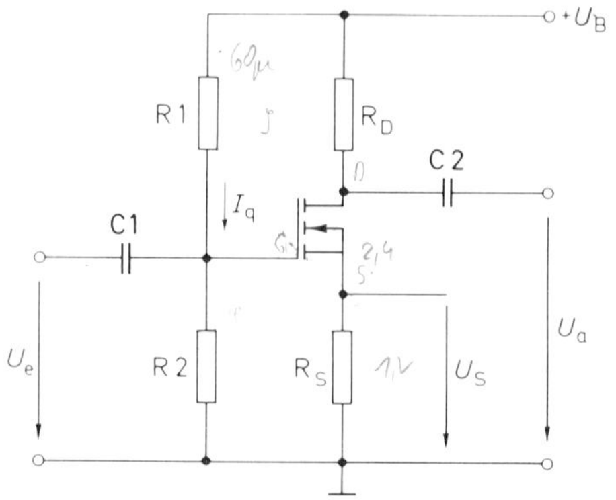

RECHNUNG

$\frac{U_B - U_{GS} - U_S}{I_q} =$

$\frac{25V - 2{,}4 - 1V}{60\mu A} = 360k\Omega$

a) $R1 = 4{,}3\,k\Omega$

b) $R1 = 360\,k\Omega$

c) $R1 = 377\,k\Omega$

d) $R1 = 400\,k\Omega$

e) $R1 = 417\,k\Omega$

II. 5

Wertigkeit **3** P

Bewertung P

Ein selbstleitender MOS-FET soll bei $U_B = 25\,V$ im Arbeitspunkt $U_{DS} = 15\,V$; $I_D = 5\,mA$; $-\,U_{GS} = 1{,}5\,V$ liegen. Der größte Sperrstrom beträgt $-\,I_{GSS} = 330\,nA$.

Welchen Wert muß der Gatewiderstand R_G in der angegebenen Schaltung erhalten?

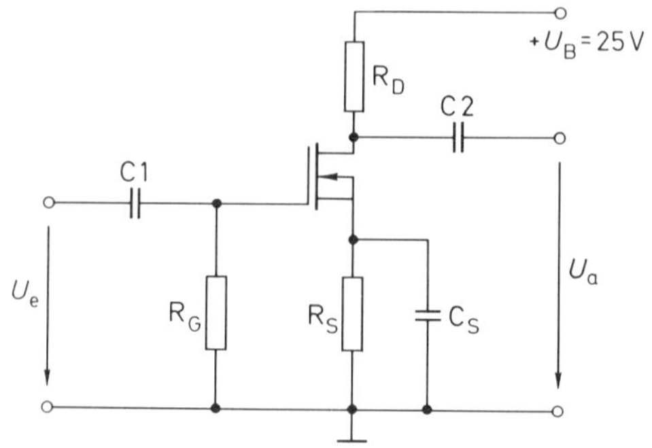

RECHNUNG

$R_G \approx \frac{0{,}5V}{I_{GSS}}$

$R_G \approx \frac{0{,}5V}{330nA}$

$R_G = 1{,}51\,M\Omega$

a) $R_G = 20\,k\Omega$

b) $R_G = 150\,k\Omega$

c) $R_G = 1{,}5\,M\Omega$

d) $R_G = 2\,M\Omega$

e) $R_G = 4{,}5\,M\Omega$

II. 5

Wertigkeit **3** P

Bewertung P

II. 5

Ein selbstsperrender MOS-FET soll bei $U_B = 20\,V$ im Arbeitspunkt $U_{DS} = 12\,V$, $I_D = 4\,mA$ und $U_{GS} = 1{,}5\,V$ betrieben werden. Weiterhin sollen $U_S = 1\,V$ und $I_q = 40\,\mu A$ betragen.

Welchen Wert muß der Widerstand R2 in der angegebenen Schaltung erhalten?

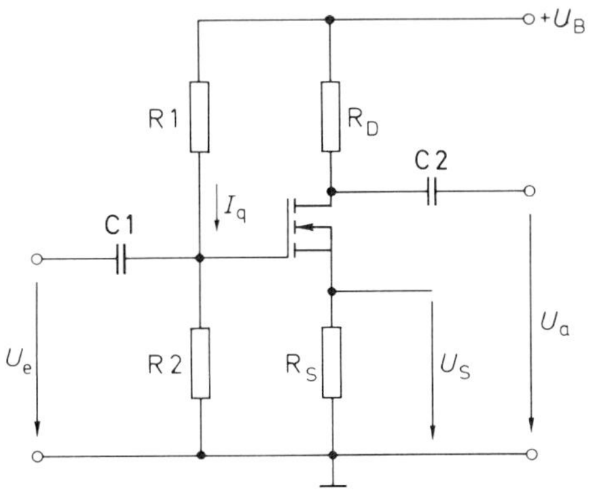

RECHNUNG

$R_2 = \frac{U_{GS} + U_S}{I_q}$

$\frac{1{,}5\,V + 1\,V}{40\,\mu} = 62{,}5\,k\Omega$

a) $R2 = 25\,k\Omega$

b) $R2 = 37{,}5\,k\Omega$

c) $R2 = 62{,}5\,k\Omega$ ✗

d) $R2 = 110\,k\Omega$

e) $R2 = 120\,k\Omega$

Wertigkeit **3** P

Bewertung P

II. 5

Der in der angegebenen Schaltung verwendete FET hat die Daten $S = 3{,}5\,mS$ und $r_{DS} = 40\,k\Omega$

Wie groß ist die Spannungsverstärkung V_u der Schaltung, wenn $R_D = 2{,}2\,k\Omega$ beträgt?

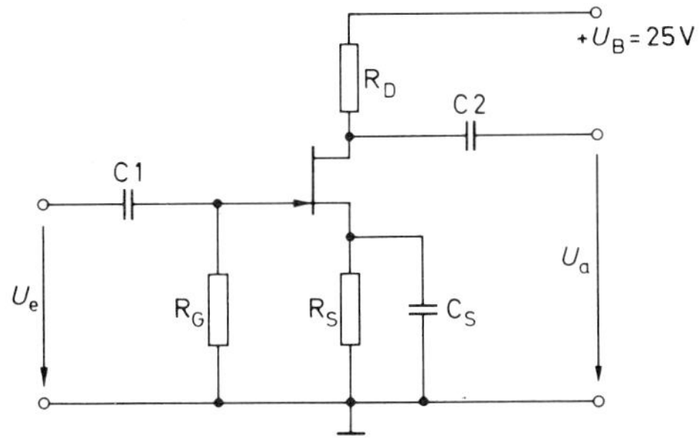

RECHNUNG

$V = S \cdot r_{DS} \| R_D$

$V = 3{,}5\,mS \cdot 40\,k\Omega \| 2{,}2\,k\Omega$

$V = 7{,}298$

a) $V_u = 5{,}3$

b) $V_u = 7{,}3$ ✓

c) $V_u = 8{,}7$

d) $V_u = 10{,}7$

e) $V_u = 12$

Wertigkeit **3** P

Bewertung P

II. 5

Das Bild zeigt einen Wechselspannungsverstärker.

Welchen Wert muß bei Vernachlässigung aller sonstigen Frequenzeinflüsse der Kondensator C1 erhalten, damit bei r_e = 920 kΩ eine untere Grenzfrequenz f_{gu} = 20 Hz auftritt?

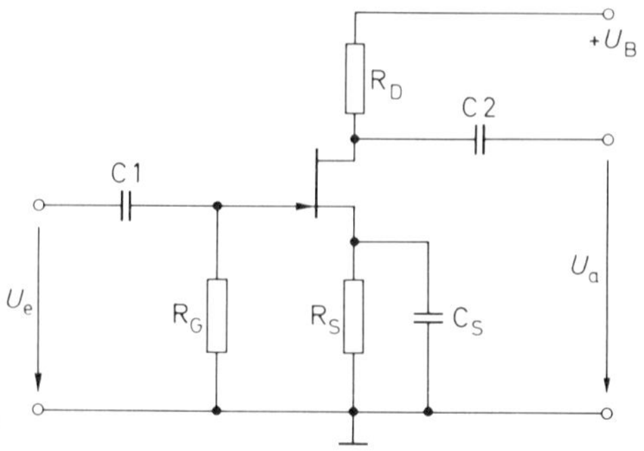

RECHNUNG

$f_{gu} = \frac{1}{2 \cdot \pi \cdot C_1 \cdot r_e}$

$C_1 = \frac{1}{2\pi \cdot r_e \cdot f_{gu}}$

$C_1 = \frac{1}{2 \cdot \pi \cdot 920\,k\Omega \cdot 20\,Hz}$

$C_1 = 8{,}62\,nF$

a) $C1 =$ 3,3 nF
b) $C1 =$ 4,3 nF
c) $C1 =$ 8,6 nF (+)
d) $C1 =$ 21 nF
e) $C1 =$ 54 nF

Wertigkeit **3** P — Bewertung P

II. 5

Das Bild zeigt einen Wechselspannungsverstärker.

Bei welchem Wert liegt die obere Grenzfrequenz f_{go}, wenn r_a = 18 kΩ die Ausgangskapazität C_{22} = 2,2 pF und die Schaltkapazität C_{Sch} = 120 pF betragen?

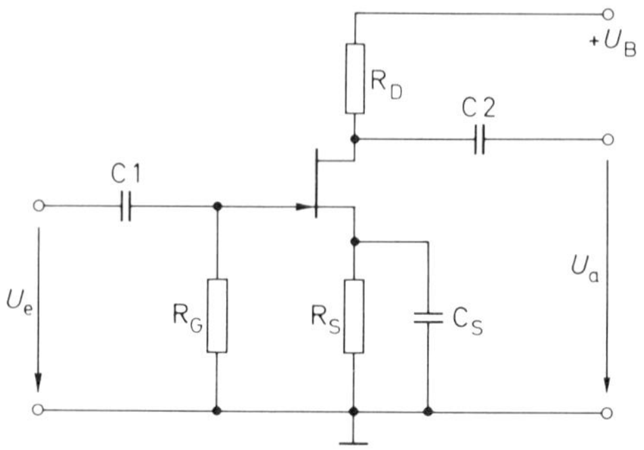

RECHNUNG

$f_{go} = \frac{1}{2 \cdot \pi \cdot (C_{22} + C_{Sch}) \cdot r_a}$

$f_{go} = \frac{1}{2 \cdot \pi \cdot (2{,}2\,pF + 120\,pF) \cdot 18\,k\Omega}$

$f_{go} = 72{,}39\,kHz$

a) $f_{go} =$ 72,4 kHz (+)
b) $f_{go} =$ 85 kHz
c) $f_{go} =$ 455 kHz
d) $f_{go} =$ 534 kHz
e) $f_{go} =$ 632 kHz

Wertigkeit **3** P — Bewertung P

II. 5

Das Bild zeigt eine Konstantstromquelle.

Welcher Laststrom I_L stellt sich ein, wenn $R_S = 500\ \Omega$ und $-U_{GS} = 2$ V betragen?

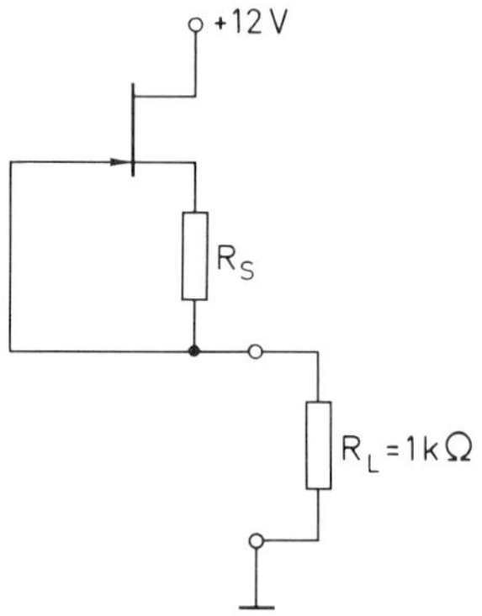

RECHNUNG

$I_L = I_D = \frac{U_{GS}}{R_S}$

$I_L = \frac{2\ V}{500\ \Omega}$

$I_L = 4\ mA$

a) $I_L = 2{,}5$ mA

b) $I_L = 4$ mA

c) $I_L = 20$ mA

d) $I_L = 40$ mA

e) $I_L = 120$ mA

Wertigkeit **3** P | Bewertung P

II. 5

Das Bild zeigt eine Schaltung mit FET als steuerbaren Widerstand.

Wie groß ist die Ausgangsspannung U_A, wenn bei $U_B = 12$ V die Widerstände die Werte $R_V = 470\ \Omega$ und $R_{DS} = 250\ \Omega$ haben und $-U_{GS} = 1$ V beträgt?

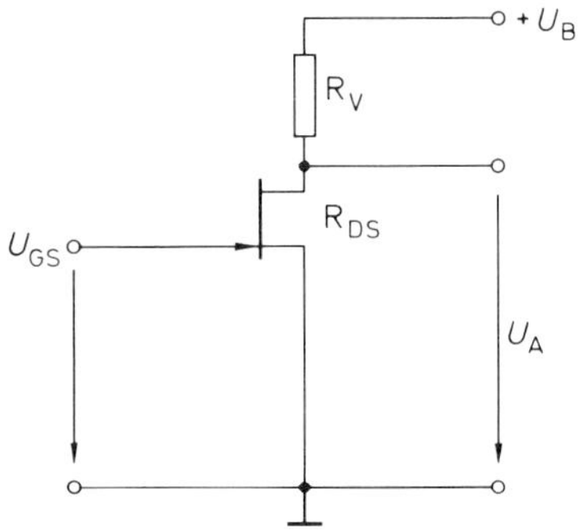

RECHNUNG

$U_A = U_B \cdot \frac{R_{DS}}{R_V + R_{DS}}$

$U_A = 12\ V \cdot \frac{250\ \Omega}{250\ \Omega + 470\ \Omega}$

$U_A = 4{,}166\ V$

a) $U_A = 3{,}4$ V

b) $U_A = 4{,}2$ V

c) $U_A = 5{,}0$ V

d) $U_A = 6{,}4$ V

e) $U_A = 8{,}6$ V

Wertigkeit **3** P | Bewertung P

II. 6
Fotohalbleiter und Anzeigeeinheiten

II. 6

Durch welches der 5 angegebenen Schaltzeichen wird ein Fotowiderstand dargestellt?

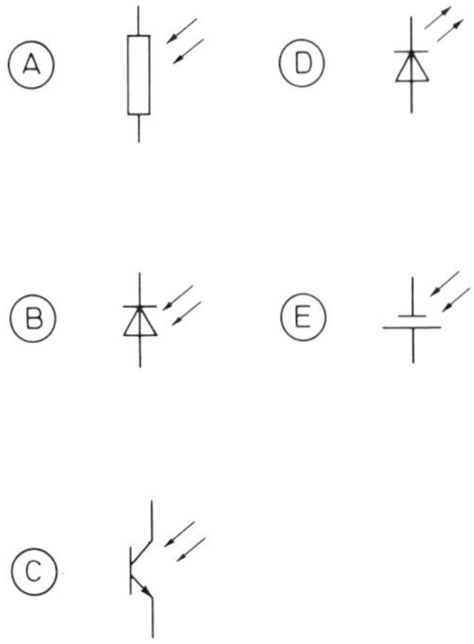

a) Durch das Schaltzeichen A
b) Durch das Schaltzeichen B
c) Durch das Schaltzeichen C
d) Durch das Schaltzeichen D
e) Durch das Schaltzeichen E

Wertigkeit **1** P | Bewertung P

II. 6

Durch welches der 5 angegebenen Schaltzeichen wird ein Fotoelement dargestellt?

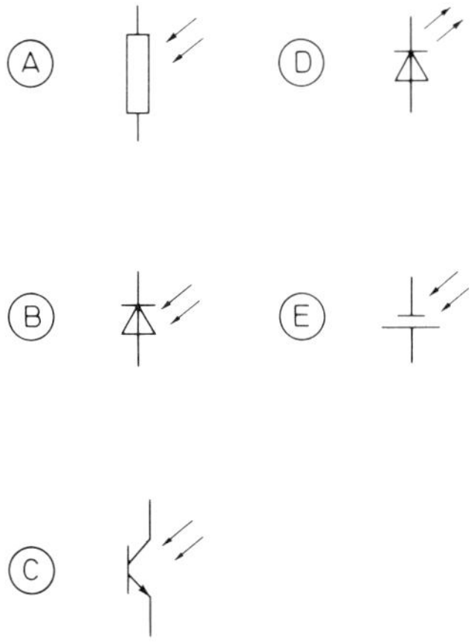

a) Durch das Schaltzeichen A
b) Durch das Schaltzeichen B
c) Durch das Schaltzeichen C
d) Durch das Schaltzeichen D
e) Durch das Schaltzeichen E

Wertigkeit **1** P | Bewertung P

Welches Bauelement wird durch das angegebene Schaltzeichen dargestellt?

II. 6

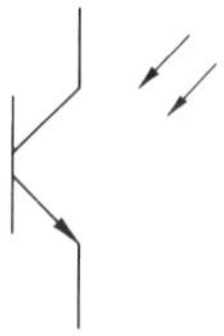

a) Ein druckabhängiger Transistor
b) Ein Fotoelement
c) Ein Hallgenerator
d) Ein Leuchttransistor
e) Ein Fototransistor

Wertigkeit **1** P

Bewertung P

Welches Bauelement wird durch das angegebene Schaltzeichen dargestellt?

II. 6

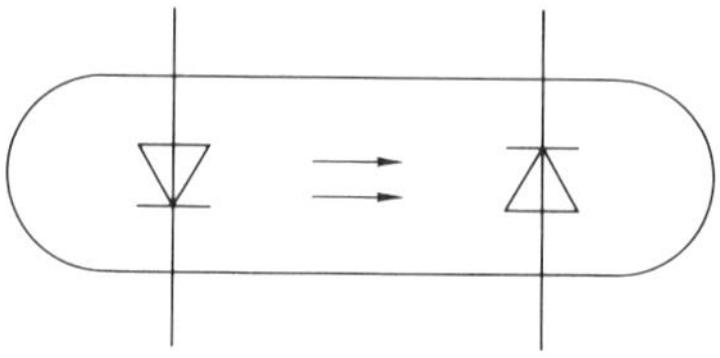

a) Eine Fotodiode
b) Eine Leuchtdiode
c) Ein Optokoppler
d) Eine PIN-Diode
e) Eine Schottky-Diode

Wertigkeit **1** P

Bewertung P

In welchem der angegebenen Bereiche liegt die Wellenlänge λ von **sichtbarem Licht**?	II. 6
a) $\lambda \approx$ 40 nm bis 80 nm	☐
b) $\lambda \approx$ 400 nm bis 800 nm	☒
c) $\lambda \approx$ 4 pm bis 8 pm	☐
d) $\lambda \approx$ 40 pm bis 80 pm	☐
e) $\lambda \approx$ 400 pm bis 800 pm	☐

Wertigkeit **1** P Bewertung P

Für welche Spektralfarbe hat das menschliche Auge die größte Empfindlichkeit?	II. 6
a) Für blaues Licht	☐
b) Für rotes Licht	☐
c) Für oranges Licht	☐
d) Für violettes Licht	☐
e) Für grün-gelbes Licht	☒

Wertigkeit **1** P Bewertung P

Wie groß ist die maximale Leerlaufspannung $U_{L\,max}$ bei Si-Fotoelementen?	II. 6

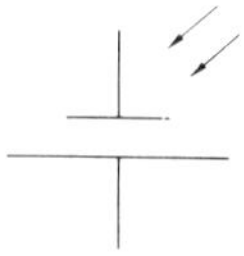

a) $U_{L\,max} \approx 0{,}3\,V$

b) $U_{L\,max} \approx 0{,}5\,V$

c) $U_{L\,max} \approx 0{,}7\,V$

d) $U_{L\,max} \approx 1{,}0\,V$

e) $U_{L\,max} \approx 1{,}2\,V$

Wertigkeit **1** P — Bewertung P

In welcher Größenordnung liegt die maximale Sperrspannung $U_{R\,max}$ von PIN-Fotodioden?	II. 6

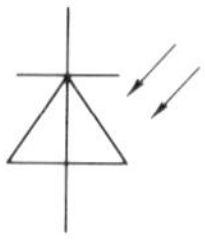

a) $U_{R\,max} \approx$ 0,7 bis 1,5 V

b) $U_{R\,max} \approx$ 7 bis 10 V

c) $U_{R\,max} \approx$ 20 bis 30 V

d) $U_{R\,max} \approx$ 50 bis 100 V

e) $U_{R\,max} \approx$ 500 bis 1000 V

Wertigkeit **1** P — Bewertung P

II. 6

Welcher der angegebenen Werkstoffe ist das Ausgangsmaterial für Leuchtdioden?

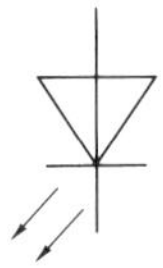

- [ ] a) Silizium-Verbindungen
- [ ] b) Germanium-Verbindungen
- [ ] c) Indium-Verbindungen
- [ ] d) Selen-Verbindungen
- [x] e) Gallium-Verbindungen

Wertigkeit **1** P

Bewertung P

II. 6

Wovon hängt bei Leuchtdioden die Farbe des abgestrahlten Lichtes im wesentlichen ab?

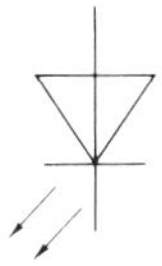

- [x] a) Vom Ausgangsmaterial der LED
- [ ] b) Von der Farbe der aufgesetzten Kunststoffkörper
- [ ] c) Von der Größe des Durchlaßstromes I_F
- [ ] d) Von der Größe der Betriebsspannung U_B
- [ ] e) Von der Größe der Durchlaßspannung U_F

Wertigkeit **1** P

Bewertung P

II. 6

Welchen besonderen Vorteil haben Optokoppler?

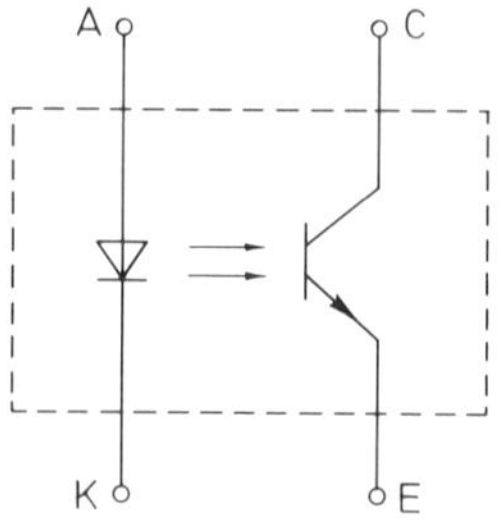

a) Sie haben eine besonders große Stromverstärkung

b) Sie lassen sich besonders gut zur Umwandlung der Energie von Sonnenlicht in elektrische Energie einsetzen

c) Mit ihnen lassen sich besonders große Lichtstärken erzeugen

d) Sie können auch mit Hochspannung betrieben werden

e) Es besteht eine vollkommene galvanische Trennung zwischen Eingangs- und Ausgangskreis

Wertigkeit **1** P

Bewertung P

II. 6

Das Bild zeigt die Anzeigemöglichkeiten einer bestimmten LED-Anzeigeeinheit.

Wie wird diese LED-Anzeige bezeichnet?

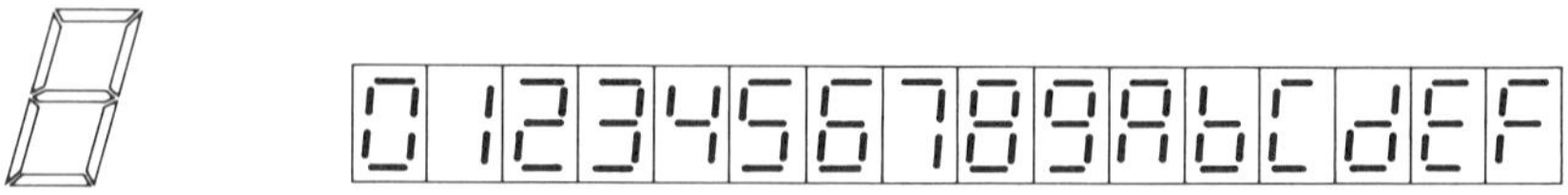

a) Alphanumerische Anzeige

b) 7-Segment-Anzeige

c) 5 × 7 Punkt-Matrix-System

d) Optokoppler

e) Leuchtschrift-System

Wertigkeit **1** P

Bewertung P

Welche optischen Eigenschaften werden bei LCD-Anzeigen ausgenutzt?

II. 6

a) Die optischen Eigenschaften von Leuchtdioden ☐
b) Die optischen Eigenschaften von Fotodioden ☐
c) Die optischen Eigenschaften von Halbleiterwerkstoffen ☐
d) Die optischen Eigenschaften von Flüssigkeitskristallen ☐
e) Die optischen Eigenschaften von Gasen ☐

Wertigkeit **1** P — Bewertung P

Welchen wesentlichen Vorteil haben LCD-Anzeigen gegenüber LED-Anzeigen?

II. 6

a) Die Verlustleistung ist wesentlich geringer ☐
b) Die Helligkeit ist wesentlich größer ☐
c) Die Erkennbarkeit ist wesentlich besser ☐
d) Die Ansteuerung ist wesentlich einfacher ☐
e) Die Anzeigegenauigkeit ist wesentlich größer ☐

Wertigkeit **1** P — Bewertung P

Das Bild zeigt die Kennlinie eines Fotowiderstandes vom Typ LDR 03.

II. 6

Wie groß ist sein Widerstandswert bei einer Beleuchtungsstärke $E_V = 500\,lx$?

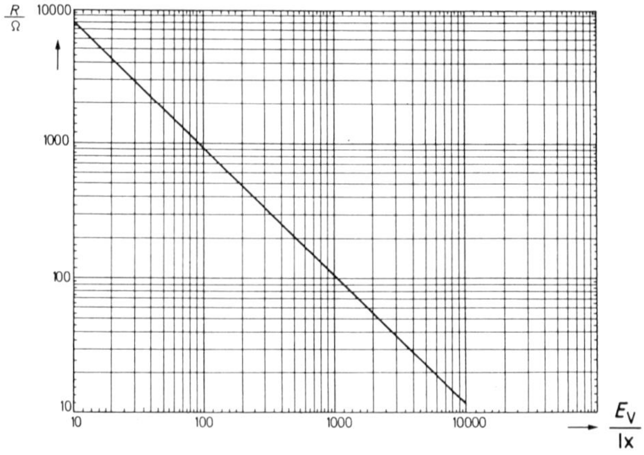

a) $R \approx 120\,\Omega$

b) $R \approx 200\,\Omega$

c) $R \approx 300\,\Omega$

d) $R \approx 400\,\Omega$

e) $R \approx 2000\,\Omega$

Wertigkeit **2** P

Bewertung P

II. 6

Das Bild zeigt die Kennlinie eines Fotowiderstandes vom Typ ORP 62.

Welche Beleuchtungsstärke liegt vor, wenn sein Widerstand $R = 70\,k\Omega$ beträgt?

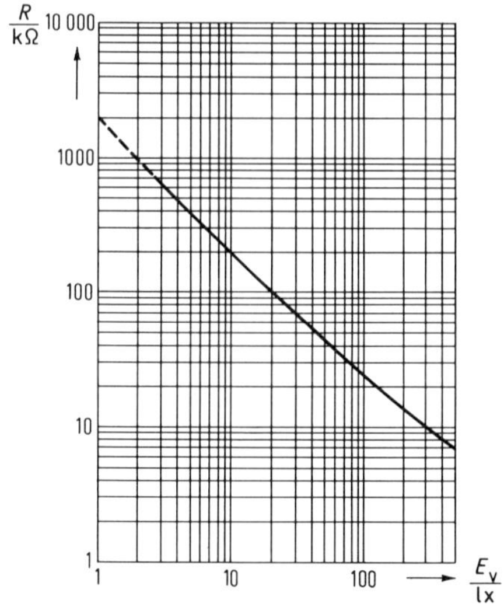

a) $E_V \approx 4\,lx$

b) $E_V \approx 30\,lx$

c) $E_V \approx 40\,lx$

d) $E_V \approx 70\,lx$

e) $E_V \approx 500\,lx$

Wertigkeit **2** P

Bewertung P

II. 6

Bei einer Beleuchtungsstärke $E_V = 200$ lx wird bei der angegebenen Schaltung eine Ausgangsspannung $U_A = 5$ V gemessen.

Wie ändert sich U_A, wenn die Beleuchtungsstärke verdoppelt wird?

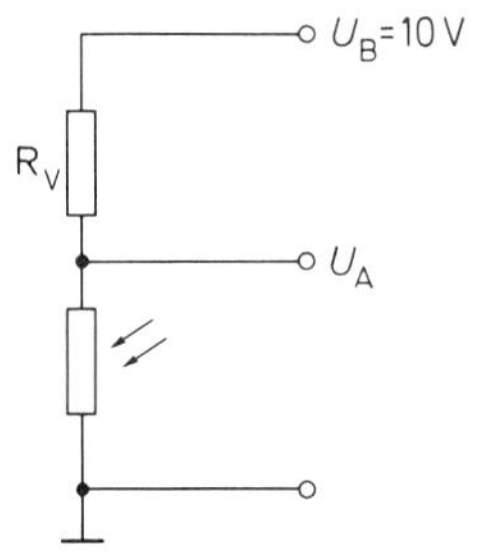

a) U_A steigt auf einen Wert zwischen 5 V und 10 V

b) U_A sinkt auf einen Wert zwischen 0 V und 5 V

c) U_A steigt auf 10 V

d) U_A sinkt auf 0 V

e) U_A steigt auf einen Wert zwischen 5 V und 7,5 V

Wertigkeit **2** P — Bewertung P

II. 6

Bei einer Beleuchtungsstärke $E_V = 200$ lx wird bei der angegebenen Schaltung eine Ausgangsspannung $U_A = 7{,}5$ V gemessen.

Wie ändert sich U_A, wenn die Beleuchtungsstärke auf $E_V = 100$ lx verringert wird?

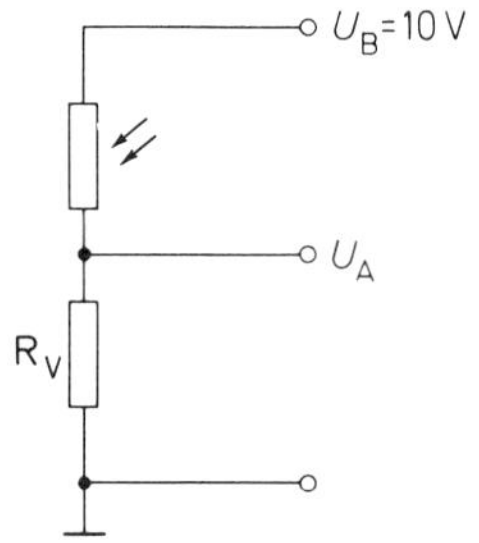

a) U_A steigt auf einen Wert zwischen 7,5 V und 10 V

b) U_A sinkt auf einen Wert zwischen 0 V und 7,5 V

c) U_A steigt auf 10 V

d) U_A sinkt auf 0 V

e) U_A bleibt konstant

Wertigkeit **2** P — Bewertung P

II. 6

Welcher Zusammenhang besteht bei einem Fotowiderstand zwischen der Beleuchtungsstärke E_V und dem Hellwiderstand R?

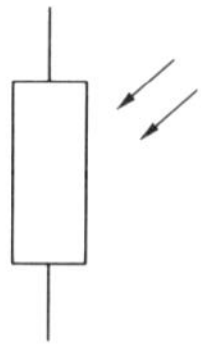

a) R steigt linear an bei steigendem E_V

b) R steigt nicht linear an bei steigendem E_V

c) R sinkt linear ab bei steigendem E_V

d) R sinkt nicht linear ab bei steigendem E_V

e) R ist unabhängig von E_V

Wertigkeit **2** P — Bewertung P

II. 6

Welcher Zusammenhang besteht bei einem Fotoelement zwischen der Beleuchtungsstärke E_V und dem Kurzschlußstrom I_K?

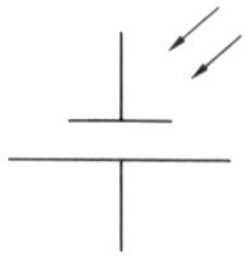

a) I_K steigt nahezu linear an bei steigendem E_V

b) I_K steigt nicht linear an bei steigendem E_V

c) I_K sinkt nahezu linear ab bei steigendem E_V

d) I_K sinkt nicht linear ab bei steigendem E_V

e) I_K ist unabhängig von E_V

Wertigkeit **2** P — Bewertung P

II. 6

Das Diagramm enthält zwei charakteristische Kennlinien eines Fotohalbleiters.

Zu welcher Art von Fotohalbleiter gehören die Kennlinien?

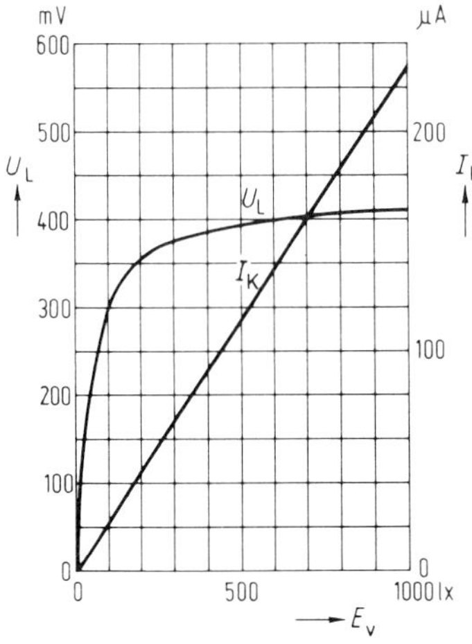

a) Zu einem Fotowiderstand ☐

b) Zu einer Fotodiode ☐

c) Zu einem Fototransistor ☐

d) Zu einem Fotoelement ☒

e) Zu einer Leuchtdiode ☐

Wertigkeit **2** P — Bewertung P

II. 6

Welche Bedingung muß bei einem Fotoelement erfüllt sein, damit ein möglichst linearer Zusammenhang zwischen dem erzeugten Fotostrom und der Beleuchtungsstärke E_V besteht?

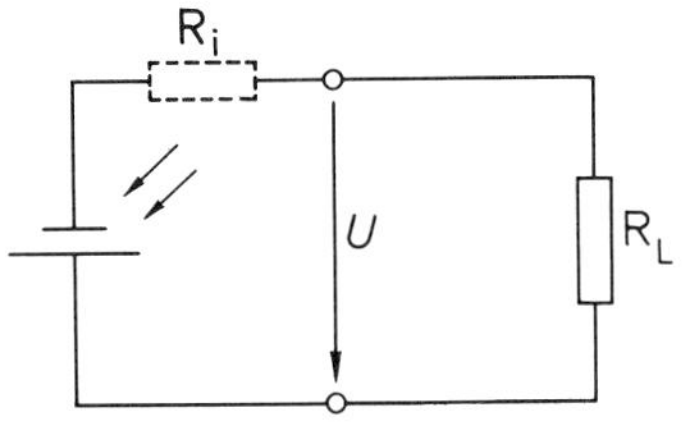

a) $R_L \gg R_i$,
d. h. Leerlaufbetrieb ☐

b) $R_L = R_i$,
d. h. Leistungsanpassung ☐

c) $R_L \ll R_i$,
d. h. Kurzschlußbetrieb ☒

d) Ein linearer Zusammenhang besteht unabhängig von R_L ☐

e) $R_L + R_i = 1$,
d. h. Ausgangsanpassung ☐

Wertigkeit **2** P — Bewertung P

Welcher charakteristische Unterschied besteht zwischen Fotoelementen und Solarzellen?

II. 6

a) Solarzellen haben eine wesentlich kleinere Leerlaufspannung U_L als Fotoelemente

b) Solarzellen haben eine wesentlich größere Leerlaufspannung U_L als Fotoelemente

c) Solarzellen haben in der Regel wesentlich größere Kurzschlußströme I_K als Fotoelemente

d) Solarzellen haben in der Regel wesentlich kleinere Kurzschlußströme I_K als Fotoelemente

e) Solarzellen haben einen wesentlich größeren Innenwiderstand R_i als Fotoelemente

Wertigkeit **2** P

Bewertung P

Welche Bedingung muß bei der Belastung von Solarzellen erfüllt sein, damit eine möglichst große Leistung entnommen werden kann?

II. 6

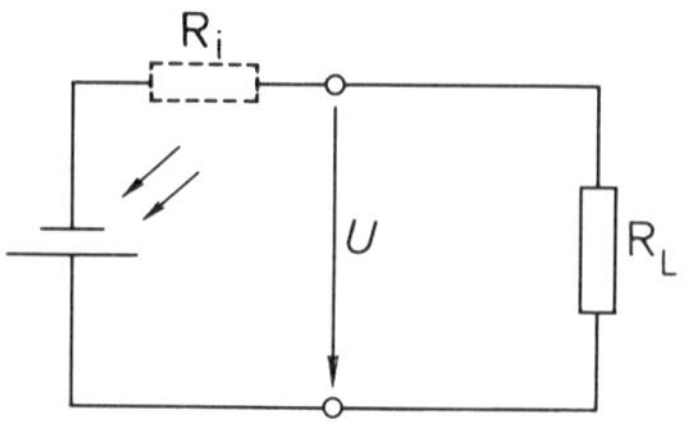

a) $R_L \gg R_i$

b) $R_L = R_i$

c) $R_L \ll R_i$

d) $R_L = \frac{1}{R_i}$

e) $R_L = R_i^2$

Wertigkeit **2** P

Bewertung P

II. 6

Das Bild zeigt die Richtcharakteristik eines Fotoelementes vom Typ BPY64. Sie hat bei $E_V = 700\,\text{lx}$ einen Kurzschlußstrom $I_K = 160\,\mu\text{A}$.

Wie groß ist der Kurzschlußstrom I_K, wenn die Bestrahlungsrichtung nicht unter dem Winkel $\varphi = 0°$, sondern unter dem Winkel $\varphi = 60°$ erfolgt?

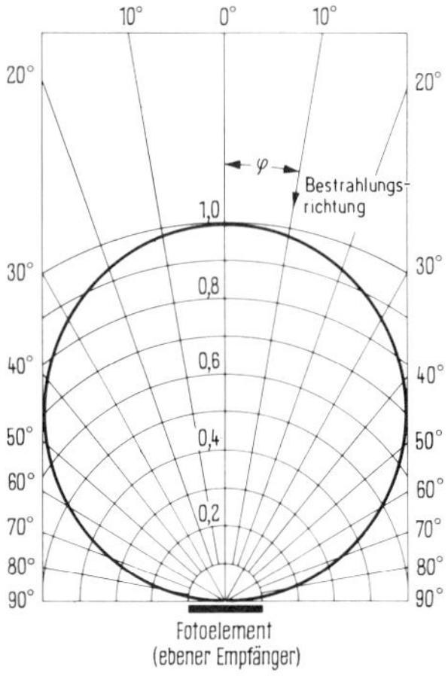

a) $I_K \approx 40\,\mu\text{A}$

b) $I_K \approx 60\,\mu\text{A}$

c) $I_K \approx 80\,\mu\text{A}$

d) $I_K \approx 160\,\mu\text{A}$

e) $I_K \approx 320\,\mu\text{A}$

Wertigkeit **2** P

Bewertung P

II. 6

Das Bild zeigt eine Schaltung zur Ladung von Ni-Cd-Akkus mit Hilfe von Solarzellen.

Welche Aufgabe hat die Diode D in dieser Schaltung?

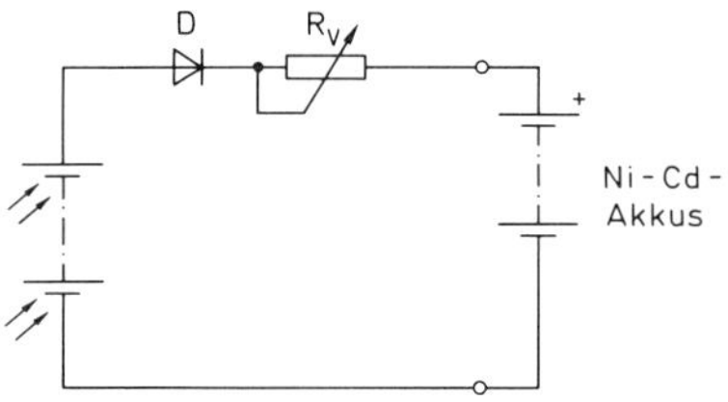

a) Sie begrenzt den Ladestrom

b) Sie richtet die erzeugte Wechselspannung gleich

c) Sie sorgt für eine Leistungsanpassung des Akkus

d) Sie verbessert den Wirkungsgrad der Schaltung

e) Sie verhindert einen Rückstrom vom Akku zu den Solarzellen bei zu geringer Beleuchtungsstärke

Wertigkeit **2** P

Bewertung P

II. 6

Welcher Zusammenhang besteht zwischen der Leerlaufspannung U_L und der Temperatur T von Solarzellen?

a) U_L wird kleiner, wenn T größer wird

b) U_L wird größer, wenn T größer wird

c) U_L wird kleiner, wenn T kleiner wird

d) U_L bleibt konstant, wenn T größer wird

e) U_L bleibt konstant, wenn T kleiner wird

Wertigkeit **2** P

Bewertung P

II. 6

Bei einer Beleuchtungsstärke $E_V = 50$ lx wird bei der angegebenen Schaltung eine Ausgangsspannung $U_A = 5$ V gemessen.

Wie ändert sich U_A, wenn die Beleuchtungsstärke auf 100 lx erhöht wird?

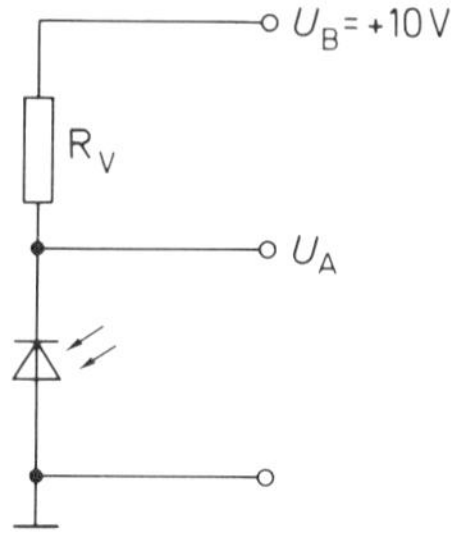

a) U_A steigt auf einen Wert zwischen 5 V und 10 V

b) U_A sinkt auf einen Wert zwischen 0 V und 5 V

c) U_A sinkt auf 0 V

d) U_A steigt auf 10 V

e) U_A bleibt konstant

Wertigkeit **2** P

Bewertung P

II. 6

Das Diagramm zeigt den Zusammenhang zwischen dem Fotostrom I_{Fot} und der Beleuchtungsstärke E_V für eine Fotodiode BPW 32.

Wie groß ist der Fotostrom I_{Fot} bei $E_V = 200$ lx?

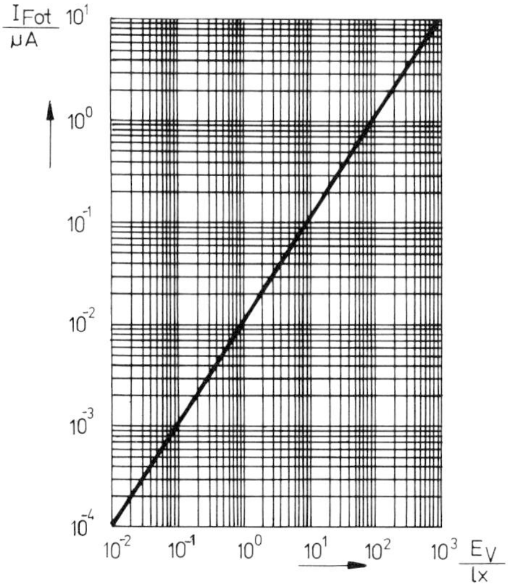

a) $I_{Fot} \approx 20$ µA

b) $I_{Fot} \approx 10$ µA

c) $I_{Fot} \approx 2$ µA

d) $I_{Fot} \approx 1$ µA

e) $I_{Fot} \approx 0{,}5$ µA

Wertigkeit **2** P

Bewertung P

II. 6

Welcher Zusammenhang besteht bei einer Fotodiode zwischen dem Fotostrom I_{Fot} und der Beleuchtungsstärke E_V?

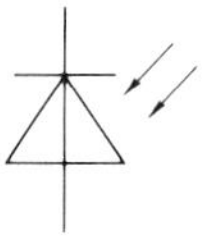

a) I_{Fot} steigt linear an bei steigendem E_V

b) I_{Fot} steigt nicht linear an bei steigendem E_V

c) I_{Fot} sinkt linear ab bei steigendem E_V

d) I_{Fot} sinkt nicht linear ab bei steigendem E_V

e) I_{Fot} steigt linear an bei sinkendem E_V

Wertigkeit **2** P

Bewertung P

II. 6

In dem Diagramm ist das Verhältnis $I_{Fot}/I_{Fot\,(25\,°)}$ als Funktion der Temperatur für die Fotodiode BPW 32 dargestellt.

Wie groß ist der Fotostrom bei $T_U = 80\,°C$, wenn bei einer bestimmten Beleuchtungsstärke E_V und einer Umgebungstemperatur $T_U = 25\,°C$ ein Fotostrom $I_{Fot} = 10\,\mu A$ fließt?

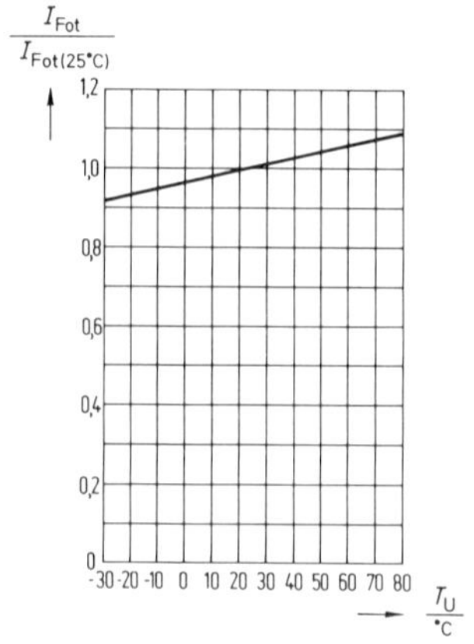

a) $I_{Fot\,(80\,°)} \approx 1{,}1\,\mu A$

b) $I_{Fot\,(80\,°)} \approx 8\,\mu A$

c) $I_{Fot\,(80\,°)} \approx 11\,\mu A$

d) $I_{Fot\,(80\,°)} \approx 55\,\mu A$

e) $I_{Fot\,(80\,°)} \approx 110\,\mu A$

Wertigkeit **2** P

Bewertung P

II. 6

Das Bild zeigt das Ausgangskennlinienfeld eines Fototransistors.

Um welchen Betrag ändert sich der Kollektorstrom, wenn bei $U_{CE} = 5\,V$ die Beleuchtungsstärke von $E_V = 400\,lx$ auf $E_V = 800\,lx$ erhöht wird?

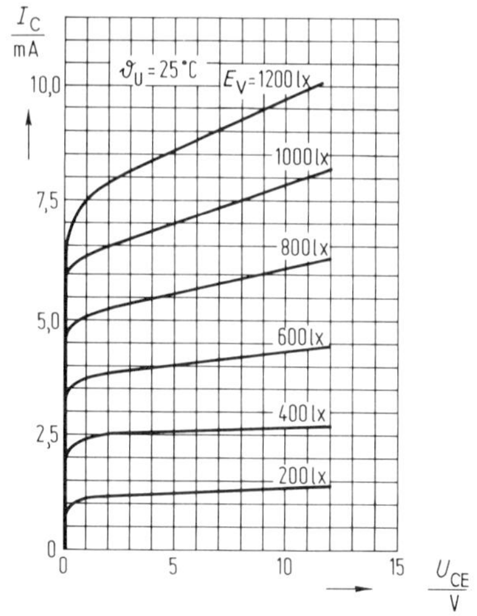

a) $\Delta I_C \approx 2{,}5\,mA$

b) $\Delta I_C \approx 3{,}0\,mA$

c) $\Delta I_C \approx 3{,}5\,mA$

d) $\Delta I_C \approx 5{,}0\,mA$

e) $\Delta I_C \approx 5{,}5\,mA$

Wertigkeit **2** P

Bewertung P

II. 6

In dem vereinfachten Ersatzschaltbild ist das Zusammenwirken von Fotodiode und Transistor in einem Fototransistor zu erkennen.

Wie lautet die Näherungsgleichung für den Kollektorstrom?

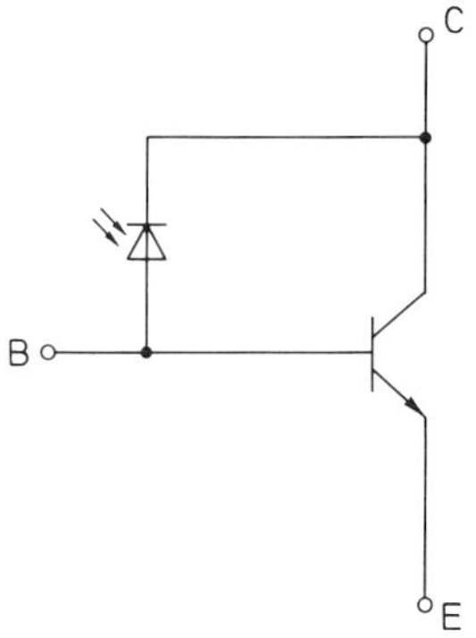

a) $I_C \approx R_H \cdot B$

b) $I_C \approx R_O \cdot B$

c) $I_C \approx I_{Fot} \cdot B$

d) $I_C \approx I_{Fot} \cdot B^2$

e) $I_C \approx I_{Fot} \cdot E_V$

Wertigkeit **2** P — Bewertung P

II. 6

Das Bild zeigt eine Brückenschaltung mit Fotowiderstand. Sie wurde so abgeglichen, daß die Brückenspannung $U_{AB} = 0\,V$ ist, wenn die Beleuchtungsstärke $E_V = 200\,lx$ beträgt.

In welcher Weise ändert sich die Brückenspannung, wenn die Beleuchtungsstärke erhöht wird?

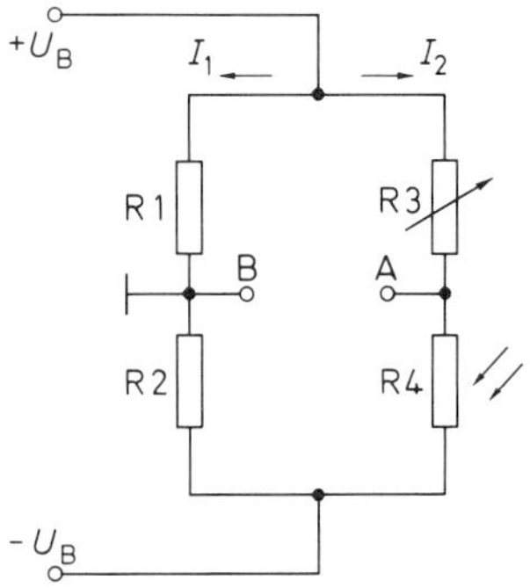

a) U_{AB} wird positiver, der Strom I_2 steigt

b) U_{AB} wird negativer, der Strom I_2 steigt

c) U_{AB} wird positiver, der Strom I_2 sinkt

d) U_{AB} wird negativer, der Strom I_2 sinkt

e) U_{AB} bleibt konstant, weil der Punkt B auf Massepotential liegt

Wertigkeit **2** P — Bewertung P

Das Bild zeigt eine Brückenschaltung mit Fotodiode. Sie wurde so abgeglichen, daß die Brückenspannung $U_{AB} = 0\,V$ ist, wenn die Beleuchtungsstärke $E_V = 100\,lx$ beträgt.

In welcher Weise ändert sich die Brückenspannung, wenn die Beleuchtungsstärke erhöht wird?

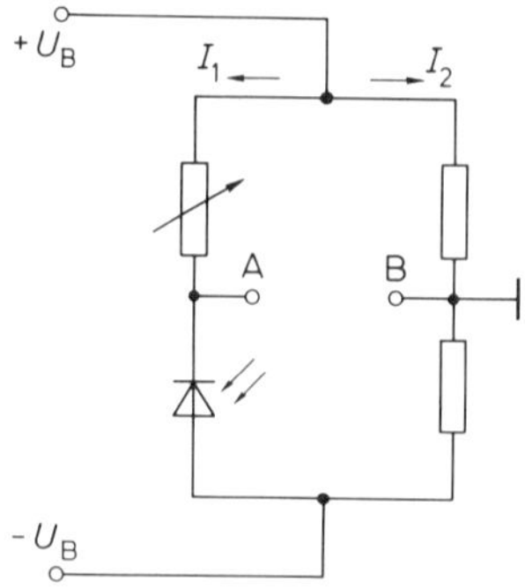

a) U_{AB} wird negativer, der Strom I_1 steigt

b) U_{AB} wird positiver, der Strom I_1 steigt

c) U_{AB} wird positiver, der Strom I_1 sinkt

d) U_{AB} wird negativer, der Strom I_1 sinkt

e) U_{AB} bleibt konstant, weil der Punkt B auf Massepotential liegt

II. 6

Wertigkeit **2** P

Bewertung P

Das Bild zeigt eine Brückenschaltung mit Fototransistor. Sie wurde so abgeglichen, daß die Brückenspannung $U_{AB} = 0\,V$ ist, wenn die Beleuchtungsstärke $E_V = 100\,lx$ beträgt.

In welcher Weise ändert sich die Brückenspannung, wenn die Beleuchtungsstärke verringert wird?

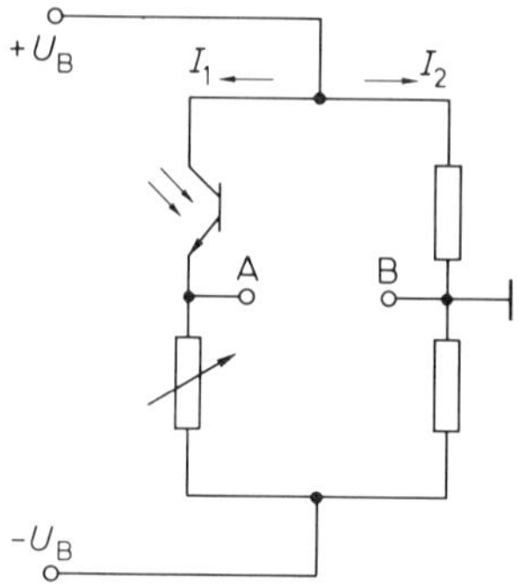

a) U_{AB} wird positiver, der Strom I_1 sinkt

b) U_{AB} wird positiver, der Strom I_1 steigt

c) U_{AB} bleibt konstant, weil die Brücke mit positiver und negativer Betriebsspannung betrieben wird

d) U_{AB} wird negativer, der Strom I_1 sinkt

e) U_{AB} wird negativer, der Strom I_1 steigt

II. 6

Wertigkeit **2** P

Bewertung P

II. 6

Das Bild zeigt eine lichtgesteuerte Verstärkerstufe mit einem Fototransistor.

In welcher Weise ändert sich die Ausgangsspannung U_A, wenn die Beleuchtungsstärke E_V erhöht wird?

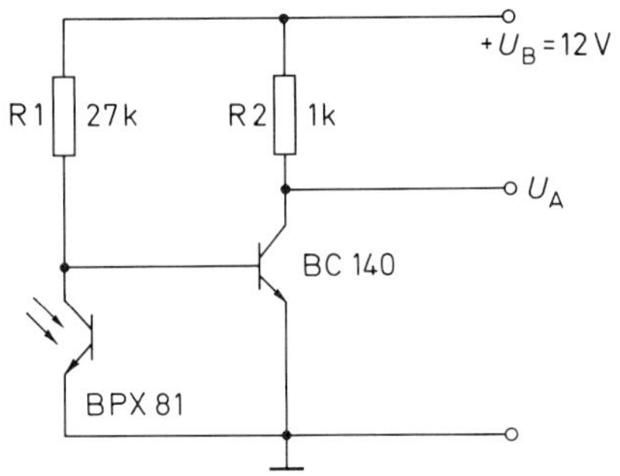

a) U_A steigt, U_{BE} steigt

b) U_A steigt, U_{BE} sinkt

a) U_A steigt, weil kein Emitterwiderstand vorhanden ist

d) U_A sinkt, U_{BE} sinkt

e) U_A sinkt, U_{BE} steigt

Wertigkeit **2** P | Bewertung P

II. 6

Mit welchem Formelzeichen und in welcher Einheit wird bei Leuchtdioden für sichtbares Licht die erzeugte Lichtstärke angegeben?

a) I_V in mcd

b) E_V in lx

c) I_V in lx

d) E_V in mcd

e) I_e in $\frac{mW}{sr}$

Wertigkeit **2** P | Bewertung P

Das Diagramm zeigt die Übertragungskennlinie des Optokopplers CNY 21.	II. 6

Wie groß ist das Stromübertragungsverhältnis V_I, wenn ein Durchlaßstrom $I_F = 3$ mA (Mittelwert) durch die Leuchtdiode fließt?

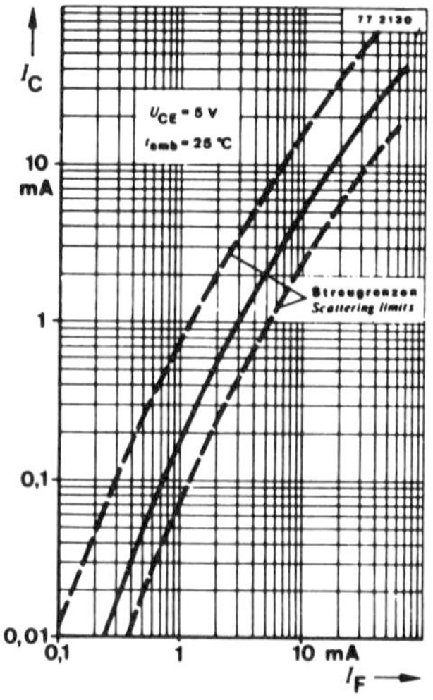

a) $V_I \approx 0{,}2$

b) $V_I \approx 0{,}33$

c) $V_I \approx 0{,}4$

d) $V_I \approx 1{,}0$

e) $V_I \approx 2{,}5$

Wertigkeit **2** P — Bewertung P

Das Diagramm zeigt das Ausgangskennlinienfeld des Optokopplers CNY 21, in das eine Arbeitsgerade für $R_C = 1\,k\Omega$ eingetragen ist.	II. 6

Um welchen Betrag ändert sich die Spannung U_{CE} am Fototransistor, wenn der Durchlaßstrom durch die Leuchtdiode von $I_F = 16$ mA auf $I_F = 10$ mA verringert wird?

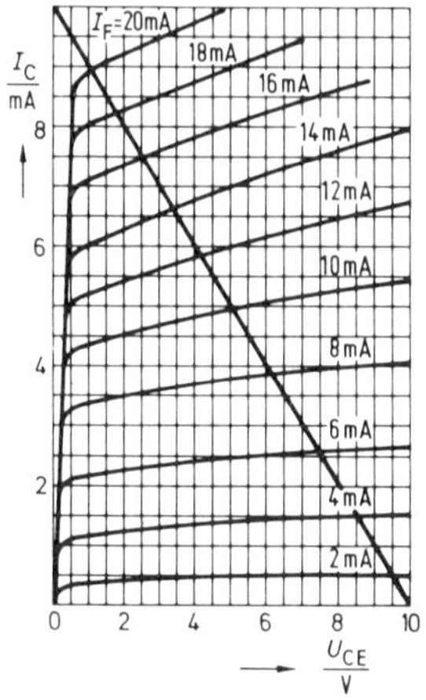

a) $\Delta U_{CE} \approx 1$ V

b) $\Delta U_{CE} \approx 2{,}5$ V

c) $\Delta U_{CE} \approx 3$ V

d) $\Delta U_{CE} \approx 5$ V

e) $\Delta U_{CE} \approx 6{,}5$ V

Wertigkeit **2** P — Bewertung P

II. 6

Das Diagramm zeigt das Ausgangskennlinienfeld des Optokopplers CNY21, in das eine Arbeitsgerade für $R_C = 1\,k\Omega$ eingetragen ist.

Um welchen Betrag ändert sich der Kollektorstrom I_C, wenn der Durchlaßstrom durch die Leuchtdiode von $I_F = 4\,mA$ auf $I_F = 10\,mA$ erhöht wird?

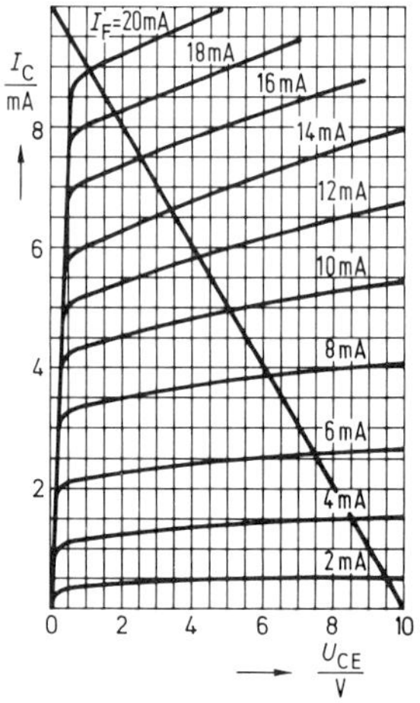

a) $\Delta I_C \approx$ 1,5 mA

b) $\Delta I_C \approx$ 3,5 mA

c) $\Delta I_C \approx$ 4,0 mA

d) $\Delta I_C \approx$ 5,0 mA

e) $\Delta I_C \approx$ 10 mA

Wertigkeit **2** P

Bewertung P

II. 6

Das Bild zeigt eine Anzeigeschaltung mit Leuchtdioden.

In welcher Weise erfolgt die Anzeige einer positiven Betriebsspannung $+ U_B$?

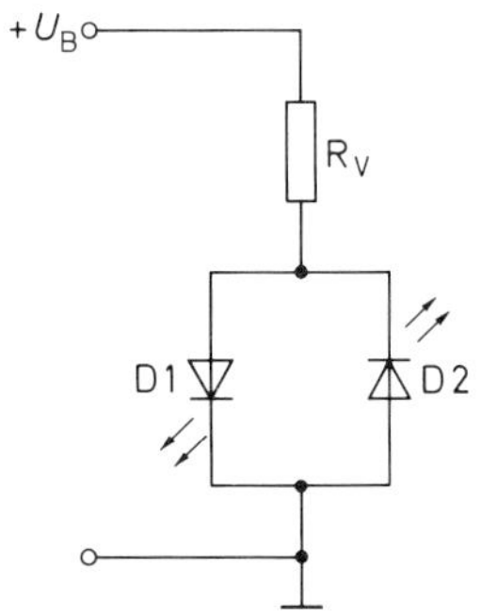

a) Nur D1 leuchtet

b) Nur D2 leuchtet

c) D1 und D2 leuchten abwechselnd

d) D1 und D2 leuchten gleichzeitig

e) D1 und D2 leuchten nicht

Wertigkeit **2** P

Bewertung P

Das Bild zeigt eine Anzeigeschaltung mit Leuchtdioden.

Welche der Dioden werden in Durchlaßrichtung betrieben, wenn eine positive Betriebsspannung $+U_B$ anliegt?

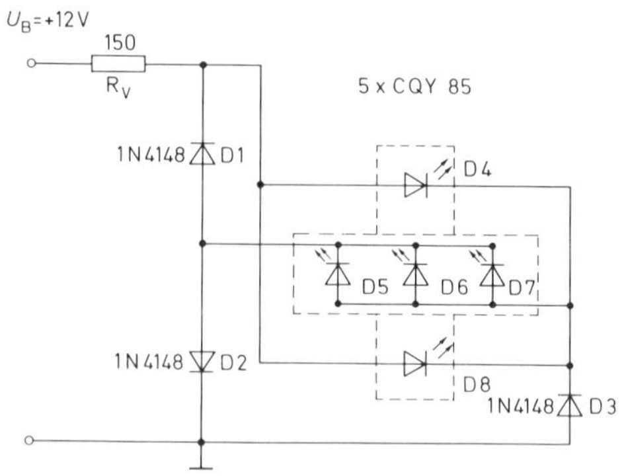

a) D4; D5; D6; D7; D8

b) D1; D2; D3; D4; D8

c) D2; D4; D5; D6; D7; D8

d) D1; D3; D5; D6; D7

e) D5; D6; D7; D8

Wertigkeit **2** P | Bewertung P

Das Diagramm zeigt die Durchlaßkennlinie mit ihren Toleranzbereichen einer rot leuchtenden Leuchtdiode vom Typ V 310 P.

Wie groß ist der Mittelwert der Durchlaßspannung U_F bei $I_F = 20$ mA?

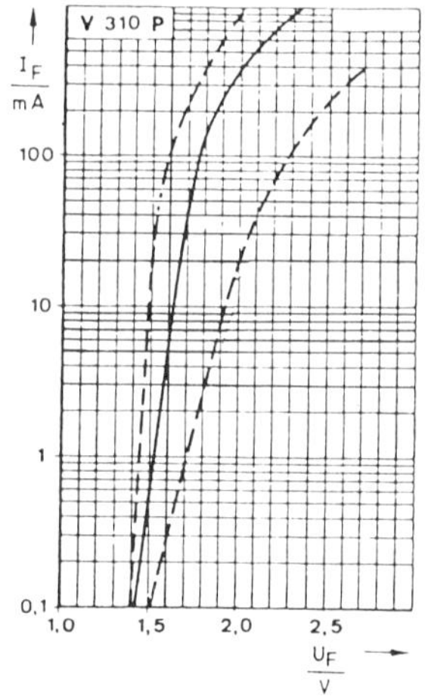

a) $U_F \approx 1{,}5$ V

b) $U_F \approx 1{,}65$ V

c) $U_F \approx 1{,}7$ V

d) $U_F \approx 1{,}8$ V

e) $U_F \approx 1{,}9$ V

Wertigkeit **2** P | Bewertung P

Gelbes Licht liegt im Wellenlängenbereich von $\lambda \approx 540$ nm bis $\lambda \approx 650$ nm.

In welchem Frequenzbereich liegen die elektromagnetischen Schwingungen von gelbem Licht?

II. 6

RECHNUNG $f = \frac{c}{\lambda}$

$f_1 = \frac{300 \cdot 10^6}{540 \cdot 10^{-9}} = 5{,}55 \cdot 10^{14}$

$f_2 = \frac{300 \cdot 10^6}{650 \cdot 10^{-9}}$

$f_2 = 4{,}61 \cdot 10^{14}$

a) $f \approx 4{,}6 \cdot 10^{16}$ Hz bis $5{,}5 \cdot 10^{16}$ Hz ☐

b) $f \approx 6{,}4 \cdot 10^{14}$ Hz bis $5{,}5 \cdot 10^{16}$ Hz ☐

c) $f \approx 5{,}5 \cdot 10^{14}$ Hz bis $4{,}6 \cdot 10^{14}$ Hz ☒

d) $f \approx 5{,}4 \cdot 10^{12}$ Hz bis $6{,}5 \cdot 10^{12}$ Hz ☐

e) $f \approx 5{,}4 \cdot 10^{9}$ Hz bis $6{,}5 \cdot 10^{9}$ Hz ☐

Wertigkeit **3** P Bewertung P

In welchem Frequenzbereich liegen die elektromagnetischen Schwingungen von infrarotem Licht mit einer Wellenlänge von $\lambda \approx 780$ nm bis $\lambda \approx 1000$ nm?

II. 6

RECHNUNG $f = \frac{c}{\lambda}$

$f_1 = \frac{300 \cdot 10^6}{780 \cdot 10^{-9}} = 3{,}84 \cdot 10^{14}$

$f_2 = \frac{300 \cdot 10^6}{1000 \cdot 10^{-9}}$

$f_2 = 3{,}0 \cdot 10^{15}$

a) $f \approx 6 \cdot 10^{6}$ Hz bis $7{,}9 \cdot 10^{6}$ Hz ☐

b) $f \approx 4{,}6 \cdot 10^{9}$ Hz bis $5{,}5 \cdot 10^{9}$ Hz ☐

c) $f \approx 4{,}6 \cdot 10^{14}$ Hz bis $5{,}5 \cdot 10^{14}$ Hz ☐

d) $f \approx 3 \cdot 10^{14}$ Hz bis $3{,}8 \cdot 10^{14}$ Hz ☐

e) $f \approx 3 \cdot 10^{15}$ Hz bis $3{,}8 \cdot 10^{14}$ Hz ☐

Wertigkeit **3** P Bewertung P

II. 6

Die elektromagnetischen Schwingungen von gelbem Licht liegen im Frequenzbereich von $f \approx 4{,}6 \cdot 10^{14}$ Hz bis $5{,}5 \cdot 10^{14}$ Hz.

In welchem Bereich liegen die Wellenlängen von gelbem Licht?

RECHNUNG

a) $\lambda \approx 54$ nm bis 65 nm ◯

b) $\lambda \approx 545 \cdot 10^{-9}$ m bis $650 \cdot 10^{-9}$ m ◯

c) $\lambda \approx 650 \cdot 10^{-12}$ m bis $780 \cdot 10^{-12}$ m ◯

d) $\lambda \approx 780 \cdot 10^{-9}$ m bis $1 \cdot 10^{-12}$ m ◯

e) $\lambda \approx 780$ nm bis 1000 nm ◯

Wertigkeit **3** P — Bewertung P

II. 6

Aus der Kennlinie des Fotowiderstandes ORP 62 lassen sich die Werte $R_{H\,30} \approx 70\,\mathrm{k\Omega}$ und $R_{H\,400} \approx 8\,\mathrm{k\Omega}$ ablesen.

Wie groß ist die Ausgangsspannung U_A des angegebenen Spannungsteilers bei den Beleuchtungsstärken $E_V = 30$ lx und $E_V = 400$ lx?

RECHNUNG

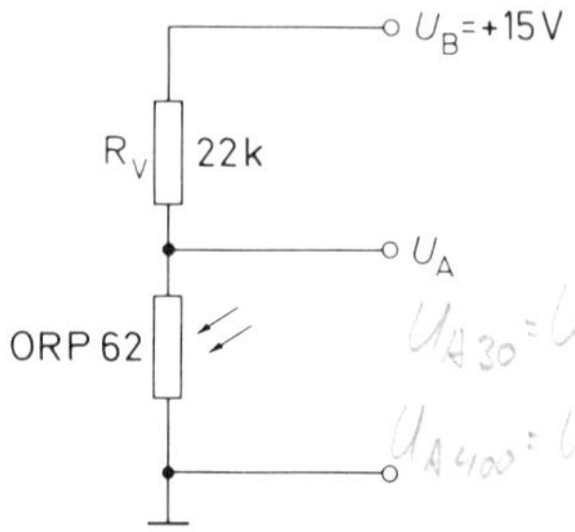

a) $U_{A\,30} = 11{,}4$ V ; $U_{A\,400} = 4$ V ◯

b) $U_{A\,30} = 7$ V ; $U_{A\,400} = 8$ V ◯

c) $U_{A\,30} = 5{,}6$ V ; $U_{A\,400} = 3{,}6$ V ◯

d) $U_{A\,30} = 3{,}6$ V ; $U_{A\,400} = 11{,}4$ V ◯

e) $U_{A\,30} = 3$ V ; $U_{A\,400} = 4{,}6$ V ◯

Wertigkeit **3** P — Bewertung P

II. 6

Aus der Kennlinie des Fotowiderstandes ORP 62 lassen sich die Werte $R_{H\,100} \approx 22\,\text{k}\Omega$ und $R_{H\,10} \approx 200\,\text{k}\Omega$ ablesen.

Wie groß ist die Verlustleistung P_V des Fotowiderstandes in der angegebenen Schaltung für Beleuchtungsstärken $E_V = 100\,\text{lx}$ und $E_V = 10\,\text{lx}$?

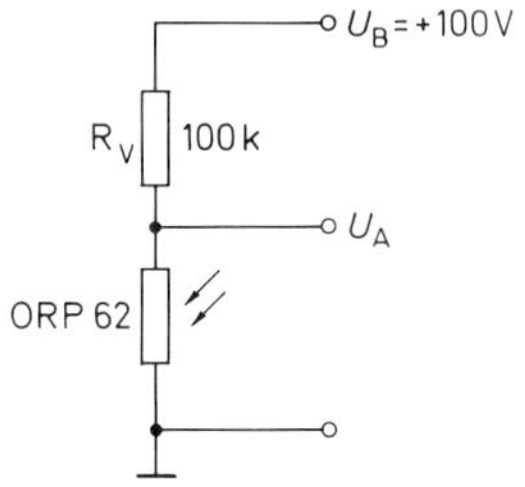

RECHNUNG

$I_{100} = \frac{100\,V}{R_V + R_{H100}} = 818,6\,\mu A$

$I_{10} = \frac{100\,V}{R_V + R_{H10}} = 333,3\,\mu A$

$U_{H\,100} = I_{100} \cdot R_{H100} = 18\,V$

$U_{H\,10} = I_{10} \cdot R_{H10} = 66,6\,V$

$P_{H100} = U_{H100} * I_{H100}$ / $P_{H10} = U_{H10} \cdot I_{H10}$

	$E_V = 10\,\text{lx}$	$E_V = 100\,\text{lx}$	
a)	$P_V = 22$ mW	$P_V = 148$ mW	☐
b)	$P_V = 14,8$ mW	$P_V = 22$ mW	☐
c)	$P_V = 22$ mW	$P_V = 14,8$ mW	☑
d)	$P_V = 220$ mW	$P_V = 480$ mW	☐
e)	$P_V = 10$ mW	$P_V = 100$ mW	☐

Wertigkeit **3** P Bewertung P

II. 6

Das Diagramm zeigt die charakteristische Kennlinie eines Fotoelementes vom Typ BPY 64.

Wie groß ist der Innenwiderstand R_i bei einer Beleuchtungsstärke $E_V = 500\,\text{lx}$?

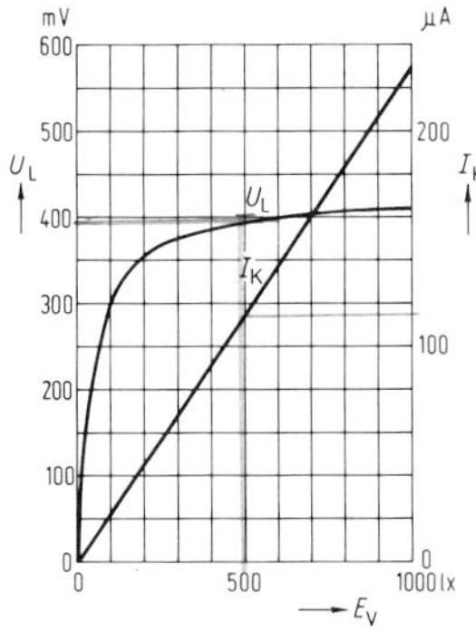

RECHNUNG

$R_i = \frac{U_L}{I_K} = \frac{39\,mV}{120\,\mu A}$

$R_i = 3,25\,k\Omega$

a) $R_i \approx 250\,\Omega$ ☐

b) $R_i \approx 2,5\,\text{k}\Omega$ ☐

c) $R_i \approx 3,3\,\text{k}\Omega$ ☐

d) $R_i \approx 25\,\text{k}\Omega$ ☐

e) $R_i \approx 34\,\text{k}\Omega$ ☐

Wertigkeit **3** P Bewertung P

II. 6

Bei dem angegebenen Spannungsteiler tritt eine Ausgangsspannung $U_A = 10{,}8\,V$ auf, wenn die Beleuchtungsstärke $E_V = 500\,lx$ beträgt. Aus der Kennlinie des BPX 81 können die Werte $I_{C\,(500\,lx)} = 400\,\mu A$ und $I_{C\,(10\,lx)} = 6\,\mu A$ entnommen werden.

Wie groß ist die Ausgangsspannung U_A bei einer Beleuchtungsstärke $E_V = 10\,lx$?

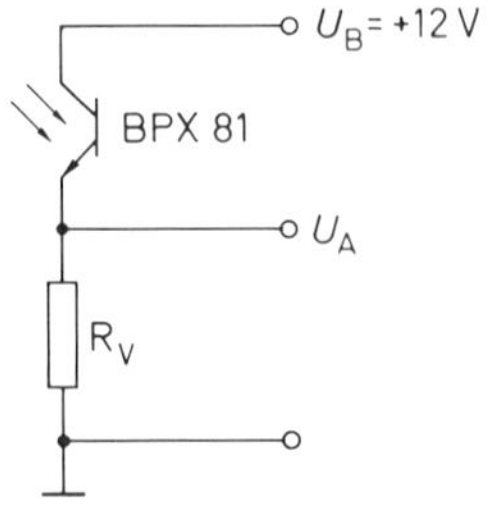

RECHNUNG

$R_V = \frac{U_A}{I_{C\,500}} = \frac{10{,}8\,V}{400\,\mu A}$

$R_V = 27\,k\Omega$

$U_A = I_{C\,10} \cdot R_V$

$U_A = 6\,\mu A \cdot 27\,k\Omega = 0{,}162\,V$

a) $U_A \approx 0{,}16\,V$ ☒

b) $U_A \approx 1{,}6\,V$ ☐

c) $U_A \approx 4{,}0\,V$ ☐

d) $U_A \approx 6{,}0\,V$ ☐

e) $U_A \approx 11{,}8\,V$ ☐

Wertigkeit **3** P | Bewertung P

II. 6

Eine rot-leuchtende LED ($U_F \approx 1{,}65\,V$) soll über einen Vorwiderstand R_V an eine Betriebsspannung $U_B = 10\,V$ angeschlossen werden.

Welchen Wert muß der Vorwiderstand R_V erhalten, damit ein Durchlaßstrom $I_F = 20\,mA$ fließt?

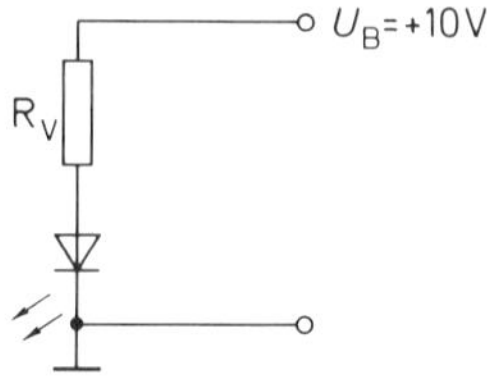

RECHNUNG

$R_V = \frac{U_B - U_F}{I_F}$

$R_V = \frac{10\,V - 1{,}65\,V}{20\,mA}$

$R_V = 417{,}5\,\Omega$

a) $R_V = 418\,\Omega$ ☒

b) $R_V = 390\,\Omega$ ☐

c) $R_V = 380\,\Omega$ ☐

d) $R_V = 365\,\Omega$ ☐

e) $R_V = 310\,\Omega$ ☐

Wertigkeit **3** P | Bewertung P

II. 6

Ein Solarzellenmodul mit 16 in Reihe geschalteten 2-Zoll-Scheiben wird zur Ladung eines Nickel-Cadmium-Akkus eingesetzt. Bei einer bestimmten Beleuchtungsstärke liefert jede Scheibe einen Ladestrom $I_L = 60\,\text{mA}$ bei $U_L = 0{,}35\,\text{V}$.

Welche Gesamtleistung P liefert das Solarzellenmodul in dem angegebenen Betriebsfall?

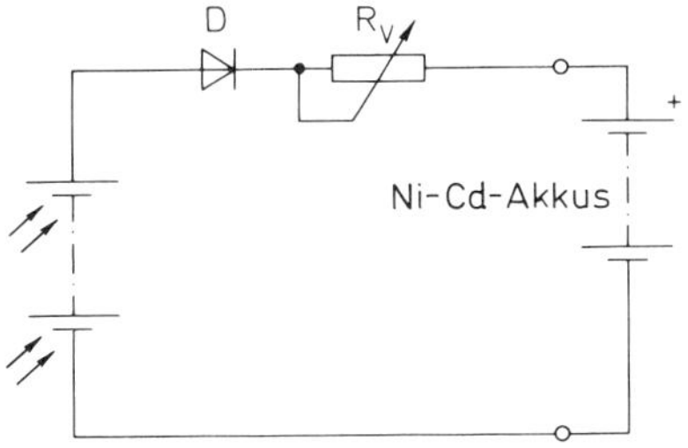

RECHNUNG

$P_{ges} = U_L \cdot I_L \cdot 16$

$P_{ges} = 0{,}35\,V \cdot 60\,mA \cdot 16$

$P_{ges} = 336\,mW$

a) $P = 19{,}5\,\text{mW}$
b) $P = 33{,}6\,\text{mW}$
c) $P = 195\,\text{mW}$
d) $P = 336\,\text{mW}$ ☒
e) $P = 336\,\text{W}$

Wertigkeit **3** P — Bewertung P

II. 6

Bei dem angegebenen Optokoppler wurde ein Durchlaßstrom $I_F = 10\,\text{mA}$ eingestellt.

Wie groß ist I_C, wenn das Stromübertragungsverhältnis $V_I = 0{,}5$ beträgt.

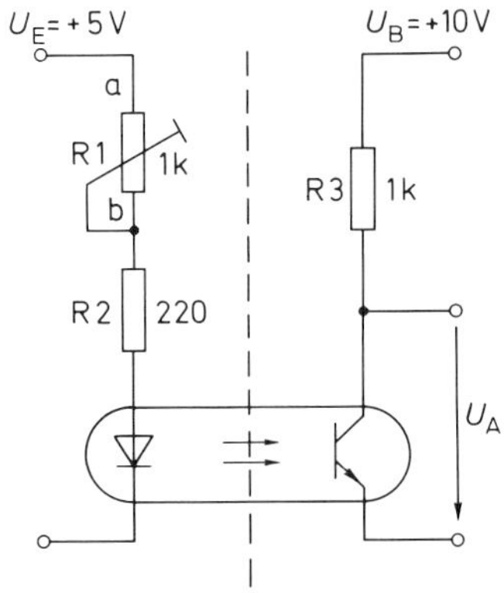

RECHNUNG

$V = \frac{I_C}{I_F}$

$I_C = V \cdot I_F$

$I_C = 0{,}5 \cdot 10\,mA = 5\,mA$

a) $I_C = 0{,}5\,\text{mA}$
b) $I_C = 5\,\text{mA}$ ☒
c) $I_C = 10\,\text{mA}$
d) $I_C = 20\,\text{mA}$
e) $I_C = 50\,\text{mA}$

Wertigkeit **3** P — Bewertung P

II. 6

Der in der Schaltung angegebene Optokoppler hat ein Stromübertragungsverhältnis $V_I = 0{,}4$.

Wie groß ist die Ausgangsspannung U_A, wenn ein Durchlaßstrom $I_F = 15\,mA$ eingestellt wurde?

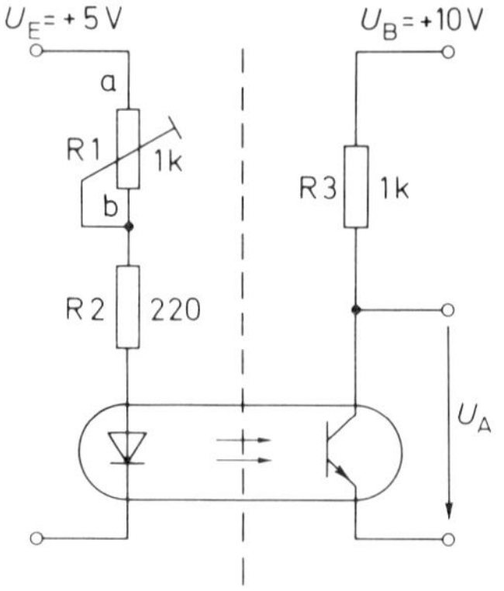

RECHNUNG

$V = \frac{I_C}{I_F}$

$I_C = 0{,}4 \cdot 15\,mA = 6\,mA$

$U_{R3} = I_C \cdot R_3 = 6\,mA \cdot 1\,k\Omega = 6\,V$

$U_A = U_B - U_{R3}$

$U_A = 10\,V - 6\,V = 4\,V$

a) $U_A = 6\ V$

b) $U_A = 4\ V$ (+)

c) $U_A = 3{,}75\,V$

d) $U_A = 1{,}5\ V$

e) $U_A = 0{,}37\,V$

Wertigkeit **3** P

Bewertung P

II. 6

Jedes Segment der rot-leuchtenden LED-Ziffernanzeige ($U_F = 1{,}6\,V$) wird mit einem Durchlaßstrom $I_F = 15\,mA$ betrieben.

Wie groß ist die Verlustleistung P_V, wenn die Ziffer 8 angezeigt wird?

RECHNUNG

$P_V = U_F \cdot I_F \cdot 7$

$P_V = 1{,}6 \cdot 15\,mA \cdot 7$

$P_V = 168\,mW$

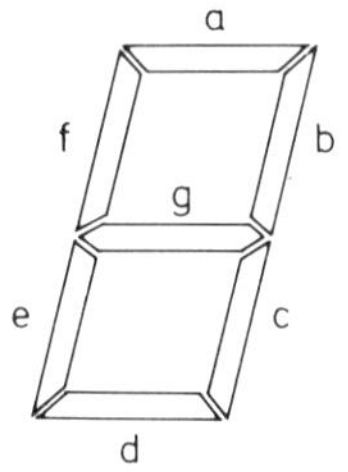

a) $P_V = 168\,mW$ (+)

b) $P_V = 144\,mW$

c) $P_V = 120\,mW$

d) $P_V = 72\,mW$

e) $P_V = 48\,mW$

Wertigkeit **3** P

Bewertung P

II. 6

Jedes Segment der grün-leuchtenden LED-Ziffernanzeige ($U_F = 2{,}7$ V) wird mit einem Durchlaßstrom $I_F = 15$ mA betrieben.

Wie groß ist die gesamte Verlustleistung, wenn mit drei Anzeigeeinheiten der Schriftzug »H P I« angezeigt werden soll?

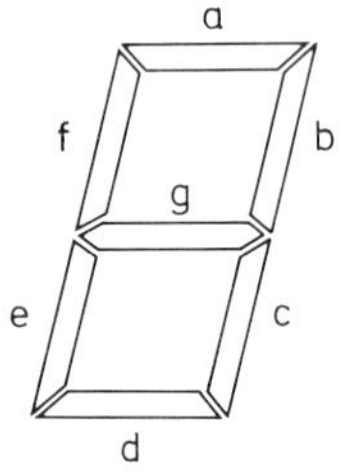

RECHNUNG

H = 5 Segmente
P = 5 Segmente
I = 2 Segmente
$P_V = U_F \cdot I_F \cdot 12$
$P_V = 2{,}7\,V \cdot 15\,mA \cdot 12$
$P_V = 486\,mW$

a) $P_V = 40{,}5$ mW
b) $P_V = 445{,}5$ mW
c) $P_V = 486$ mW
d) $P_V = 607{,}5$ mW
e) $P_V = 850{,}5$ mW

Wertigkeit **3** P | Bewertung P

II. 6

Das Schaltbild zeigt eine Polaritätsanzeige mit 2 LEDs. Die rot-leuchtende LED vom Typ CQY 85 hat eine Durchlaßspannung $U_F = 1{,}6$ V, die grün-leuchtende LED vom Typ CQY 87 eine Durchlaßspannung $U_F = 2{,}7$ V.

Wie groß ist der Strom I durch R_V, wenn $U_B = +10$ V beträgt?

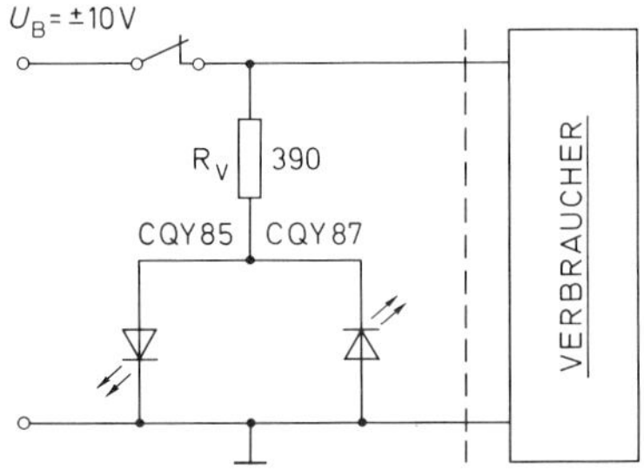

RECHNUNG

Nur Rote LED leuchtet
$I_R = \frac{U_B - U_F}{R_V}$
$I_R = \frac{10\,V - 1{,}6\,V}{390\,\Omega}$
$I_R = 21{,}53\,mA$

a) $I = 10$ mA
b) $I = 12{,}7$ mA
c) $I = 18{,}7$ mA
d) $I = 21{,}5$ mA
e) $I = 25{,}6$ mA

Wertigkeit **3** P | Bewertung P

II. 7
Halbleiter mit speziellen Eigenschaften

II. 7

Durch welches der 5 angegebenen Schaltzeichen wird ein VDR dargestellt?

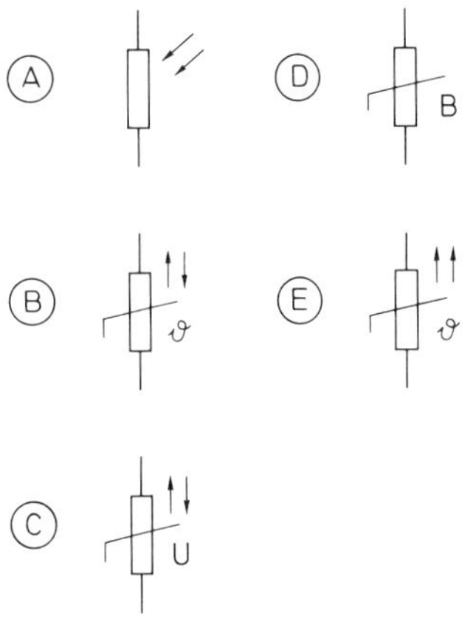

a) Durch das Schaltzeichen A

b) Durch das Schaltzeichen B

c) Durch das Schaltzeichen C

d) Durch das Schaltzeichen D

e) Durch das Schaltzeichen E

Wertigkeit **1** P   Bewertung P

II. 7

Durch welches der 5 angegebenen Schaltzeichen wird ein NTC-Widerstand dargestellt?

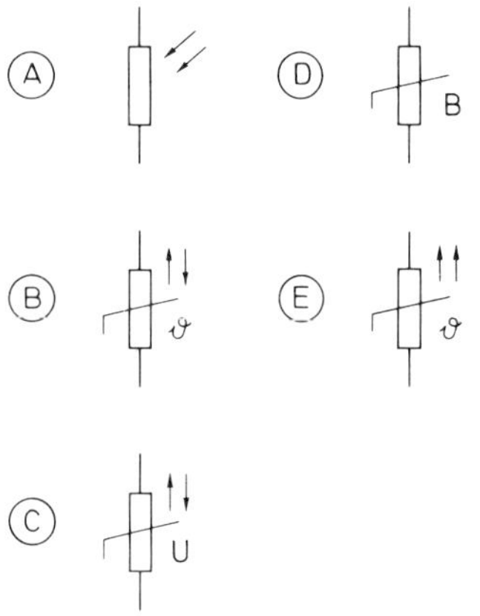

a) Durch das Schaltzeichen A

b) Durch das Schaltzeichen B

c) Durch das Schaltzeichen C

d) Durch das Schaltzeichen D

e) Durch das Schaltzeichen E

Wertigkeit **1** P   Bewertung P

II. 7

Durch welches der 5 angegebenen Schaltzeichen wird ein Heißleiter dargestellt?

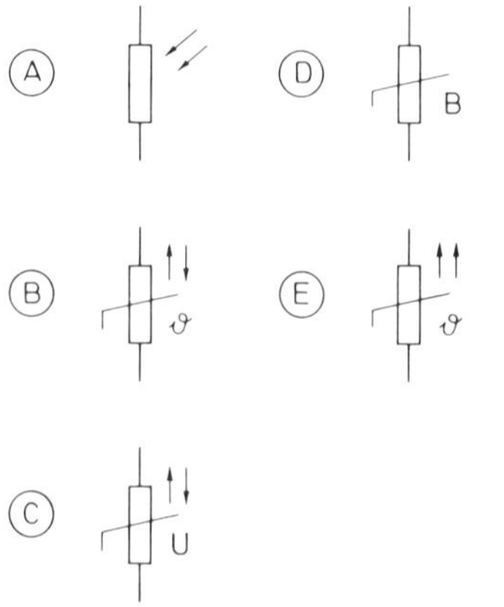

a) Durch das Schaltzeichen A
b) Durch das Schaltzeichen B
c) Durch das Schaltzeichen C
d) Durch das Schaltzeichen D
e) Durch das Schaltzeichen E

Wertigkeit **1** P

Bewertung P

II. 7

Durch welches der 5 angegebenen Schaltzeichen wird ein Hallgenerator dargestellt?

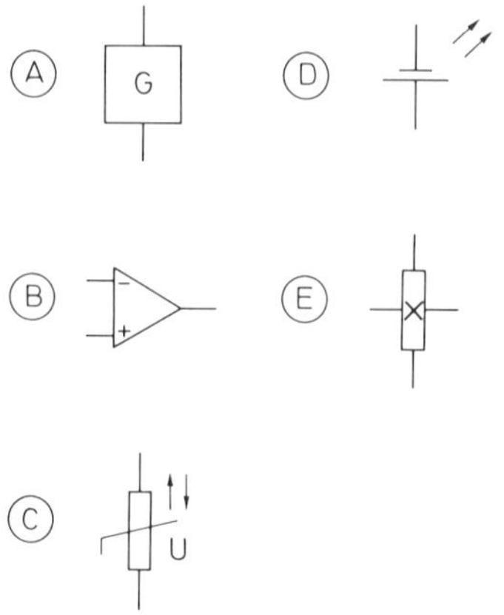

a) Durch das Schaltzeichen A
b) Durch das Schaltzeichen B
c) Durch das Schaltzeichen C
d) Durch das Schaltzeichen D
e) Durch das Schaltzeichen E

Wertigkeit **1** P

Bewertung P

II. 7

Welches Bauelement wird durch das angegebene Schaltzeichen dargestellt?

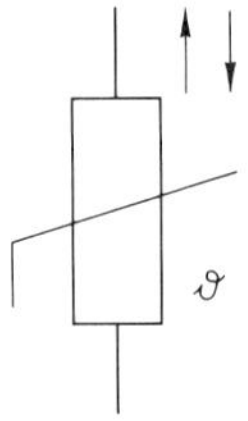

a) Ein Varistor

b) Ein NTC-Widerstand

c) Ein PTC-Widerstand

d) Eine Feldplatte

e) Ein Hallgenerator

Wertigkeit **1** P | Bewertung P

II. 7

Welches Bauelement wird durch das angegebene Schaltzeichen dargestellt?

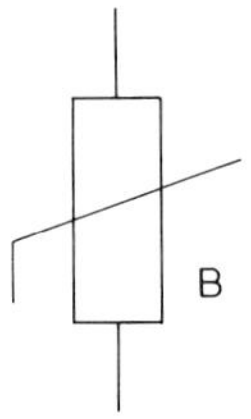

a) Ein Varistor

b) Ein NTC-Widerstand

c) Ein PTC-Widerstand

d) Eine Feldplatte

e) Ein Hallgenerator

Wertigkeit **1** P | Bewertung P

II. 7

Für welche der angegebenen Aufgaben lassen sich Varistoren einsetzen?

a) Als Temperaturfühler

b) Als Überstromsicherung

c) Zur Anzugsverzögerung von Relais

d) Zum Schutz gegen Überspannungen

e) Zur Messung von Magnetfeldern

Wertigkeit **1** P

Bewertung P

II. 7

Aus welchem der angegebenen Werkstoffe werden Varistoren gefertigt?

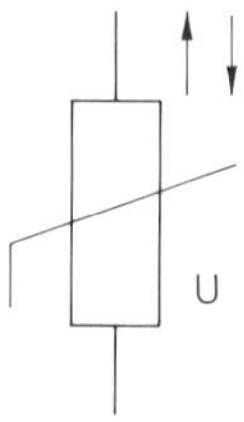

a) Aus Selen

b) Aus Germanium

c) Aus Kupfer

d) Aus Galliumarsenid

e) Aus Sinterkeramik

Wertigkeit **1** P

Bewertung P

II. 7

Welche charakteristische Eigenschaft hat ein Heißleiter in seinem typischen Arbeitsbereich als Meßfühler?

a) Einen positiven Temperaturkoeffizienten

b) Einen negativen Temperaturkoeffizienten

c) Einen konstanten Spannungsabfall

d) Eine starke Eigenerwärmung

e) Einen linearen Zusammenhang zwischen magnetischer Feldstärke und Widerstandswert

Wertigkeit **1** P

Bewertung P

II. 7

Das Schaltzeichen zeigt einen Hallgenerator.

Bei welchen der mit Ziffern versehenen Elektroden handelt es sich um die Steuerelektroden?

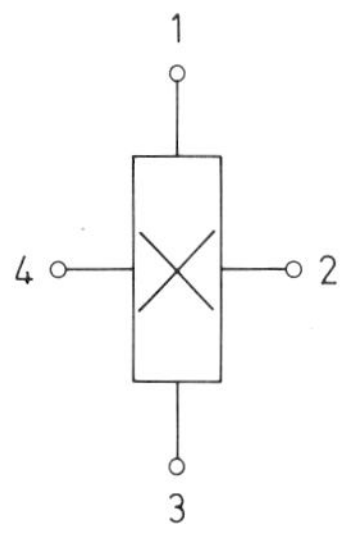

a) Bei den Elektroden 1 und 2

b) Bei den Elektroden 2 und 3

c) Bei den Elektroden 3 und 4

d) Bei den Elektroden 1 und 3

e) Bei den Elektroden 2 und 4

Wertigkeit **1** P

Bewertung P

II. 7

Das Bild zeigt den technologischen Aufbau eines Halbleiter-Bauelementes.

Um welches Bauelement handelt es sich?

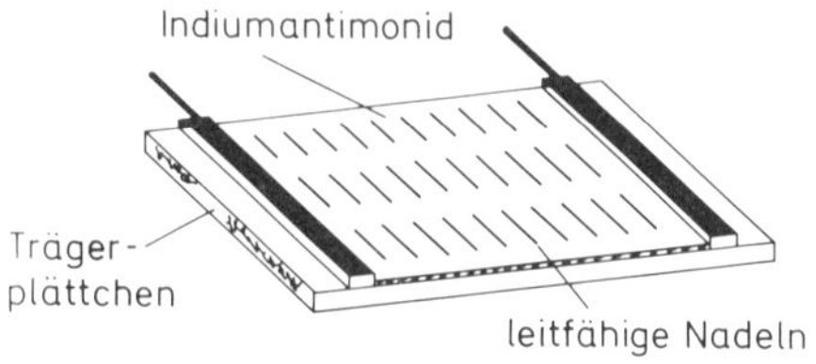

a) Um einen Hallgenerator

b) Um eine Feldplatte

c) Um einen Varistor

d) Um eine Solarzelle

e) Um einen NTC-Widerstand

Wertigkeit **1** P

Bewertung P

II. 7

Das Bild zeigt die charakteristische *I-U*-Kennlinie eines Siliziumkarbid-Varistors.

Welcher Zusammenhang besteht zwischen dem dynamischen Widerstand *r* des Varistors und der Steigung der Kennlinie *oberhalb* der Ansprechspannung?

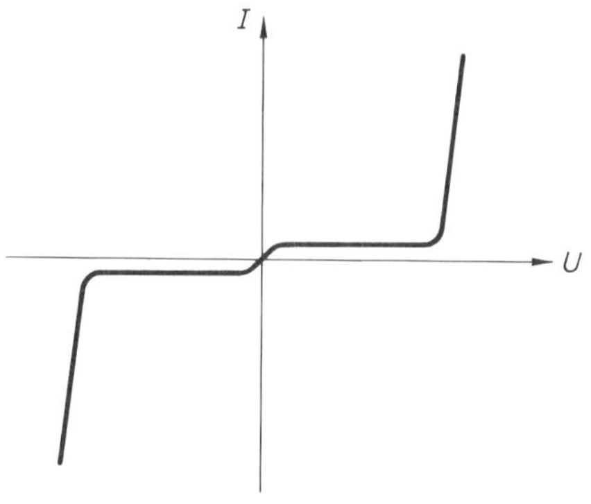

a) *r* ist groß, weil die Steigung groß ist

b) *r* ist groß, weil die Steigung klein ist

c) *r* ist klein, weil die Steigung klein ist

d) *r* ist klein, weil die Steigung groß ist

e) *r* ist konstant, weil die Steigung klein ist

Wertigkeit **2** P

Bewertung P

II. 7

Das Bild zeigt einen Transistorschalter mit induktiver Last.

Welche Aufgabe hat der Varistor, der dem induktiven Lastwiderstand parallelgeschaltet ist?

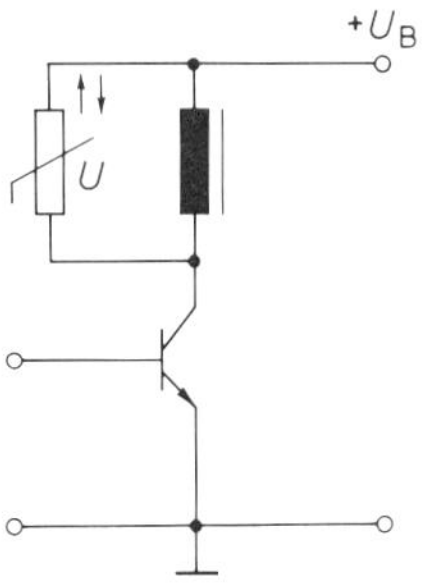

a) Er schützt den Transistor vor Überspannungen, die beim Einschaltvorgang auftreten können

b) Er schützt den Transistor vor Überspannungen, die beim Ausschaltvorgang auftreten können

c) Er schützt den Transistor vor Überströmen, die beim Ausschaltvorgang auftreten können

d) Er schützt den Transistor vor Überströmen, die beim Einschaltvorgang auftreten können

e) Er schützt den Transistor vor Überlastung bei zu hoher Umgebungstemperatur

Wertigkeit **2** P   Bewertung P

II. 7

Das Diagramm zeigt die Strom-Spannungs-Kennlinie eines NTC-Widerstandes.

In welchem der angegebenen Bereiche kann der NTC-Widerstand als Kompensations- und Meßheißleiter eingesetzt werden?

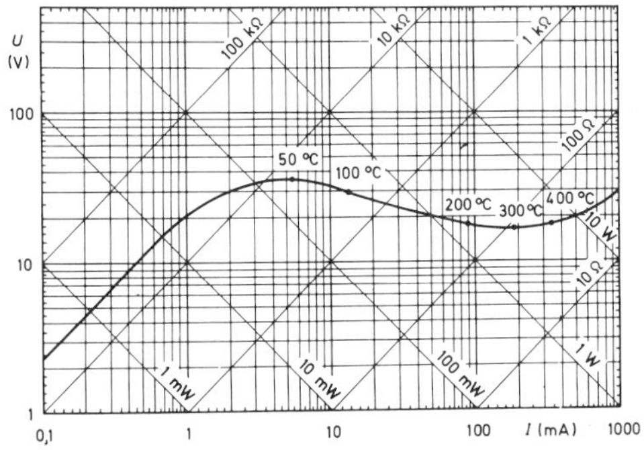

a) Im Bereich von etwa 0,1 mW bis 10 mW

b) Im Bereich von etwa 10 mW bis 1 Watt

c) Im Bereich von etwa 100 mW bis 1 Watt

d) Im Bereich von etwa 1 Watt bis 10 Watt

e) Im Bereich von etwa 100 mW bis 10 Watt

Wertigkeit **2** P   Bewertung P

Das Bild zeigt die charakteristische Kennlinie eines Halbleiter-Bauelementes.	II. 7

Zu welchem der angegebenen Bauelemente gehört diese Kennlinie?

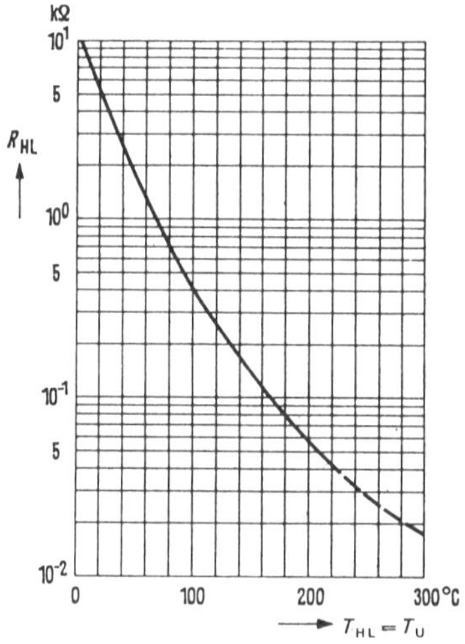

a) Zu einem Varistor ( )

b) Zu einem NTC-Widerstand ( )

c) Zu einem PTC-Widerstand ( )

d) Zu einem Fotowiderstand ( )

e) Zu einer Feldplatte ( )

Wertigkeit **2** P   Bewertung   P

Das Bild zeigt die charakteristische Kennlinie eines Halbleiter-Bauelementes.	II. 7

Zu welchem der angegebenen Bauelemente gehört diese Kennlinie?

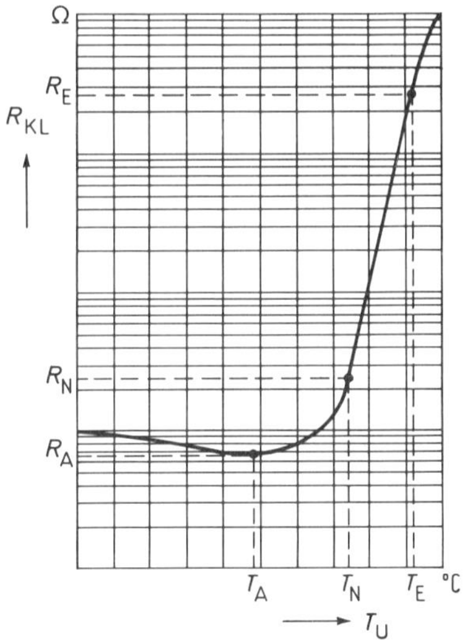

a) Zu einem Varistor ( )

b) Zu einem NTC-Widerstand ( )

c) Zu einem PTC-Widerstand ( )

d) Zu einem Fotowiderstand ( )

e) Zu einer Feldplatte ( )

Wertigkeit **2** P   Bewertung   P

II. 7

In welcher Weise werden Anlaßheißleiter betrieben?

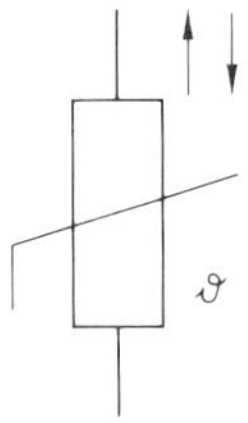

a) Sie werden elektrisch so stark belastet, daß ihr Widerstand durch Eigenerwärmung stark ansteigt

b) Sie werden elektrisch so stark belastet, daß ihr Widerstand durch Eigenerwärmung stark abnimmt

c) Sie werden elektrisch so schwach belastet, daß keine Eigenerwärmung auftritt

d) Sie werden elektrisch so stark belastet, daß ihr Widerstand die Umgebungstemperatur annimmt

e) Sie werden elektrisch so schwach belastet, daß ihr Widerstand linear mit der Umgebungstemperatur ansteigt

Wertigkeit **2** P | Bewertung P

II. 7

In welcher Weise werden Kompensations- und Meßheißleiter betrieben?

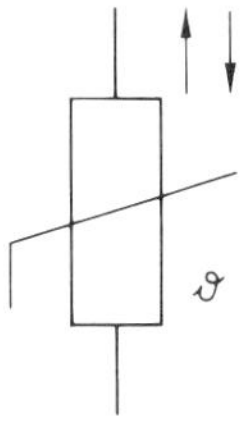

a) Sie werden elektrisch so stark belastet, daß ihr Widerstand durch Eigenerwärmung stark ansteigt

b) Sie werden elektrisch so stark belastet, daß ihr Widerstand durch Eigenerwärmung stark abnimmt

c) Sie werden elektrisch so schwach belastet, daß keine Eigenerwärmung auftritt

d) Sie werden elektrisch so stark belastet, daß ihr Widerstand die Umgebungstemperatur annimmt

e) Sie werden elektrisch so schwach belastet, daß ihr Widerstand linear mit steigender Umgebungstemperatur ansteigt

Wertigkeit **2** P | Bewertung P

II. 7

Bei der angegebenen Brückenschaltung wurde R1 so eingestellt, daß bei einer Umgebungstemperatur $T_U = 20\,°C$ die Brückenspannung $U_{AB} = 0\,V$ beträgt.

In welcher Weise ändert sich die Brückenspannung, wenn die Umgebungstemperatur absinkt?

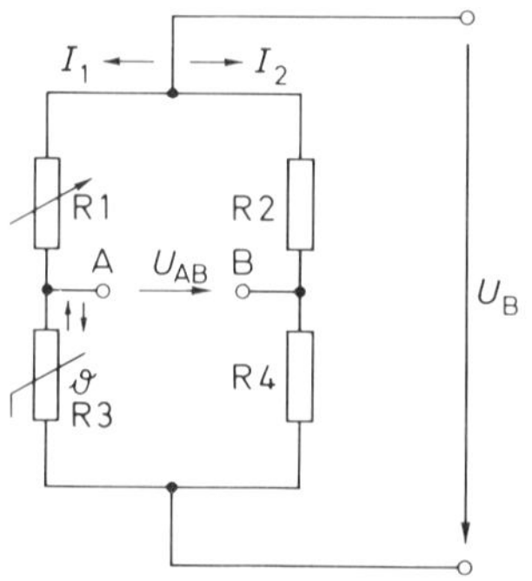

a) U_{AB} wird negativer, der Strom I_1 steigt

b) U_{AB} wird positiver, der Strom I_1 sinkt

c) U_{AB} wird positiver, der Strom I_1 steigt

d) U_{AB} bleibt konstant, weil kein Massepunkt vorhanden ist

e) U_{AB} wird negativer, der Strom I_1 sinkt

Wertigkeit **2** P   Bewertung P

II. 7

Bei der angegebenen Brückenschaltung sind die temperaturabhängigen Widerstände räumlich so angeordnet, daß sie die gleiche Umgebungstemperatur haben. R2 wurde so eingestellt, daß bei einer Umgebungstemperatur $T_U = 50\,°C$ die Brückenspannung $U_{AB} = 0\,V$ beträgt.

In welcher Weise ändert sich die Brückenspannung, wenn die Umgebungstemperatur ansteigt?

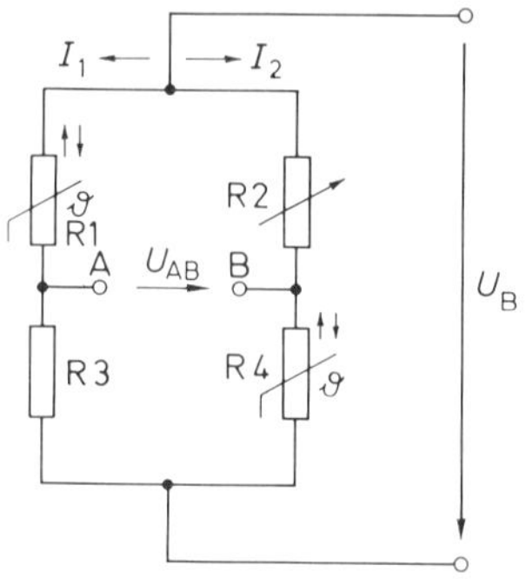

a) U_{AB} wird negativer, die Ströme I_1 und I_2 werden größer

b) U_{AB} wird negativer, die Ströme I_1 und I_2 werden kleiner

c) U_{AB} wird negativer, der Strom I_1 wird größer und der Strom I_2 kleiner

d) U_{AB} wird positiver, die Ströme I_1 und I_2 werden größer

e) U_{AB} wird positiver, die Ströme I_1 und I_2 werden kleiner

Wertigkeit **2** P   Bewertung P

II. 7

Welchen Einfluß hat in der angegebenen Relaisschaltung der NTC-Widerstand?

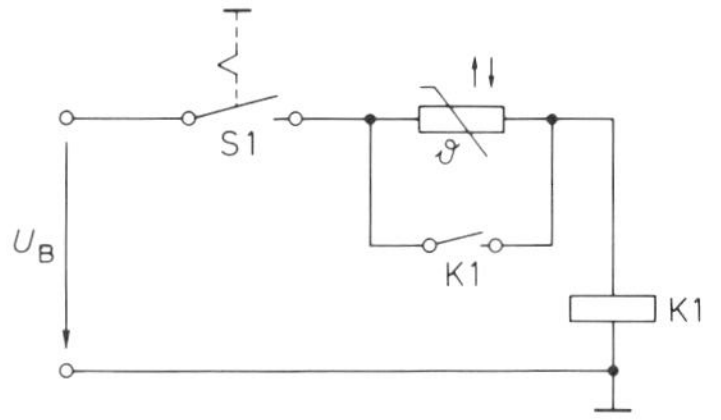

a) Er bewirkt eine Anzugsverzögerung nach Schließen von S1

b) Er bewirkt eine Abfallverzögerung nach Öffnen von S1

c) Er bewirkt eine Anzugsverzögerung nach Schließen von S1 und eine Abfallverzögerung nach Öffnen von S1

d) Er kompensiert den Temperaturgang der Relaiswicklung

e) Er schaltet das Relais ab, wenn die Umgebungstemperatur zu stark ansteigt

Wertigkeit **2** P | Bewertung P

II. 7

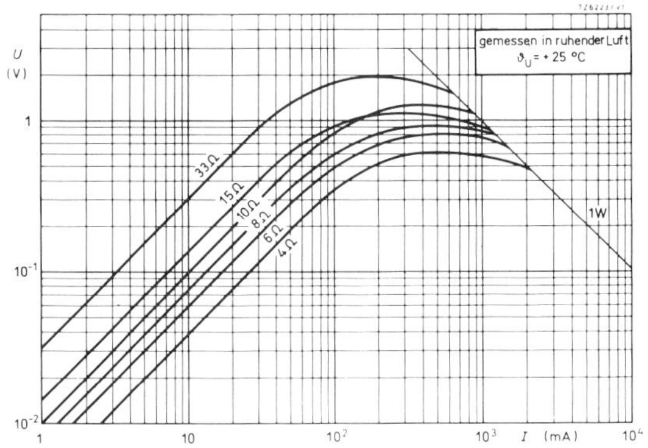

Das Bild zeigt die Strom-Spannungskennlinie von Meßheißleitern der Baureihe 6101.

Was geben die verschiedenen Widerstandswerte an den parallelverlaufenden Kurven an?

a) Die Widerstandsänderungen bei Temperaturerhöhung

b) Die Widerstandsänderungen bei Betrieb in Flüssigkeiten

c) Die Kaltwiderstände R_{25} der verschiedenen Typen der Baureihe

d) Die zum Betrieb erforderlichen Vorwiderstände

e) Den dynamischen Widerstand der verschiedenen Typen

Wertigkeit **2** P | Bewertung P

Der angegebene Temperaturfühler ist so dimensioniert, daß bei $T_U = 25\,°C$ die Ausgangsspannung $U_A = 4\,V$ beträgt.

Welche der angegebenen Änderungen treten ein, wenn T_U kleiner wird?

II. 7

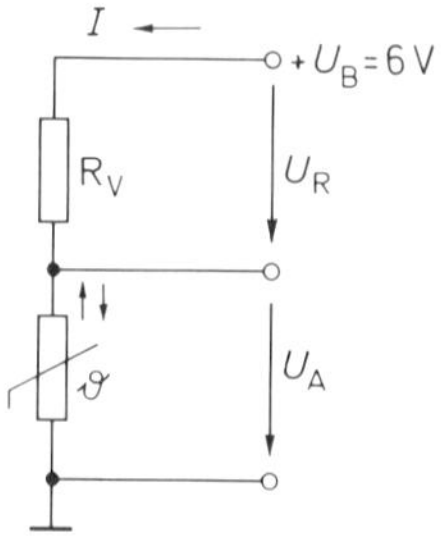

a) I wird kleiner und U_R wird kleiner

b) I wird größer und U_A wird größer

c) I wird größer und U_A wird kleiner

d) I wird kleiner und U_A wird kleiner

e) I wird größer und U_R wird kleiner

Wertigkeit **2** P

Bewertung P

Das Bild zeigt die charakteristische Abhängigkeit des Widerstandes von der Umgebungstemperatur bei Kaltleitern.

In welchen der angegebenen Grenzen liegt üblicherweise der Arbeitsbereich von PTC-Widerständen?

II. 7

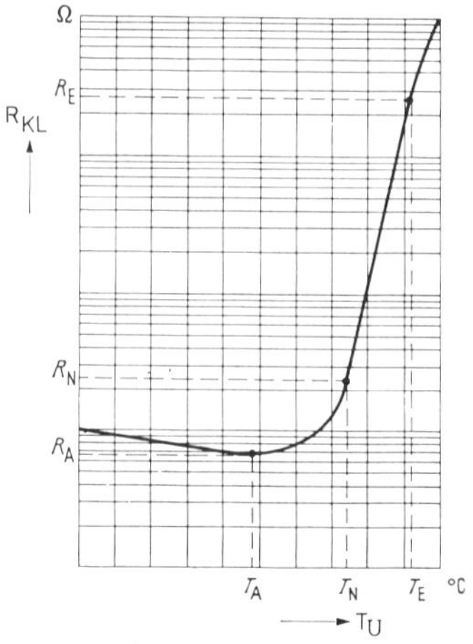

a) Im Bereich von 0 bis T_A

b) Im Bereich von T_A bis T_N

c) Im Bereich von T_N bis T_E

d) Im Bereich von 0 bis T_N

e) Im Bereich $> T_E$

Wertigkeit **2** P

Bewertung P

II. 7

Das Bild zeigt die Strom-Spannungs-Kennlinie eines Kaltleiters im doppelt-linearen Maßstab für verschiedene Umgebungstemperaturen.

In welchem der angegebenen Bereiche kann dieser Kaltleiter als Meßfühler eingesetzt werden?

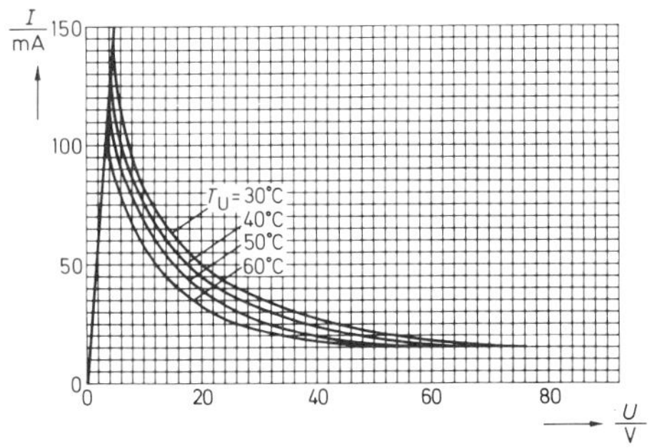

a) Im Bereich bis $U \approx 3\,V$

b) Im Bereich von $U \approx 3\,V$ bis $U \approx 10\,V$

c) Im Bereich von $U \approx 10\,V$ bis $U \approx 20\,V$

d) Im Bereich von $U \approx 10\,V$ bis $U \approx 40\,V$

e) Im Bereich von $U \approx 40\,V$ bis $U \approx 70\,V$

Wertigkeit **2** P | Bewertung P

II. 7

Kaltleiter lassen sich in der angegebenen Schaltung als Meßfühler einsetzen.

Welche der angegebenen Bedingungen muß bei Einsatz als Meßfühler unbedingt beachtet werden?

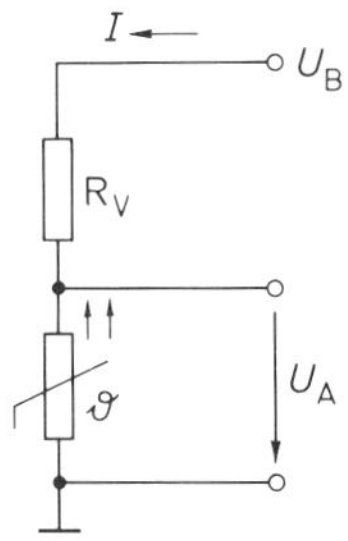

a) R_V und R_{PTC} müssen sich so eng nebeneinander befinden, daß beide stets die gleiche Umgebungstemperatur haben

b) Der Strom I muß so groß sein, daß eine ausreichende Eigenerwärmung des PTC auftritt

c) Der Strom I muß so klein sein, daß keine Eigenerwärmung des PTC auftritt

d) R_V muß stets so gewählt werden, daß bei $T_U = 20\,°C$ die Ausgangsspannung $U_A = 1/2\ U_B$ beträgt

e) Der Strom I muß konstant gehalten werden

Wertigkeit **2** P | Bewertung P

II. 7

Der angegebene Temperaturfühler ist so dimensioniert, daß bei $T_U = 100\,°C$ die Ausgangsspannung $U_2 = 7{,}0\,V$ beträgt.

Welche der angegebenen Änderungen treten ein, wenn T_U kleiner wird?

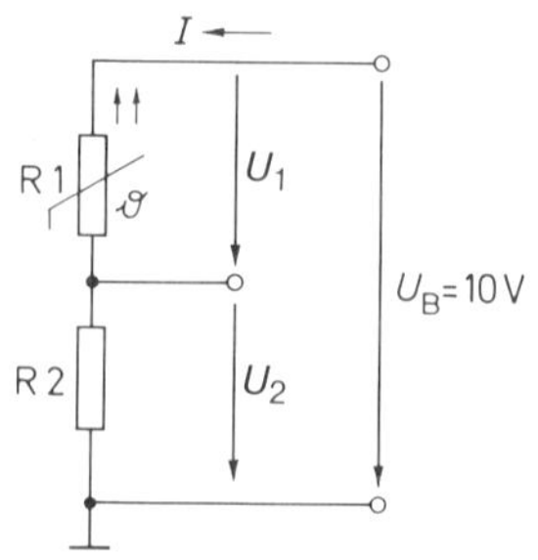

a) I wird kleiner und U_2 wird kleiner

b) I wird kleiner und U_2 wird größer

c) I wird größer und U_2 wird kleiner

d) I wird größer und U_2 wird größer

e) I wird größer und U_1 wird größer

Wertigkeit **2** P

Bewertung P

II. 7

Bei der angegebenen Brückenschaltung wurde R1 so eingestellt, daß bei einer Umgebungstemperatur $T_U = 100\,°C$ die Brückenspannung $U_{AB} = 0\,V$ beträgt.

In welcher Weise ändert sich die Brückenspannung, wenn die Umgebungstemperatur ansteigt?

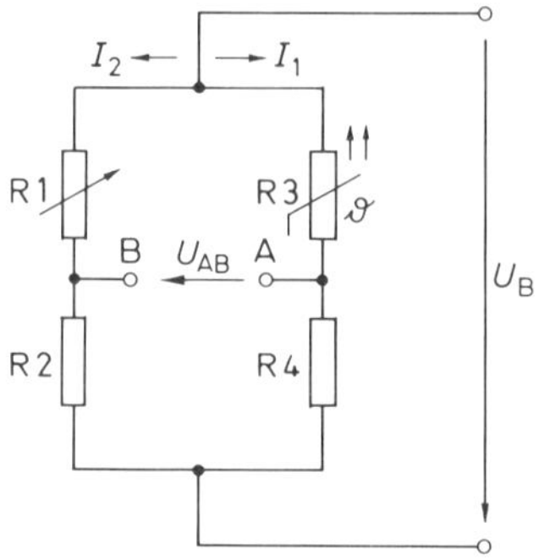

a) U_{AB} wird negativer, der Strom I_1 steigt

b) U_{AB} wird positiver, der Strom I_1 sinkt

c) U_{AB} wird positiver, der Strom I_1 steigt

d) U_{AB} bleibt konstant, weil kein Massepunkt vorhanden ist

e) U_{AB} wird negativer, der Strom I_1 sinkt

Wertigkeit **2** P

Bewertung P

II. 7

Das Diagramm zeigt die Kennlinie eines Halbleiter-Bauelementes.

Zu welchem der angegebenen Bauelemente gehört diese Kennlinie?

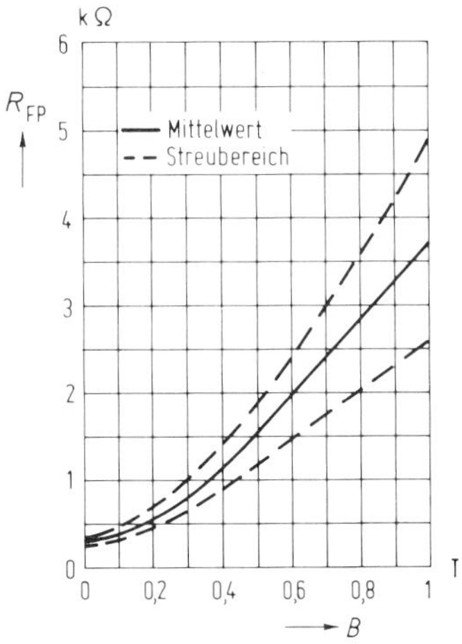

a) Zu einem Varistor

b) Zu einem PTC-Widerstand

c) Zu einem NTC-Widerstand

d) Zu einem Hallgenerator

e) Zu einer Feldplatte

Wertigkeit **2** P

Bewertung P

II. 7

Wie ändert sich der Widerstand R_{FP} einer Feldplatte, wenn die magnetische Flußdichte B vergrößert wird?

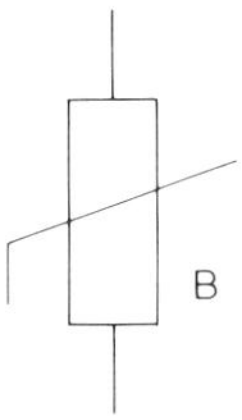

a) R_{FP} bleibt konstant, weil der Steuerstrom konstant bleibt

b) R_{FP} steigt nicht linear an mit steigender Flußdichte B

c) R_{FP} sinkt linear ab mit steigender Flußdichte B

d) R_{FP} sinkt nicht linear ab mit steigender Flußdichte B

e) R_{FP} ändert sich nur durch Umpolung der Richtung des Magnetfeldes

Wertigkeit **2** P

Bewertung P

Ein Hallgenerator befindet sich im Luftspalt eines Gleichstrommagneten mit der magnetischen Flußdichte $B = 0{,}5\,T$. Bei einem bestimmten Steuerstrom I_{St} wird dabei eine Hallspannung $U_H = 500\,mV$ gemessen.	II. 7

In welcher Weise ändert sich die Hallspannung, wenn bei unverändertem I_{St} die Richtung der magnetischen Feldlinien umgekehrt wird?

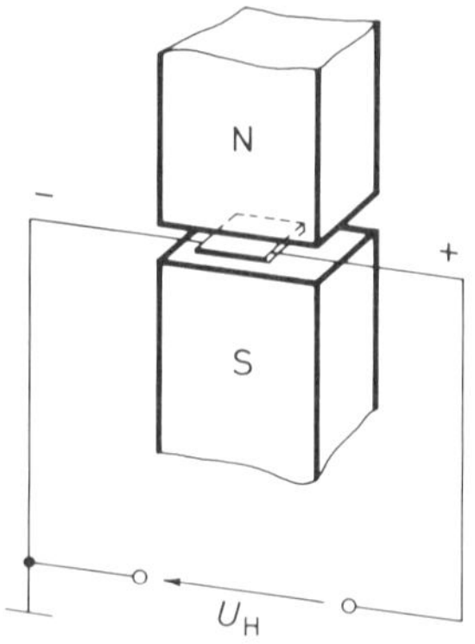

a) U_H wird kleiner und die Polarität von U_H bleibt unverändert ☐

b) U_H wird größer und die Polarität von U_H bleibt unverändert ☐

c) U_H bleibt gleich groß und die Polarität von U_H bleibt unverändert ☐

d) U_H bleibt gleich groß und die Polarität von U_H ändert sich ☒

e) U_H wird kleiner und die Polarität von U_H ändert sich ☐

Wertigkeit **2** P | Bewertung P

Der angegebene Spannungsteiler ist so dimensioniert, daß bei einer magnetischen Flußdichte $B = 0{,}5\,T$ die Spannung $U_{FP} = 5\,V$ beträgt.	II. 7

Welche der angegebenen Änderungen treten ein, wenn die magnetische Flußdichte vergrößert wird?

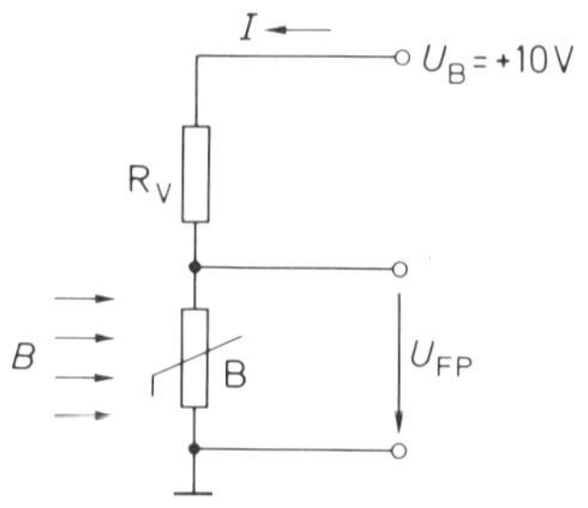

a) I wird kleiner und U_{FP} wird kleiner ☐

b) I wird kleiner und U_{FP} wird größer ☒

c) I wird größer und U_{FP} wird kleiner ☐

d) I wird größer und U_{FP} wird größer ☐

e) I bleibt konstant, U_{FP} bleibt konstant ☐

Wertigkeit **2** P | Bewertung P

II. 7

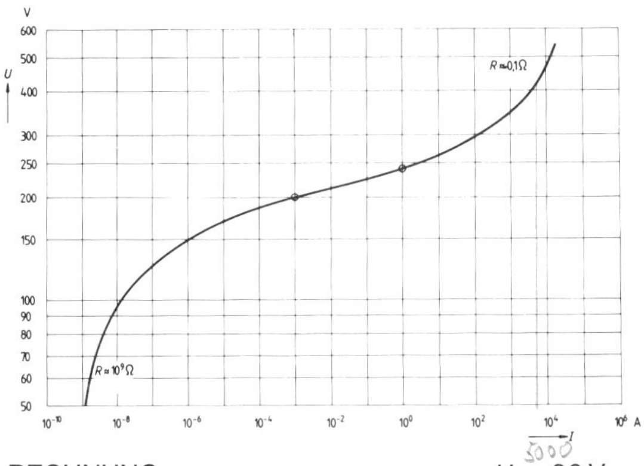

Das Diagramm zeigt die U-I-Kennlinie eines Metalloxid-Varistors.

Wie groß ist sein statischer Widerstand bei $U = 80\,V$ und bei $U = 400\,V$?

RECHNUNG

$R_{80} = \frac{80V}{5\cdot 10^{-9}} = 16\cdot 10^{9}$

$R_{400} = \frac{400V}{5000} = 80\cdot 10^{-3}$

	$U = 80\,V$	$U = 400\,V$
a)	$R \approx 5\cdot 10^{-9}\,\Omega$	$R \approx 5\cdot 10^{3}\,\Omega$
b)	$R \approx 16\cdot 10^{-9}\,\Omega$	$R \approx 80\cdot 10^{-3}\,\Omega$
c)	$R \approx 16\cdot 10^{9}\,\Omega$	$R \approx 80\cdot 10^{3}\,\Omega$
d)	$R \approx 16\cdot 10^{9}\,\Omega$	$R \approx 80\cdot 10^{-3}\,\Omega$
e)	$R \approx 500\cdot 10^{-9}\,\Omega$	$R \approx 66\cdot 10^{-3}\,\Omega$

Wertigkeit **3** P

Bewertung P

II. 7

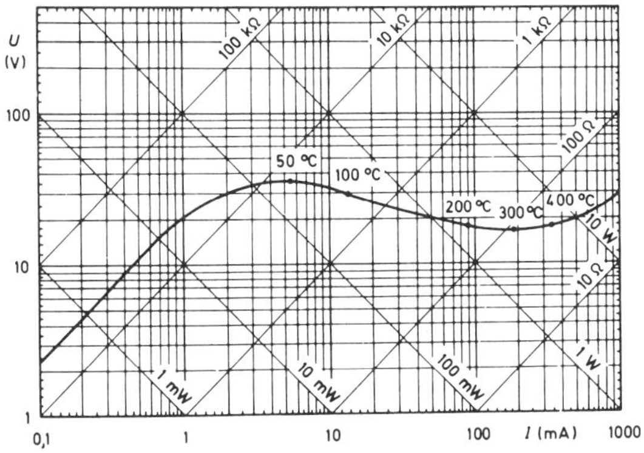

Das Bild zeigt die Strom-Spannungskennlinie eines NTC-Widerstandes, der als Anlaßheißleiter eingesetzt werden soll.

Wie groß ist die Widerstandsänderung ΔR, wenn sich infolge der Eigenerwärmung die Temperatur des Heißleiters von $T = 50\,°C$ auf $T = 200\,°C$ erhöht?

RECHNUNG

$R_{50} = \frac{30V}{4{,}5mA} = 6{,}66\,k\Omega$

$R_{200} = \frac{20V}{90mA} = 222{,}2\,\Omega$

$\Delta R = 6{,}66\,k\Omega - 222{,}2\,\Omega = 6{,}43\,k\Omega$

a) $\Delta R \approx 9\,k\Omega$

b) $\Delta R \approx 6{,}3\,k\Omega$

c) $\Delta R \approx 6{,}98\,k\Omega$

d) $\Delta R \approx 47\,k\Omega$

e) $\Delta R \approx 97\,k\Omega$

Wertigkeit **3** P

Bewertung P

II. 7

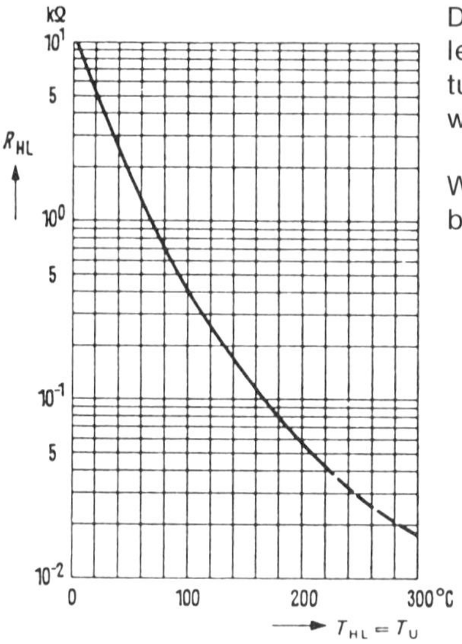

Das Bild zeigt die Kennlinie eines Heißleiters, der in der angegebenen Schaltung zur Temperaturmessung eingesetzt werden soll.

Welchen Strom zeigt das Meßinstrument bei $T_U = 100\,°C$ an?

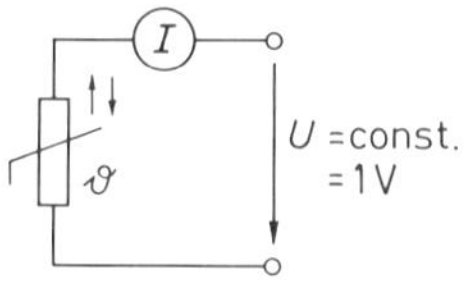

RECHNUNG

$I = \frac{1\,V}{400\,\Omega} = 2{,}5\,mA$

a) $I_{100} \approx 2{,}5\,mA$ ◯

b) $I_{100} \approx 4\,mA$ ◯

c) $I_{100} \approx 10\,mA$ ◯

d) $I_{100} \approx 14{,}3\,mA$ ◯

e) $I_{100} \approx 25\,mA$ ◯

Wertigkeit **3** P

Bewertung P

II. 7

Bei einer Umgebungstemperatur $T_U = 20\,°C$ wird an dem angegebenen Spannungsteiler eine Spannung $U_A = 10\,V$ gemessen. Sie sinkt bei $T_U = 120\,°C$ auf $U_A = 4\,V$ ab.

Wie groß sind die Widerstandswerte R_{20} und R_{120} des verwendeten Meßheißleiters?

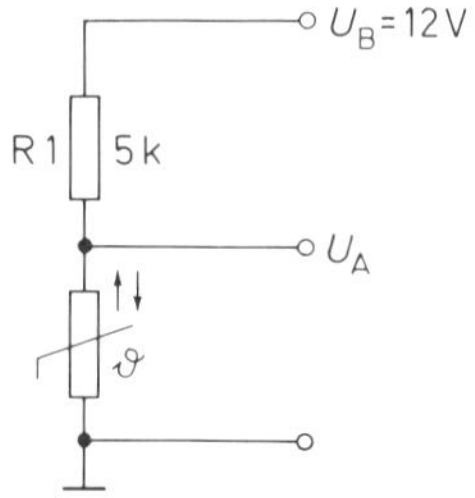

RECHNUNG

$I_{20} = \frac{U_B - U_A}{R_1} = \frac{2\,V}{5\,k\Omega} = 400\,\mu A$

$R_{20} = \frac{10\,V}{400\,\mu A} = 25\,k\Omega$

$I_{120} = \frac{8\,V}{5\,k\Omega} = 1{,}6\,mA$

$R_{120} = \frac{4\,V}{1{,}6\,mA} = 2{,}5\,k\Omega$

a) $R_{20} = 2{,}5\,k\Omega$; $R_{120} = 25\,k\Omega$ ◯

b) $R_{20} = 5\,k\Omega$; $R_{120} = 10\,k\Omega$ ◯

c) $R_{20} = 10\,k\Omega$; $R_{120} = 5\,k\Omega$ ◯

d) $R_{20} = 25\,k\Omega$; $R_{120} = 5\,k\Omega$ ◯

e) $R_{20} = 25\,k\Omega$; $R_{120} = 2{,}5\,k\Omega$ ☒

Wertigkeit **3** P

Bewertung P

II. 7

Ein NTC-Widerstand mit den Werten $R_{20} = 5\,\mathrm{k\Omega}$ und $R_{100} = 1\,\mathrm{k\Omega}$ soll in der angegebenen Brückenschaltung als Meßwiderstand eingesetzt werden.

Wie groß ist die Spannung U_{AB} bei $T_U = 100\,°C$, wenn die Brücke bei $T_U = 20\,°C$ auf $U_{AB} = 0\,V$ abgeglichen wurde?

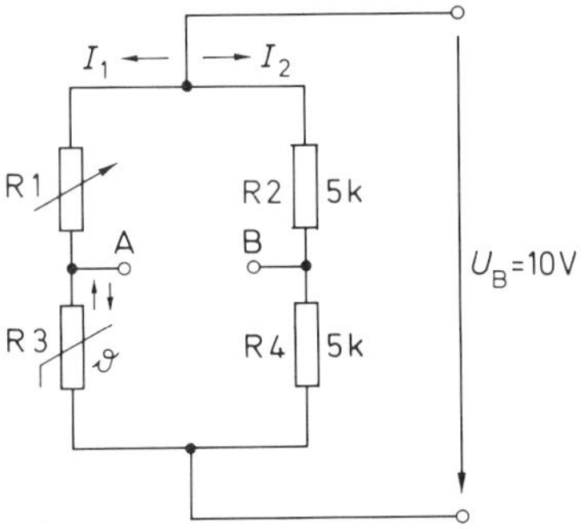

RECHNUNG $R_1 = \frac{R_2}{R_4} \cdot R_3$

$R_1 = \frac{5k\Omega}{5k\Omega} \cdot 5k\Omega = 5k\Omega$

$I_{2\,100} = \frac{U_B}{R_1 + R_{100}} = 1{,}6\,mA$

$U_{R3} = I_{2\,100} \cdot R_3 = 1{,}6\,mA \cdot 1k\Omega = 1{,}6\,V$

$U_{AB} = U_{R1} + U_{R3} - U_B$

$U_{AB} = 5V + 1{,}6V - 10V = -3{,}3V$

a) $U_{AB} = -5\ V$

b) $U_{AB} = +3{,}3\,V$

c) $U_{AB} = -3{,}3\,V$ (X)

d) $U_{AB} = +1{,}7\,V$

e) $U_{AB} = -1{,}7\,V$

Wertigkeit **3** P Bewertung P

II. 7

Ein NTC-Widerstand mit den Werten $R_{20} = 10\,\mathrm{k\Omega}$ und $R_{100} = 1\,\mathrm{k\Omega}$ soll in der angegebenen Brückenschaltung als Meßwiderstand eingesetzt werden.

Wie groß ist die Spannung U_{AB} bei $T_U = 100\,°C$, wenn die Brücke bei $T_U = 20\,°C$ auf $U_{AB} = 0\,V$ abgeglichen wurde?

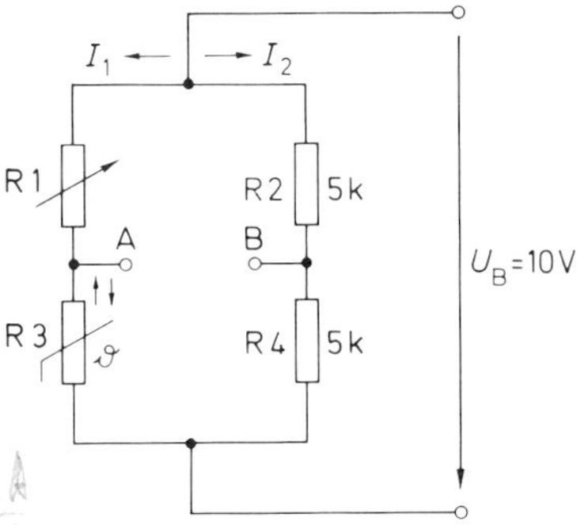

RECHNUNG $R_1 = \frac{R_2}{R_4} \cdot R_3$

$R_1 = \frac{5k\Omega}{5k\Omega} \cdot 10k\Omega = 10k\Omega$

$I_{2\,100} = \frac{U_B}{R_1 + R_{100}} = \frac{10V}{11k\Omega} = 909\,\mu A$

$U_{R3} = I_{2\,100} \cdot R_3 = 909\,\mu A \cdot 1k\Omega = 909\,mV$

$U_{AB} = U_{R1} + U_{R3} - U_B$

$U_{AB} = 5V + 909\,mV - 10V = -4{,}1V$

a) $U_{AB} = +9\ V$

b) $U_{AB} = -4{,}1\,V$ (X)

c) $U_{AB} = +4{,}1\,V$

d) $U_{AB} = -0{,}9\,V$

e) $U_{AB} = +0{,}9\,V$

Wertigkeit **3** P Bewertung P

II. 7

Das Diagramm zeigt die Kennlinie eines PTC-Widerstandes.

Um welchen Betrag ändert sich sein Widerstandswert, wenn die Umgebungstemperatur von $T_U = 80\,°C$ auf $T_U = 110\,°C$ ansteigt?

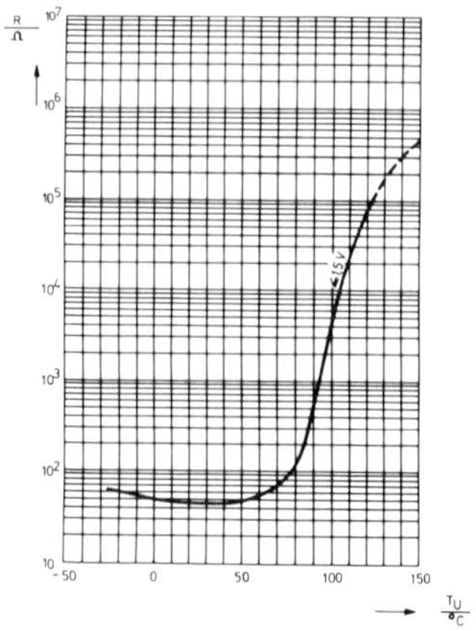

RECHNUNG

a) $\Delta R \approx$ 0,1 kΩ

b) $\Delta R \approx$ 2 kΩ

c) $\Delta R \approx$ 10 kΩ

d) $\Delta R \approx$ 20 kΩ

e) $\Delta R \approx$ 200 kΩ

Wertigkeit **3** P Bewertung P

II. 7

In der angegebenen Schaltung ist ein PTC-Widerstand als Überlastschutz eingesetzt. Bei Nennbetrieb beträgt sein Widerstand $R_{PTC} = 20\,\Omega$.

Auf welchen Wert ist R_{PTC} angestiegen, wenn infolge eines Teilkurzschlusses der Lastwiderstand nur noch einen Widerstandswert von $R_{Last} = 200\,\Omega$ hat und dabei infolge der Strombegrenzung durch den Kaltleiter nur noch ein Strom $I_K = 25\,mA$ fließt.

RECHNUNG

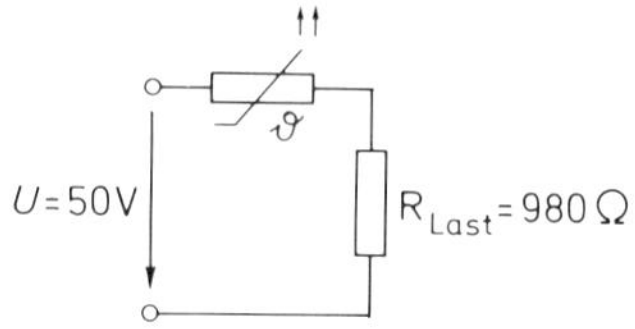

a) $R_{PTC} =$ 180 Ω

b) $R_{PTC} =$ 200 Ω

c) $R_{PTC} =$ 1000 Ω

d) $R_{PTC} =$ 1800 Ω

e) $R_{PTC} =$ 2000 Ω

Wertigkeit **3** P Bewertung P

	II. 7

Das Diagramm zeigt die Kennlinie einer Feldplatte, die in der angegebenen Schaltung als Meßfühler betrieben wird.

Wie groß ist der Mittelwert der Ausgangsspannung U_A bei $B = 0,2\,T$ und $B = 0,8\,T$?

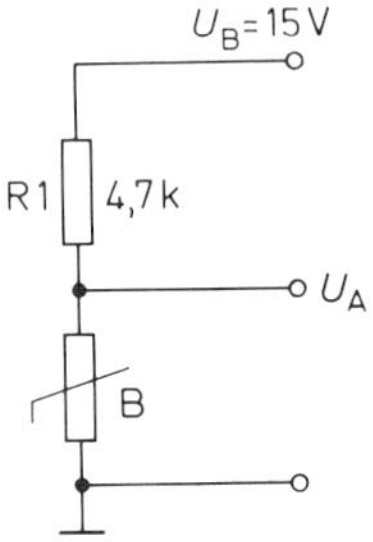

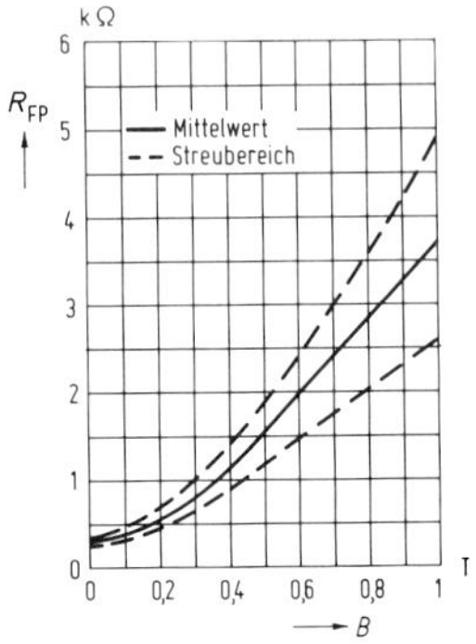

RECHNUNG

$I_1 = \frac{U_B}{R_1 + R_{FP}} = \frac{15\,V}{5,2\,k\Omega} = 2,88\,mA$

$U_{R1} = I_1 \cdot R_1 = 13,55\,V$

$U_A = U_B - U_{R1} = 1,44\,V$

$I_2 = \frac{U_B}{R_1 + R_{FP}} = \frac{15\,V}{7,5\,k\Omega} = 2\,mA$

$U_{R1} = I_2 \cdot R_1$

$U_{R1} = 9,4\,V$ $U_A = 5,6\,V$

	$B = 0,2\,T$	$B = 0,8\,T$	
a)	$U_A \approx 1,4\,V$;	$U_A \approx 5,5\,V$	☒
b)	$U_A \approx 1,4\,V$;	$U_A \approx 4,9\,V$	☐
c)	$U_A \approx 4,9\,V$;	$U_A \approx 2,06\,V$	☐
d)	$U_A \approx 5,5\,V$;	$U_A \approx 1,4\,V$	☐
e)	$U_A \approx 8,0\,V$;	$U_A \approx 0,8\,V$	☐

Wertigkeit **3** P Bewertung P

	II. 7

Ein Hallgenerator befindet sich in einem Magnetfeld mit der magnetischen Flußdichte $B = 0,5\,T$. Dabei wird eine Hallspannung $U_H = 500\,mV$ gemessen. Für die erzeugte Hallspannung gilt:

$$U_H = \frac{R_H}{d} \cdot I_{St} \cdot B$$

Wie groß ist die magnetische Flußdichte B, wenn bei gleichem Steuerstrom I_{St} eine Hallspannung $U_H = 750\,mV$ gemessen wird?

RECHNUNG $U_H \sim I_{st} \cdot B$

$I_{st} \sim \frac{U_{H\,alt}}{B} = \frac{500\,mV}{0,5\,T} = 1\,A$

$B \sim \frac{U_{H\,neu}}{I_{st}} = \frac{750\,mV}{1\,A}$

$B = 0,75\,T$

a)	$B = 0,25\,T$	☐
b)	$B = 0,5\,T$	☐
c)	$B = 0,75\,T$	☒
d)	$B = 1,00\,T$	☐
e)	$B = 1,5\,T$	☐

Wertigkeit **3** P Bewertung P

II. 8
Integrierte Schaltkreise

Welches Bauelement wird durch das angegebene Schaltzeichen dargestellt?

II. 8

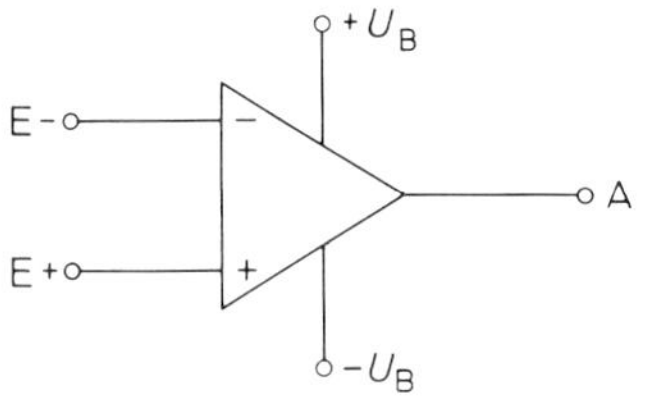

a) Ein Verstärker, allgemein
b) Ein Operationsverstärker
c) Ein Schaltverstärker
d) Ein Analogverstärker
e) Ein Hybridverstärker

Wertigkeit **1** P

Bewertung P

Bei der Betrachtung der Eigenschaften von Operationsverstärkern wird zwischen idealen und realen OPs unterschieden.

Welche der fünf angegebenen Eigenschaften ist charakteristisch für einen idealen OP?

II. 8

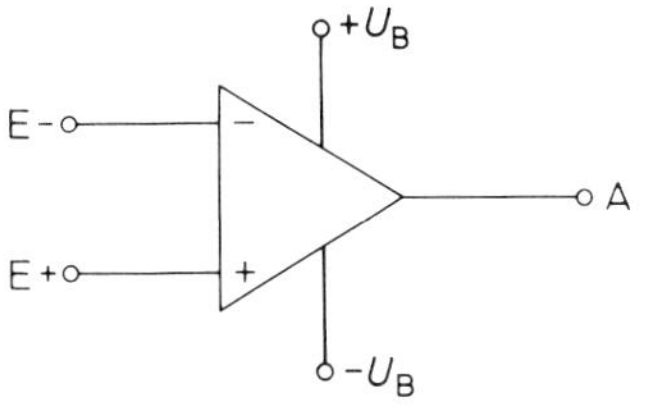

a) Stromverstärkung $\beta < 1$
b) Leerlaufverstärkung $V_o < 1$
c) Eingangswiderstand $r_e = 0\,\Omega$
d) Ausgangswiderstand $r_a = \infty\,\Omega$
e) Leerlaufverstärkung $V_o = \infty$

Wertigkeit **1** P

Bewertung P

In welcher Größenordnung liegt der typische Eingangswiderstand r_e von realen OPs?

a) $r_e \approx 10^{20}\,\Omega$ bis $10^{30}\,\Omega$

b) $r_e \approx 10^{5}\,\Omega$ bis $10^{15}\,\Omega$

c) $r_e \approx 10^{2}\,\Omega$ bis $10^{3}\,\Omega$

d) $r_e \approx 10\,\Omega$ bis $100\,\Omega$

e) $r_e \approx 0{,}1\,\Omega$ bis $1\,\Omega$

Wertigkeit **1** P

Bewertung P

Welche Aufgabe haben die zwischen die Eingänge E+ und E− des Operationsverstärkers geschalteten Dioden?

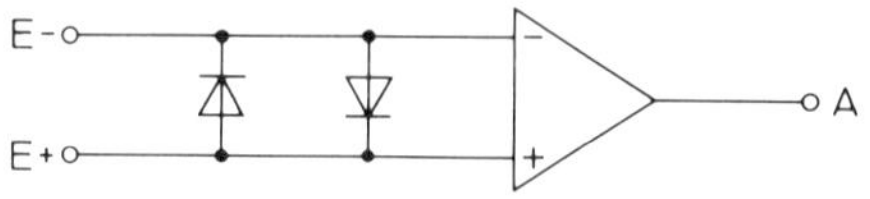

a) Die Dioden erhöhen den Eingangswiderstand r_e des OP

b) Die Dioden schützen den OP vor zu großen Eingangsspannungen

c) Die Dioden verringern die Offsetspannung

d) Die Dioden verringern die Eingangsruheströme

e) Die Dioden erhöhen die Gleichtaktverstärkung V_{Gl}

Wertigkeit **1** P

Bewertung P

II. 8

Wie groß ist die Phasenverschiebung φ zwischen der Signalspannung am Eingang E– und der Ausgangsspannung U_A?

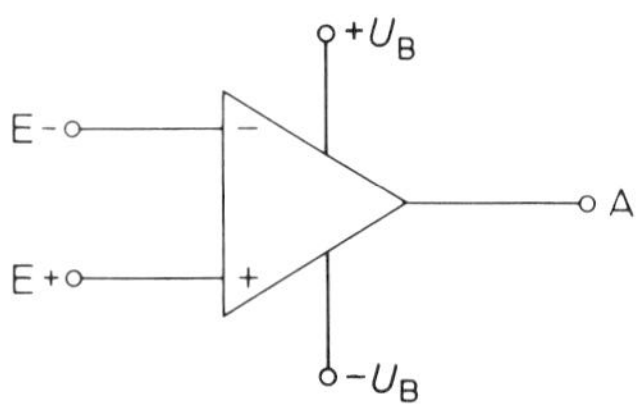

a) $\varphi = 0°$

b) $\varphi = 45°$

c) $\varphi = 90°$

d) $\varphi = 180°$

e) $\varphi = 270°$

Wertigkeit **1** P

Bewertung P

II. 8

Wie wird die dargestellte Grundschaltung eines Operationsverstärkers bezeichnet?

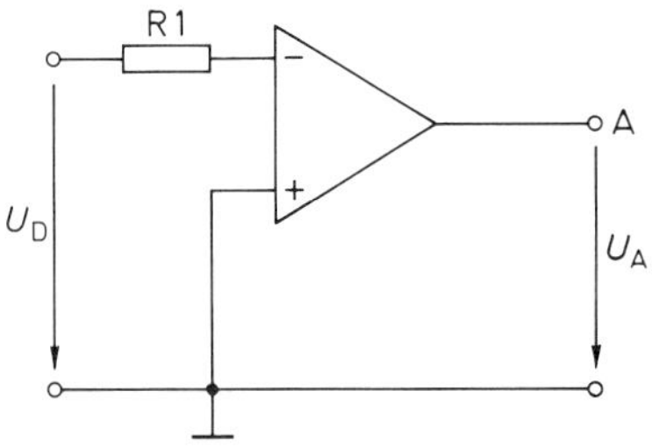

a) Komparator

b) Basisschaltung

c) Nicht-invertierender Verstärker

d) Hybridverstärker

e) Idealer Operationsverstärker

Wertigkeit **1** P

Bewertung P

Wie wird die dargestellte Grundschaltung eines Operationsverstärkers bezeichnet?	II. 8

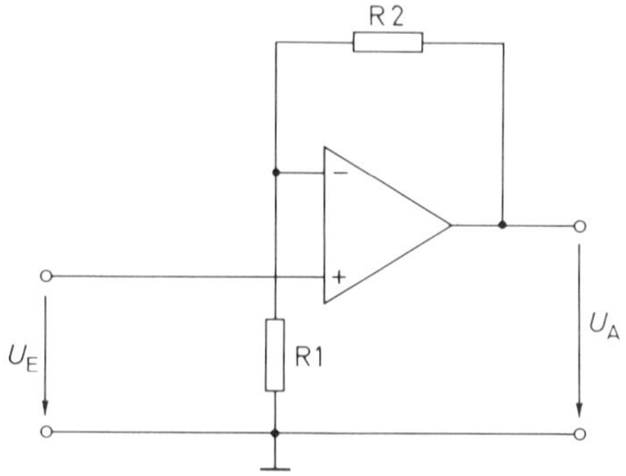

a) Komparator

b) Hybridverstärker

c) Invertierender Verstärker

d) Nicht-invertierender Verstärker

e) Schaltverstärker

Wertigkeit **1** P — Bewertung P

Bei einem integrierten Baustein ist für den Integrationsgrad die Kurzbezeichnung VLSI angegeben.	II. 8

Welche Aussage liefert die Kurzbezeichnung VLSI?

a) Sehr kleiner Integrationsgrad mit maximal 10 Bauelementefunktionen/Chip

b) Kleiner Integrationsgrad mit bis zu 100 Bauelementefunktionen/Chip

c) Mittlerer Integrationsgrad mit bis zu 500 Bauelementefunktionen/Chip

d) Großer Integrationsgrad mit bis zu 10 000 Bauelementefunktionen/Chip

e) Sehr großer Integrationsgrad mit über 10 000 Bauelementefunktionen/Chip

Wertigkeit **1** P — Bewertung P

II. 8

Bei einem Baustein ist angegeben, daß er in Hybrid-Technik gefertigt wird.

Was bedeutet die Bezeichnung Hybrid-Technik?

a) Mischform aus analoger und digitaler Schaltungstechnik

b) Die integrierten Schaltungen sind fest auf eine gedruckte Schaltung aufgelötet

c) Mischform aus integrierter und diskreter Schaltungstechnik

e) Die integrierten Schaltungen werden in Metall- und Kunststoffgehäusen geliefert

e) Dioden und Transistoren sowie Thyristoren sind fest mit einem großen Kühlkörper verbunden

Wertigkeit **1** P Bewertung P

II. 8

Mit welcher der fünf Gleichungen kann bei der angegebenen Schaltung mit OP die Ausgangsspannung U_A berechnet werden?

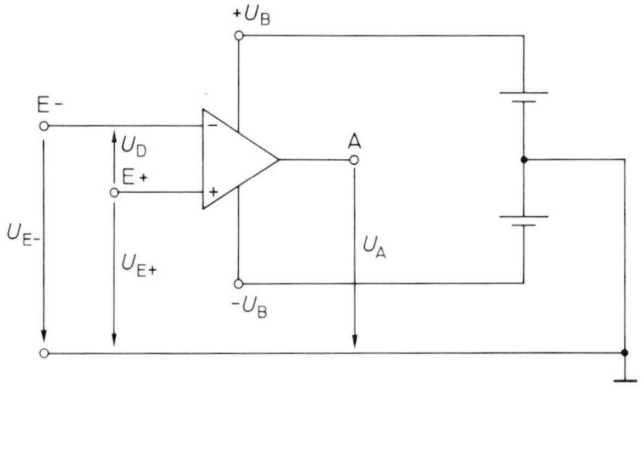

a) $U_A = V_o \cdot \frac{+U_B}{U_{E+}}$

b) $U_A = V_o \cdot \frac{-U_B}{U_{E-}}$

c) $U_A = V_o \cdot U_{E-}$

d) $U_A = V_o \cdot U_{E+}$

e) $U_A = V_o \cdot U_D$

Wertigkeit **2** P Bewertung P

In welchem der fünf Fälle tritt bei der angegebenen Schaltung mit OP eine positive Ausgangsspannung U_A auf?

II. 8

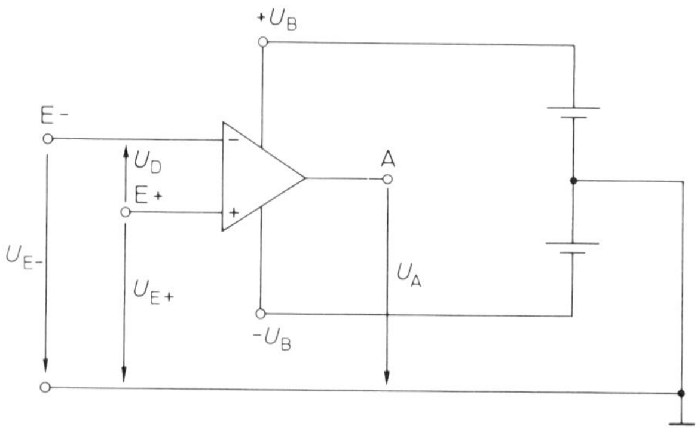

a) Wenn $U_{E+} > U_{E-}$

b) Wenn $U_{E+} = U_{E-}$

c) Wenn $U_{E+} < U_{E-}$

d) Wenn $U_{E-} > U_{E+}$

e) Wenn $U_{E+} = 0\,V$

Wertigkeit **2** P

Bewertung P

Wie groß ist bei der angegebenen Schaltung die Phasendrehung zwischen U_{E+} und U_A, wenn der Fall vorliegt daß $U_{E+} = -12\,V$ und $U_{E-} = -13\,V$ ist?

II. 8

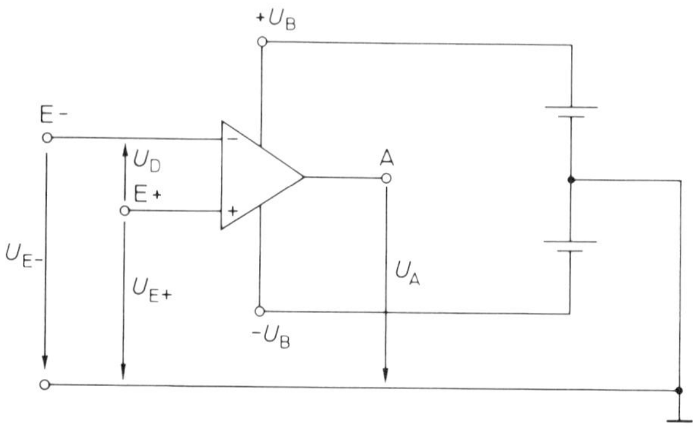

a) $\varphi = 0°$

b) $\varphi = 45°$

c) $\varphi = 90°$

d) $\varphi = 180°$

e) $\varphi = 270°$

Wertigkeit **2** P

Bewertung P

II. 8

Durch Verändern der Potieinstellung kann bei dem angegebenen OP eine Kompensation der Offsetspannung vorgenommen werden.

Auf welchen Wert muß dabei die Ausgangsspannung U_A eingestellt werden?

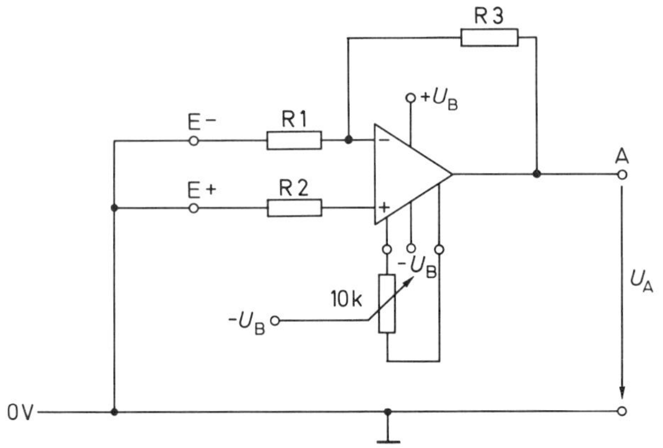

a) Auf $U_A = +U_B$

b) Auf $U_A = \frac{-U_B}{2}$

c) Auf $U_A = \frac{+U_B}{2}$

d) Auf $U_A = 0\,V$

e) Auf $U_A = -1\,V$

Wertigkeit **2** P Bewertung P

II. 8

Wie lautet die Gleichung für die Gleichtaktverstärkung V_{Gl} eines OPs?

a) $V_{Gl} = \frac{\Delta U_A}{\Delta U_{Gl}}$

b) $V_{Gl} = \frac{\Delta U_{Gl}}{\Delta U_A}$

c) $V_{Gl} = \Delta U_A \cdot \Delta U_{Gl}$

d) $V_{Gl} = \Delta U_{Gl} \cdot V_o$

e) $V_{Gl} = \frac{\Delta U_A}{V_o}$

Wertigkeit **2** P Bewertung P

II. 8

Das Bild zeigt einen Komparator. Der verwendete OP hat eine Leerlaufverstärkung $V_o = 50 \cdot 10^3$.

Wie groß ist die Ausgangsspannung U_A, wenn die Eingangsspannung $U_D \approx +1\,V$ beträgt?

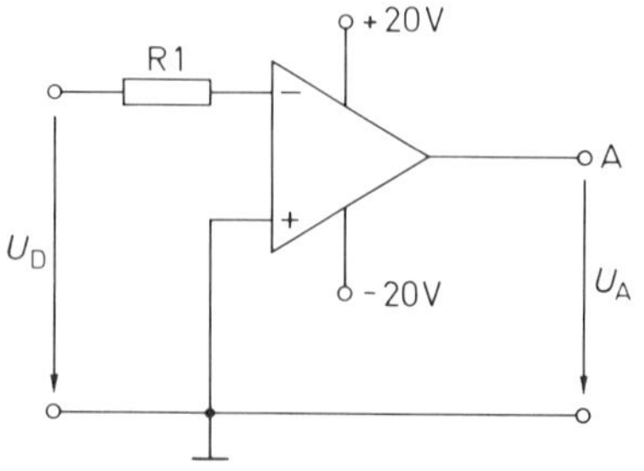

a) $U_A \approx +20\,V$

b) $U_A \approx -20\,V$

c) $U_A = 0\,V$

d) $U_A \approx +1\,V$

e) $U_A \approx -1\,V$

Wertigkeit **2** P

Bewertung P

II. 8

Das Bild zeigt einen invertierenden Verstärker mit OP.

Wie lautet die Maschengleichung am Eingang der Schaltung?

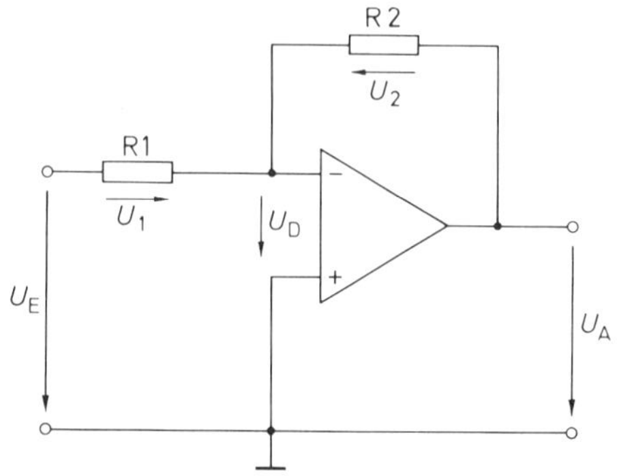

a) $U_E = U_1 - U_2 + U_D$

b) $U_E = U_1 + U_2 - U_D$

c) $U_E = U_1 - U_D$

d) $U_E = U_2 + U_D$

e) $U_E = U_1 + U_D$

Wertigkeit **2** P

Bewertung P

II. 8

Das Bild zeigt einen invertierenden Verstärker mit OP.

Wie lautet die Gleichung für die Verstärkung dieser Schaltung?

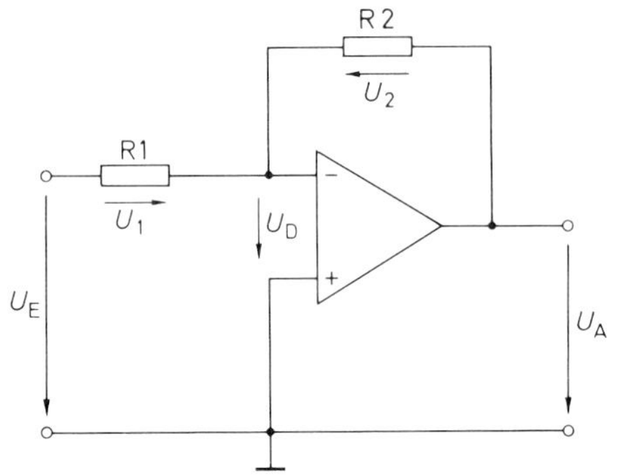

a) $V = \frac{R2}{R1} \cdot V_o$

b) $V = (R1 + R2) \cdot V_o$

c) $V = \frac{R2}{R1}$

d) $V = \frac{R1}{R2}$

e) $V = 1 + \frac{R2}{R1}$

Wertigkeit **2** P

Bewertung P

II. 8

Das Bild zeigt einen invertierenden Verstärker mit OP. Bei $U_E = -1$ V beträgt die Ausgangsspannung $U_A = +10$ V.

Welche der angegebenen Änderungen tritt ein, wenn der Widerstand R2 infolge einer Unterbrechung den Wert $R = \infty$ annimmt?

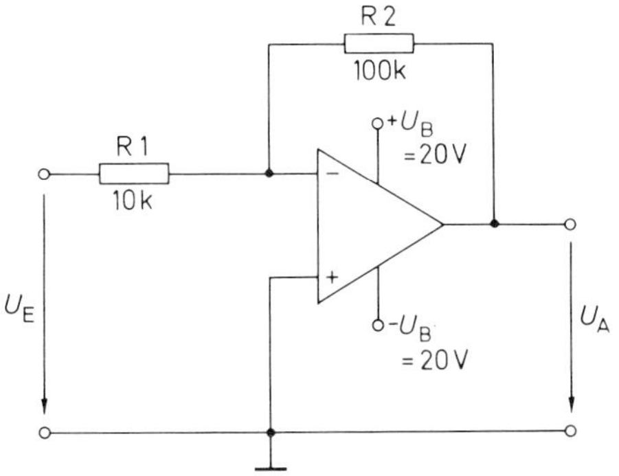

a) Die Verstärkung $V = 10$ sinkt sofort auf $V = 0$

b) U_A springt von +10 V auf 0 V

c) U_A springt von +10 V auf $+U_B$

d) U_A springt von +10 V auf $-U_B$

e) U_A springt von +10 V auf −10 V

Wertigkeit **2** P

Bewertung P

Welche der angegebenen fünf Änderungen tritt ein, wenn bei der dargestellten Schaltung anstelle von $R2 = 100\,\mathrm{k\Omega}$ ein Widerstand R2 mit einem größeren Widerstandswert eingesetzt wird?	II. 8

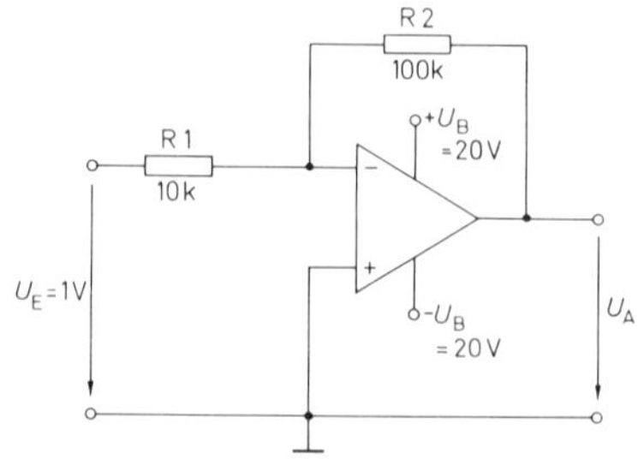

a) Die Phasenverschiebung zwischen U_A und U_E wird kleiner

b) Die Phasenverschiebung zwischen U_A und U_E wird größer

c) Die Spannungsverstärkung V der Stufe wird größer

d) Die Spannungsverstärkung V der Stufe wird kleiner

e) Die Ausgangsspannung U_A der Stufe wird positiver

Wertigkeit **2** P — Bewertung P

Welche der angegebenen fünf Änderungen tritt ein, wenn bei der dargestellten Schaltung anstelle von $R1 = 10\,\mathrm{k\Omega}$ ein Widerstand R1 mit einem kleineren Widerstandswert eingesetzt wird?	II. 8

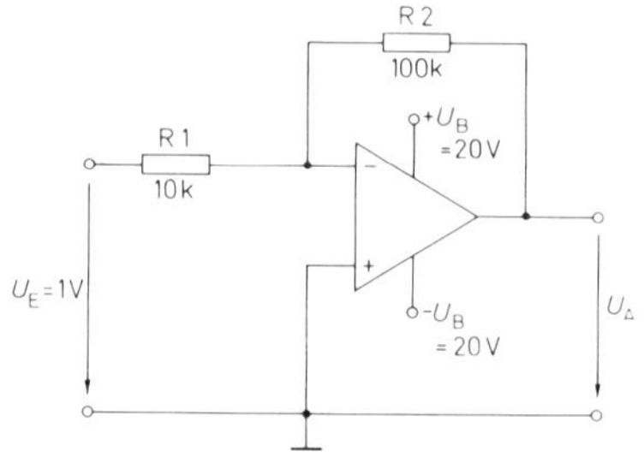

a) Die Spannungsverstärkung V der Stufe wird größer

b) Die Spannungsverstärkung V der Stufe wird kleiner

c) Die Ausgangsspannung U_A der Stufe wird positiver

d) Die Phasenverschiebung zwischen U_A und U_E wird kleiner

e) Die Phasenverschiebung zwischen U_A und U_E wird größer

Wertigkeit **2** P — Bewertung P

II. 8

Welche der angegebenen fünf Änderungen tritt ein, wenn bei der dargestellten Schaltung anstelle von $R2 = 100\,\text{k}\Omega$ ein Widerstand R2 mit einem größeren Widerstandswert eingesetzt wird?

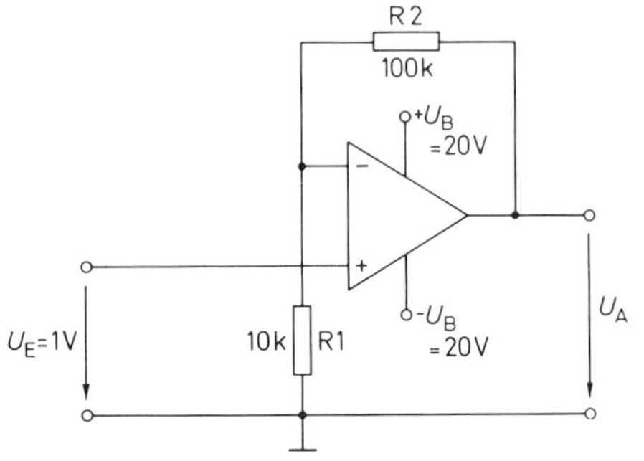

a) Die Phasenverschiebung zwischen U_A und U_E wird kleiner

b) Die Phasenverschiebung zwischen U_A und U_E wird größer

c) Die Spannungsverstärkung V der Stufe wird größer

d) Die Spannungsverstärkung V der Stufe wird kleiner

e) Die Ausgangsspannung U_A der Stufe wird kleiner

Wertigkeit **2** P | Bewertung P

II. 8

Das Bild zeigt einen nicht-invertierenden Verstärker mit OP.

Wie lautet die Maschengleichung am Ausgang der Schaltung, wenn $U_D = 0\,\text{V}$ beträgt?

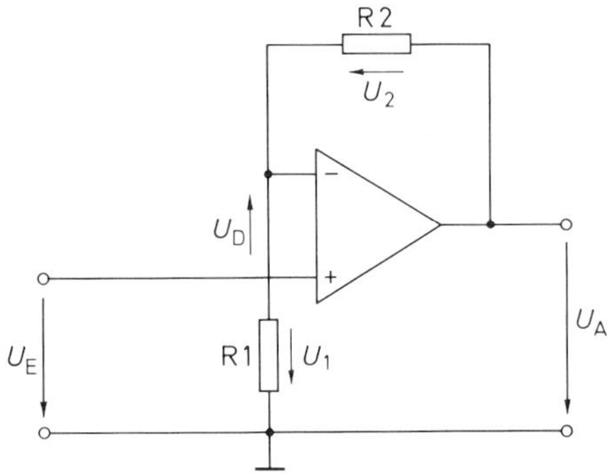

a) $U_A = U_2 - U_D + U_1$

b) $U_A = U_1 + U_D - U_2$

c) $U_A = U_2 + U_1$

d) $U_A = U_2 - U_1$

e) $U_A = U_2 + U_D + U_1$

Wertigkeit **2** P | Bewertung P

II. 8

Das Bild zeigt einen nicht-invertierenden Verstärker mit OP.

Wie lautet die Gleichung für die Verstärkung dieser Schaltung?

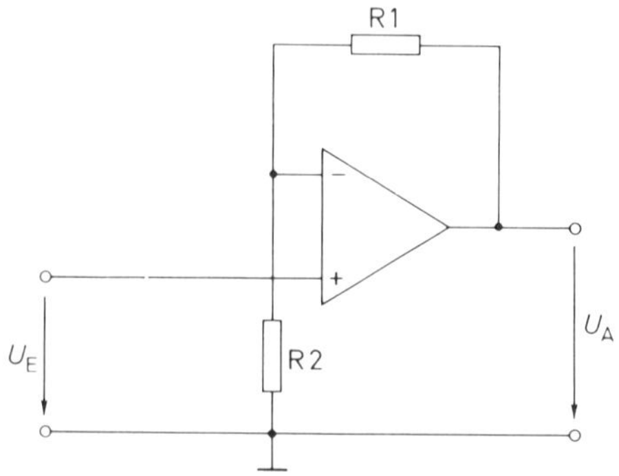

a) $V = \frac{R2}{R1} \cdot V_o$

b) $V = (R1 + R2) \cdot V_o$

c) $V = \frac{R2}{R1}$

d) $V = 1 + \frac{R1}{R2}$

e) $V = 1 + \frac{R2}{R1}$

Wertigkeit **2** P

Bewertung P

II. 8

Durch welche der fünf Maßnahmen kann die Bandbreite der angegebenen Schaltung vergrößert werden?

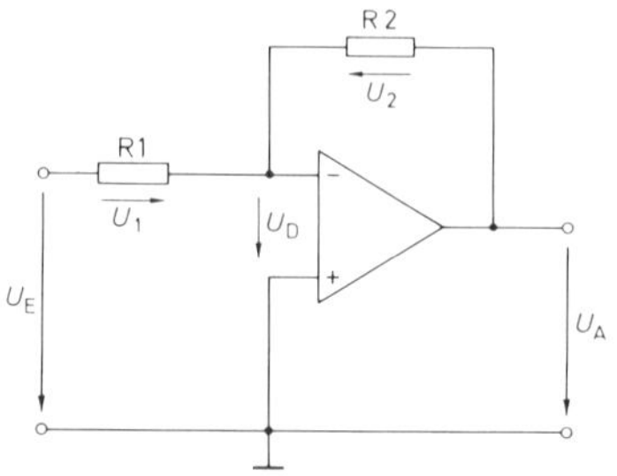

a) Durch Erhöhen der Verstärkung V

b) Durch Herabsetzen der Verstärkung V

c) Durch Erhöhen der Betriebsspannung $\pm U_B$

d) Durch Herabsetzen der Betriebsspannung $\pm U_B$

e) Durch exaktes Kompensieren der Eingangsoffsetspannung

Wertigkeit **2** P

Bewertung P

II. 8

Durch welche der fünf Maßnahmen kann die Bandbreite der angegebenen Schaltung verringert werden?

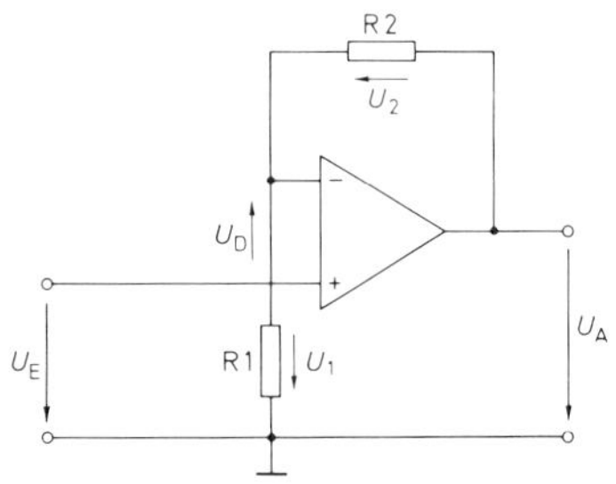

a) Durch Erhöhen der Verstärkung V

b) Durch Herabsetzen der Verstärkung V

c) Durch Erhöhen der Betriebsspannung $\pm U_B$

d) Durch Herabsetzen der Betriebsspannung $\pm U_B$

e) Durch exaktes Kompensieren der Eingangsoffsetspannung

Wertigkeit **2** P

Bewertung P

II. 8

Das Bild zeigt die interne Schaltung eines Operationsverstärkers vom Typ TBA 221 (741).

In welcher Technik wird dieser OP gefertigt?

a) In Bipolar-Technik

b) In MOS-Technik

c) In Hybrid-Technik

d) In diskreter Technik

e) In Analog-Technik

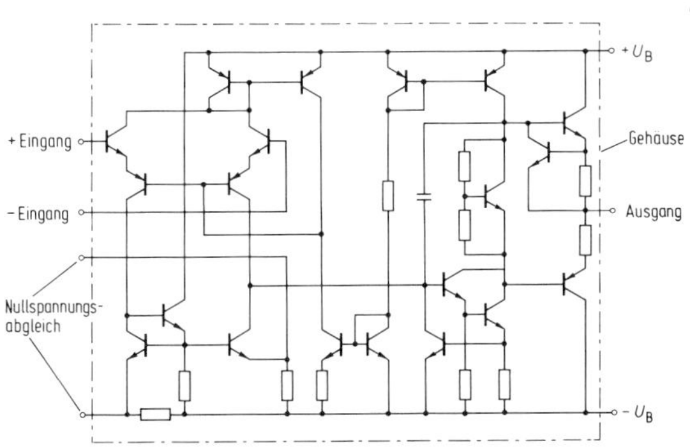

Wertigkeit **2** P

Bewertung P

Eine Reihe von Operationsverstärkern werden in der Ausführung mit »open collector« angeboten.

Was bedeutet diese Angabe?

II. 8

a) Die Eingangsstufe des OP ist in Kollektorschaltung ausgeführt

b) Die Ausgangsstufe des OP ist in Kollektorschaltung ausgeführt

c) Alle integrierten Transistoren sind in Kollektorschaltung ausgeführt

d) Es muß stets ein externer Lastwiderstand angeschlossen werden

e) Es darf kein externer Lastwiderstand angeschlossen werden

Wertigkeit **2** P | Bewertung P

Ein OP hat eine Leerlaufverstärkung $V_o = 10 \cdot 10^3$ und wird in der angegebenen Schaltung betrieben. Bei $U_{E+} = U_{E-} = 0{,}1\,V$ beträgt die Ausgangsspannung $U_A = 0\,V$.

Wie verhält sich U_A, wenn beide Eingangsspannungen um 1 mV erhöht werden und die Gleichtaktverstärkung V_{Gl} des OP vernachlässigbar klein ist?

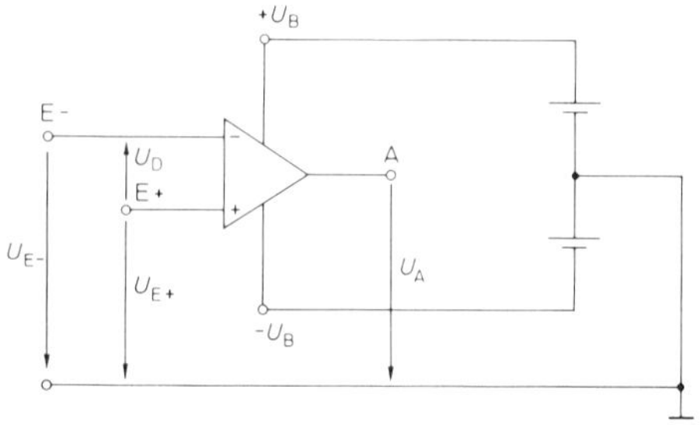

II. 8

a) U_A steigt auf $U_A = +10\,mV$

b) U_A sinkt auf $U_A = -10\,mV$

c) U_A bleibt konstant auf $U_A = 0\,V$

d) U_A steigt auf $U_A = +U_B$

e) U_A sinkt auf $U_A = -U_B$

Wertigkeit **2** P | Bewertung P

Bei dem angegebenen OP erfolgt die Kompensation der Offsetspannung durch Einstellen des Potis so, daß $U_A = 0\,V$ wird.

In welcher Weise müssen die beiden Eingänge E+ und E− des OPs bei dieser Offsetspannungskompensation beschaltet sein?

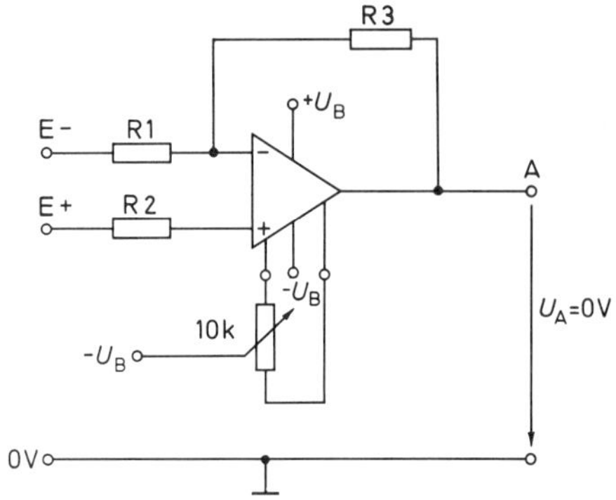

a) E+ und E− auf Masse

b) E+ und E− auf $+U_B$

c) E+ auf Masse und E− auf $-U_B$

d) E+ auf $+U_B$ und E− auf Masse

e) E+ und E− müssen kurzgeschlossen, dürfen aber nicht auf Masse gelegt werden

Wertigkeit **2** P | Bewertung P

In der angegebenen Verstärkerschaltung ist ein OP mit einer Leerlaufverstärkung $V_o = 50 \cdot 10^3$ eingesetzt.

Wie groß ist die Verstärkung V der Schaltung?

RECHNUNG

$V = \frac{R_2}{R_1} = \frac{100\,k\Omega}{10\,k\Omega} = 10$

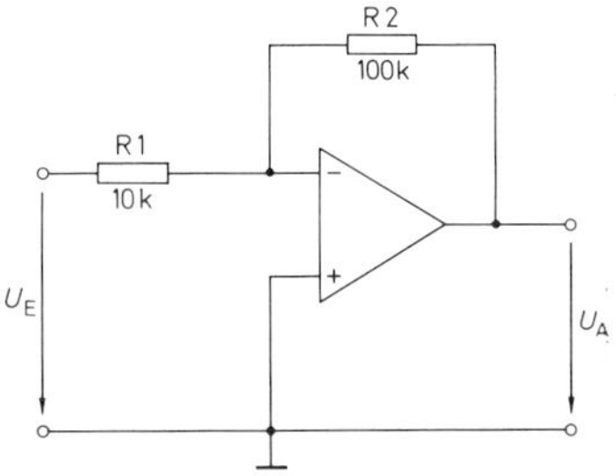

a) $V = 0{,}5$

b) $V = 5$

c) $V = 10$

d) $V = 100$

e) $V = 50 \cdot 10^3$

Wertigkeit **3** P | Bewertung P

In der angegebenen Verstärkerschaltung ist ein OP mit einer Leerlaufverstärkung $V_o = 50 \cdot 10^3$ eingesetzt.

Wie groß ist die Ausgangsspannung U_A, wenn die Eingangsspannung $U_E = 10\,mV$ beträgt?

RECHNUNG

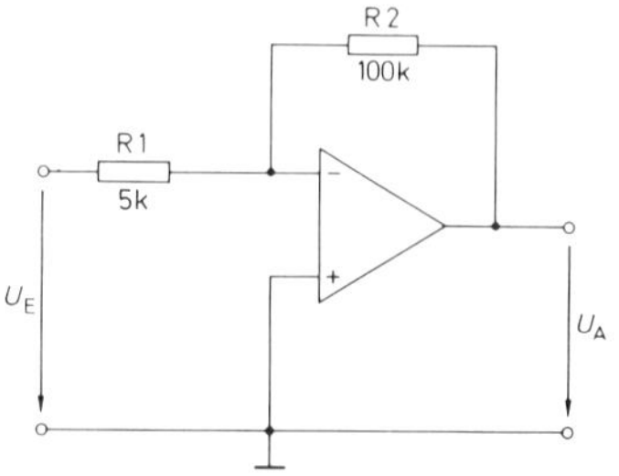

a) $U_A = -\ \ 20\,mV$

b) $U_A = +\ \ 20\,mV$

c) $U_A = +\ 100\,mV$

d) $U_A = +\ 200\,mV$

e) $U_A = -\ 200\,mV$

II. 8

Wertigkeit **3** P

Bewertung P

Die Schaltung zeigt einen invertierenden Verstärker.

Welchen Wert muß der Widerstand R2 haben, wenn bei einer Eingangsspannung $U_E = 10\,mV$ die Ausgangsspannung $U_A = -250\,mV$ betragen soll?

RECHNUNG

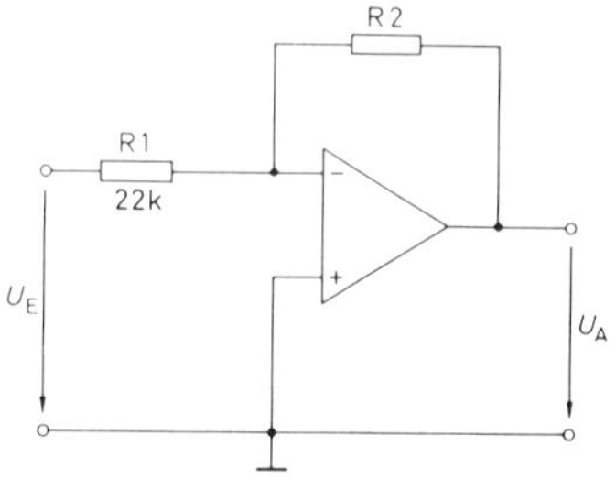

a) $R_2 = \ \ 1\,k\Omega$

b) $R_2 = \ 22\,k\Omega$

c) $R_2 = \ 25\,k\Omega$

d) $R_2 = 250\,k\Omega$

e) $R_2 = 550\,k\Omega$

II. 8

Wertigkeit **3** P

Bewertung P

II. 8

Die Schaltung zeigt einen Komparator. Der verwendete OP hat eine Leerlaufverstärkung $V_o = 20 \cdot 10^3$.

Wie groß ist die Ausgangsspannung U_A und welche Polarität hat sie, wenn die Eingangsspannung $U_{E-} = +0{,}1\,\text{mV}$ beträgt?

RECHNUNG

$U_A \approx V_0 \cdot U_E$

$U_A \approx 20 \cdot 10^3 \cdot 0{,}1\,V$

$U_A \approx -2\,V$

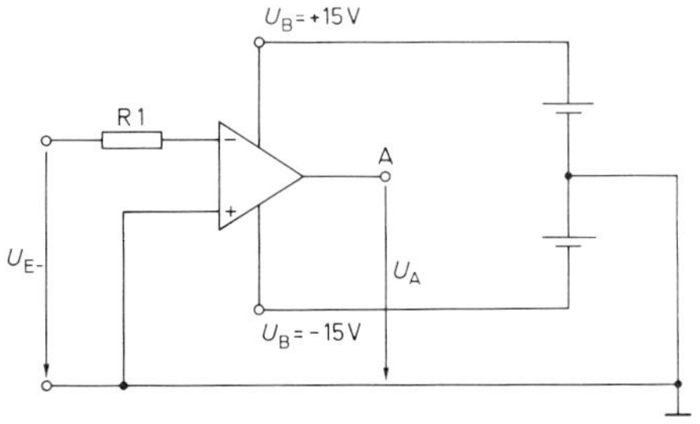

a) $U_A = +\ 0{,}2\,V$

b) $U_A = -\ 0{,}2\,V$

c) $U_A = +\ 2\ V$

d) $U_A = -\ 2\ V$ (x)

e) $U_A = -15\ V$

Wertigkeit **3** P

Bewertung P

II. 8

Die Schaltung zeigt einen nicht-invertierenden Verstärker. Der verwendete OP hat eine Leerlaufverstärkung $V_o = 20 \cdot 10^3$.

Wie groß ist die Verstärkung V der Schaltung?

RECHNUNG

$V = 1 + \frac{R_2}{R_1}$

$V = 1 + \frac{68\,k\Omega}{22\,k\Omega}$

$V = 4{,}09$

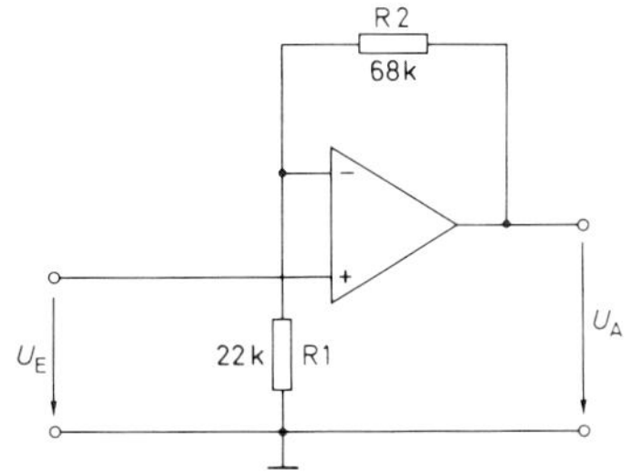

a) $V = 1{,}39$

b) $V = 1{,}49$

c) $V = 3{,}09$

d) $V = 4{,}09$ (x)

e) $V = 20$

Wertigkeit **3** P

Bewertung P

II. 8

Die Schaltung zeigt einen nicht-invertierenden Verstärker.

Welchen Wert muß der Widerstand R1 haben, wenn bei einer Eingangsspannung $U_E = 620$ mV die Ausgangsspannung $U_A = 8{,}8$ V betragen soll?

RECHNUNG

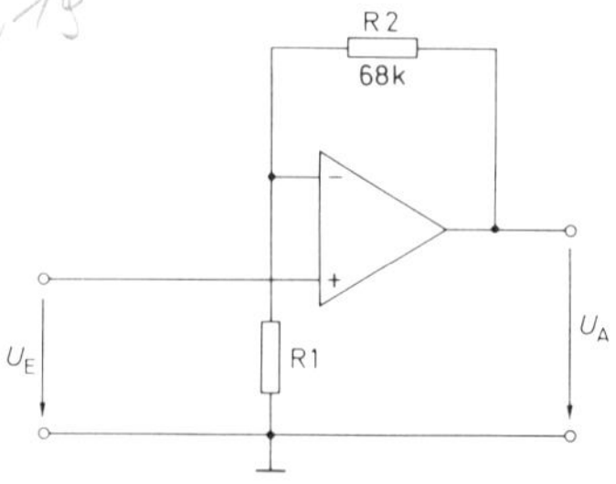

a) $R_1 = 4{,}78$ kΩ

b) $R_1 = 5{,}15$ kΩ

c) $R_1 = 14{,}19$ kΩ

d) $R_1 = 15{,}19$ kΩ

e) $R_1 = 51{,}5$ kΩ

Wertigkeit **3** P   Bewertung   P

II. 8

In der angegebenen Schaltung werden für R1 und R2 Widerstände mit einer Toleranz von ± 10 % verwendet.

Welche maximale Verstärkung V_{max} und minimale Verstärkung V_{min} kann sich aufgrund der Toleranz der Widerstände ergeben?

RECHNUNG

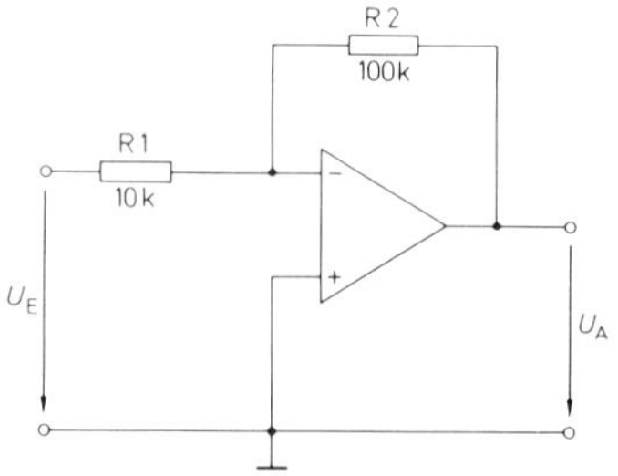

	V_{max}	V_{min}
a)	10	1
b)	10	8,18
c)	11,05	9,05
d)	12,22	8,18
e)	12,22	10,18

Wertigkeit **3** P   Bewertung   P

II. 8

In der angegebenen Schaltung werden für R1 und R2 Widerstände mit einer Toleranz $\pm 5\,\%$ verwendet.

Welche Verstärkung V hat der Verstärker, wenn R1 an der oberen Toleranzgrenze und R2 an der unteren Toleranzgrenze liegt?

RECHNUNG

$V_1 = \frac{R_2}{R_1} = \frac{68\,k\Omega - 5\%}{6{,}8\,k\Omega + 5\%}$

$V_1 = \frac{R_2}{R_1} = \frac{64{,}6\,k\Omega}{7{,}14\,k\Omega}$

$V_1 = 9{,}047 + 1$

$V_1 = 10{,}05$

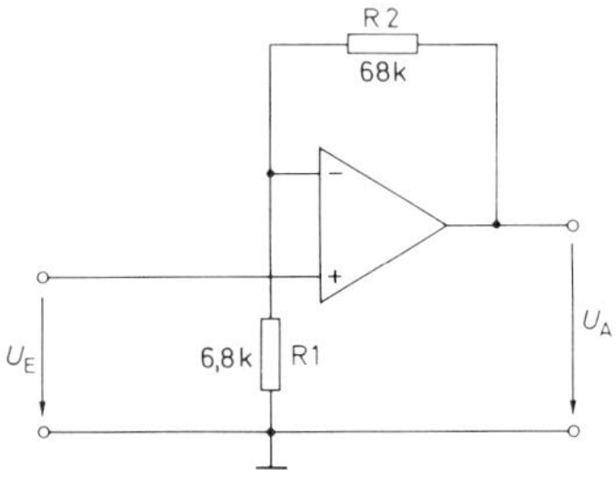

a) $V \approx$ 8,05

b) $V \approx$ 9,05

c) $V \approx$ 10,05 (angekreuzt)

d) $V \approx$ 11,05

e) $V \approx$ 12,05

Wertigkeit **3** P   Bewertung P

II. 8

In der angegebenen Schaltung wird ein OP mit einer Leerlaufverstärkung $V_o = 20 \cdot 10^3$ eingesetzt.

Wie groß ist die Ausgangsspannung U_A und welche Polarität hat sie, wenn $U_{E-} = +0{,}25\,mV$ und $U_{E+} = -0{,}25\,mV$ betragen?

RECHNUNG

$U_D = U_{E+} - U_{E-}$

$U_D = 500\,\mu V$

$U_A = V_0 \cdot U_D$

$U_A = 20 \cdot 10^3 \cdot 500\,\mu V$

$U_A = -10\,V$

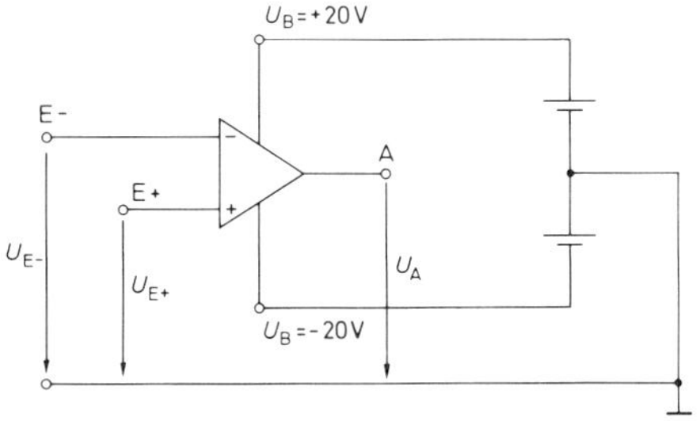

a) $U_A = -10\,V$ (angekreuzt)

b) $U_A = +10\,V$

c) $U_A = -\;5\,V$

d) $U_A = +\;5\,V$

e) $U_A = -\;1\,V$

Wertigkeit **3** P   Bewertung P

II. 9
Thyristoren

II. 9

Welches der fünf angegebenen Schaltzeichen stellt einen Diac (Zweirichtungs-Thyristordiode) dar?

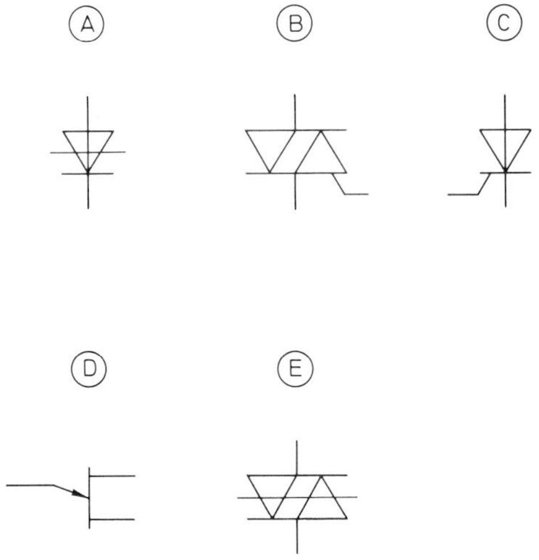

a) Schaltzeichen A
b) Schaltzeichen B
c) Schaltzeichen C
d) Schaltzeichen D
e) Schaltzeichen E

Wertigkeit **1** P

Bewertung P

II. 9

Welches der fünf angegebenen Schaltzeichen stellt eine anodenseitig gesteuerte Thyristortriode dar?

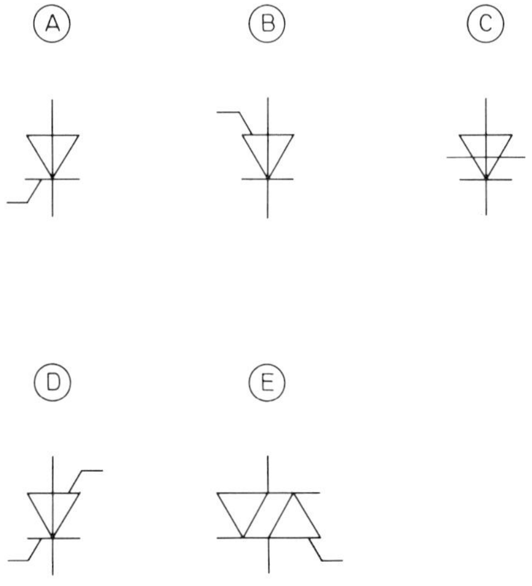

a) Schaltzeichen A
b) Schaltzeichen B
c) Schaltzeichen C
d) Schaltzeichen D
e) Schaltzeichen E

Wertigkeit **1** P

Bewertung P

Das Bild zeigt die charakteristische Kennlinie eines UJT (Unijunction-Transistor).	II. 9

Wie wird der mit Ⓑ gekennzeichnete Bereich dieser Kennlinie bezeichnet?

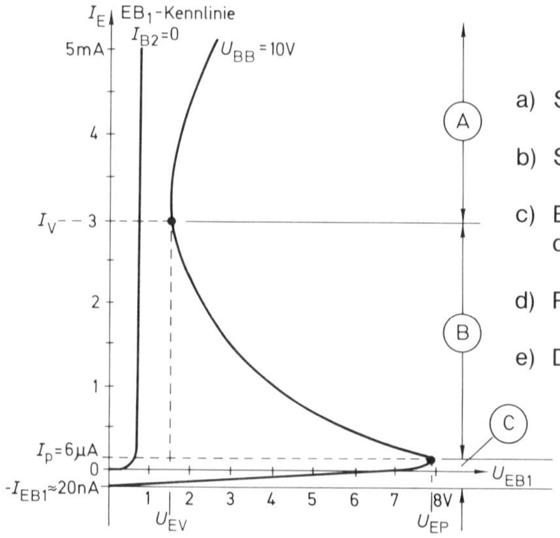

a) Sättigungsbereich

b) Sperrbereich

c) Bereich mit negativem differentiellen Widerstand

d) Rückwärts-Sperrbereich

e) Durchbruchbereich

Wertigkeit **1** P Bewertung P

Das Bild zeigt die charakteristische Kennlinie eines UJT (Unijunction-Transistor).	II. 9

Wie wird der mit Ⓐ gekennzeichnete Punkt dieser Kennlinie bezeichnet?

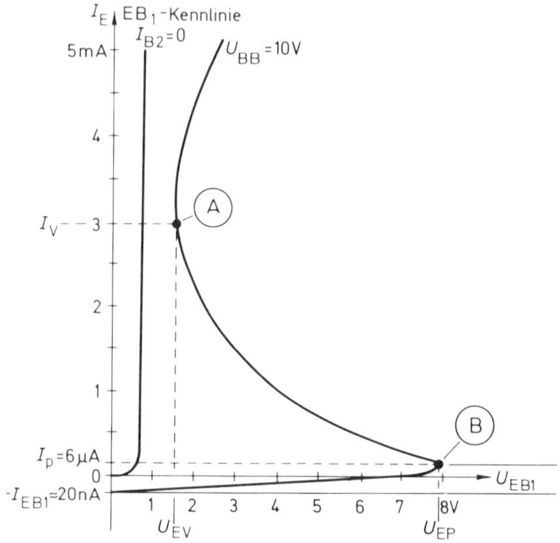

a) Durchbruchpunkt

b) Sättigungspunkt

c) Blockierpunkt

d) Höckerpunkt

e) Talpunkt

Wertigkeit **1** P Bewertung P

II. 9

Das Bild zeigt die charakteristische Kennlinie eines Halbleiter-Bauelementes.

Zu welchem der genannten Bauelemente gehört diese Kennlinie?

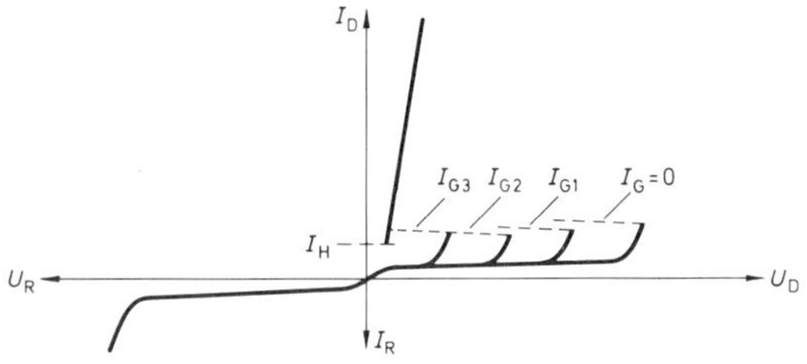

a) Zu einer Vierschicht-Diode (Einrichtungs-Thyristordiode)

b) Zu einem Diac (Zweirichtungs-Thyristordiode)

c) Zu einem UJT (Unijunction-Transistor)

d) Zu einem Triac (Zweirichtungs-Thyristortriode)

e) Zu einem Thyristor (Einrichtungs-Thyristortriode)

Wertigkeit **1** P

Bewertung P

II. 9

Das Bild zeigt die charakteristische Kennlinie eines Thyristors (Einrichtungs-Thyristortriode).

Wie wird der mit Ⓒ gekennzeichnete Bereich der Kennlinie bezeichnet?

a) Blockierbereich

b) Rückwärts-Sperrbereich

c) Übergangsbereich

d) Durchlaßbereich

e) Sättigungsbereich

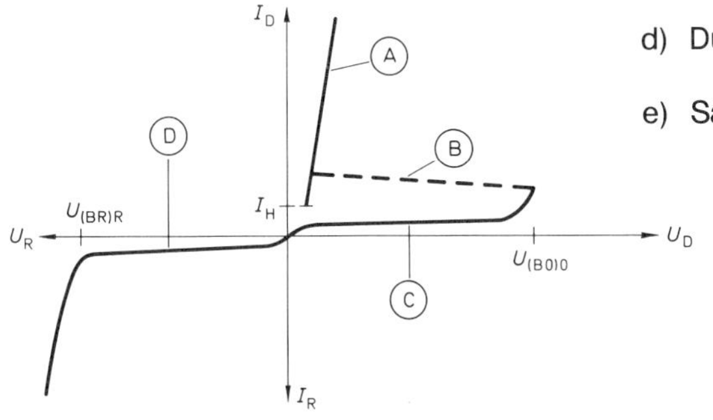

Wertigkeit **1** P

Bewertung P

Das Bild zeigt die charakteristische Kennlinie einer Vierschichtdiode (Einrichtungs-Thyristordiode). Wie wird der mit Ⓐ gekennzeichnete Bereich der Kennlinie bezeichnet?	II. 9

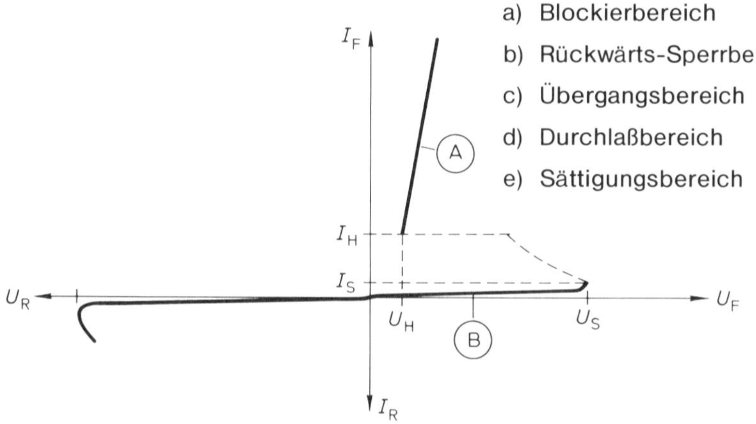

a) Blockierbereich ☐
b) Rückwärts-Sperrbereich ☐
c) Übergangsbereich ☐
d) Durchlaßbereich ☐
e) Sättigungsbereich ☐

Wertigkeit **1** P — Bewertung P

Das Bild zeigt die charakteristische Kennlinie eines Diacs (Zweirichtungs-Thyristordiode). Wie wird der mit Ⓑ gekennzeichnete Bereich der Kennlinie bezeichnet?	II. 9

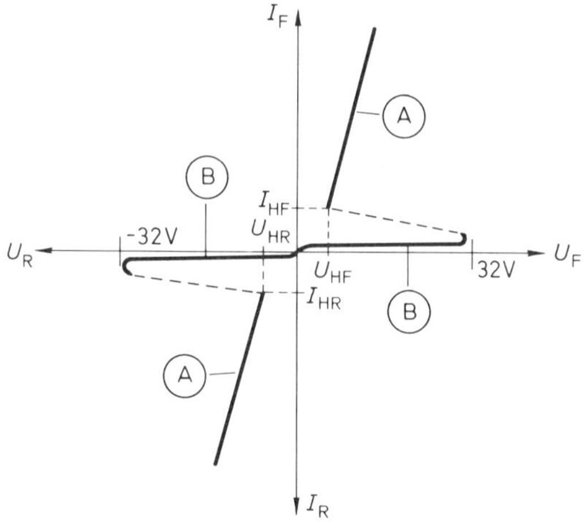

a) Durchlaßbereich ☐
b) Blockierbereich ☐
c) Übergangsbereich ☐
d) Bereich mit negativem Widerstand ☐
e) Sättigungsbereich ☐

Wertigkeit **1** P — Bewertung P

Wie wird die Schutzbeschaltung bezeichnet, die parallel zum Thyristor liegt?

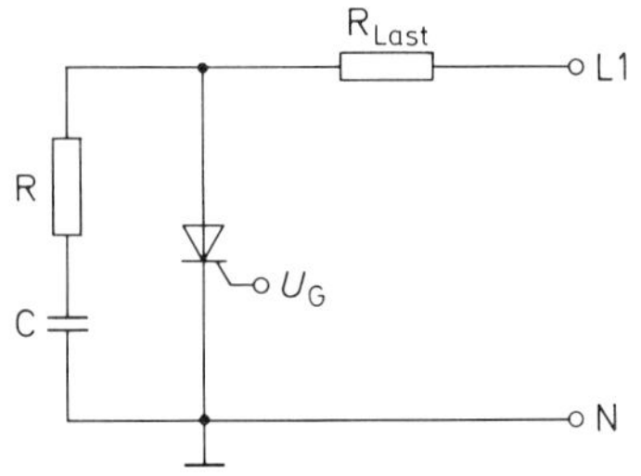

a) Temperaturbegrenzung	☐
b) Differenzierglied	☐
c) Integrierglied	☐
d) TSE-Beschaltung	☒
e) Überstromschutz	☐

II. 9

© Heinz-Piest-Institut II. 9–A 37

Wertigkeit **1** P

Bewertung P

Auf welche Weise können Thyristoren gegen auftretende Überspannungen geschützt werden?

a) Durch TSE-Beschaltung	☒
b) Durch Vorschalten von superflinken Schmelzsicherungen	☐
c) Durch Antiparallelschalten von Thyristoren	☐
d) Durch Vorschalten von Induktivitäten	☐
e) Durch eine negative Vorspannung des Gates	☐

II. 9

© Heinz-Piest-Institut II. 9–A 38

Wertigkeit **1** P

Bewertung P

II. 9

Auf welche Weise können Thyristoren gegen zu große Kurzschlußströme geschützt werden?

a) Durch TSE-Beschaltung

b) Durch schnelle thermische oder magnetische Überstromauslöser

c) Durch Parallelschalten von VDR-Widerständen

d) Durch Parallelschalten einer Freilaufdiode

e) Durch Fehlerstrom-Schutzeinrichtung (FI-Schutzschalter)

Wertigkeit **1** P — Bewertung P

II. 9

Auf welche Weise können Triacs gegen zu große Kurzschlußströme geschützt werden?

a) Durch TSE-Beschaltung

b) Durch Parallelschaltung von VDR-Widerständen

c) Durch Vorschalten von trägen Schmelzsicherungen

d) Durch Vorschalten von superflinken Schmelzsicherungen

e) Durch Fehlerstrom-Schutzeinrichtung (FI-Schutzschalter)

Wertigkeit **1** P — Bewertung P

Zwischen welchen Elektroden eines UJT wird die Steuerspannung angelegt und welche Polarität muß sie haben, damit der UJT »zündet«?

II. 9

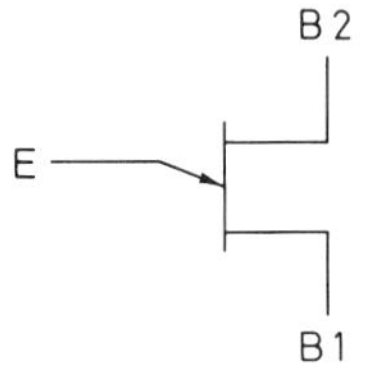

a) Steuerspannung = Spannung zwischen B1 und B2 und positiv, bezogen auf B1

b) Steuerspannung = Spannung zwischen E und B2 und positiv, bezogen auf E

c) Steuerspannung = Spannung zwischen E und B1 und positiv, bezogen auf E

d) Steuerspannung = Spannung zwischen E und B1 und negativ, bezogen auf E

e) Steuerspannung = Spannung zwischen E und B2 und negativ, bezogen auf E

Wertigkeit **2** P Bewertung P

Die Spannung, bei der ein UJT »zündet«, wird als Höckerspannung U_{EP} bezeichnet.

Wie lautet die Gleichung für die Höckerspannung U_{EP} beim UJT?

II. 9

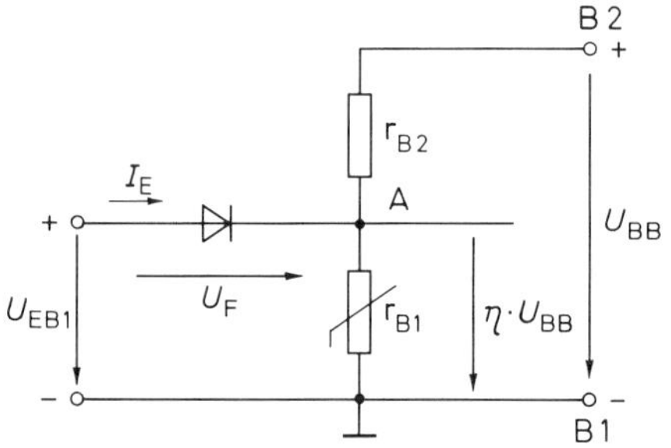

a) $U_{EP} = \eta \cdot U_{BB}$

b) $U_{EP} = \eta \cdot U_{BB} + U_{E\,B1}$

c) $U_{EP} = U_F + \eta \cdot U_{BB}$

d) $U_{EP} = U_{r\,B2} + U_{r\,B1}$

e) $U_{EP} = U_{BB} - U_{E\,B1}$

Wertigkeit **2** P Bewertung P

II. 9

Das Bild zeigt eine Generatorschaltung mit UJT.

Welchen Verlauf hat die Spannung am Ausgang A2 bezogen auf Masse?

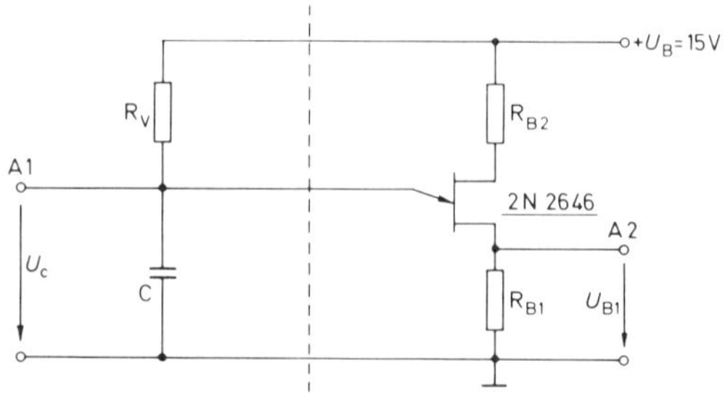

a) Angenähert sägezahnförmig
b) Sinusförmig
c) Rechteckförmig
d) Nadelimpulsförmig
e) Dreieckförmig

Wertigkeit **2** P   Bewertung   P

II. 9

Das Bild zeigt einen Impulsgenerator mit UJT. Die Generatorfrequenz soll $f = 1$ kHz betragen.

Welcher Betriebszustand stellt sich ein, wenn der Schalter S geschlossen wird?

a) Die Kippschwingungen setzen sofort aus
b) Die Frequenz der Kippschwingungen wird größer
c) Die Frequenz der Kippschwingungen wird kleiner
d) Die Frequenz der Kippschwingungen bleibt konstant
e) Die erzeugten Nadelimpulse werden wesentlich schmaler

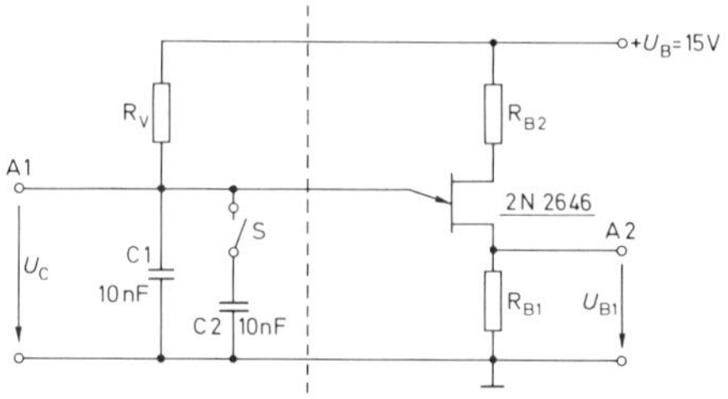

Wertigkeit **2** P   Bewertung   P

Das Bild zeigt einen Impulsgenerator mit UJT. Die Frequenz der Ausgangsspannung beträgt $f = 1$ kHz, wenn der Schleifer des Potentiometers in Mittelstellung steht.

Welcher Betriebszustand stellt sich ein, wenn der Schleifer des Potentiometers von seiner Mittelstellung in Richtung des Anschlages b verstellt wird?

II. 9

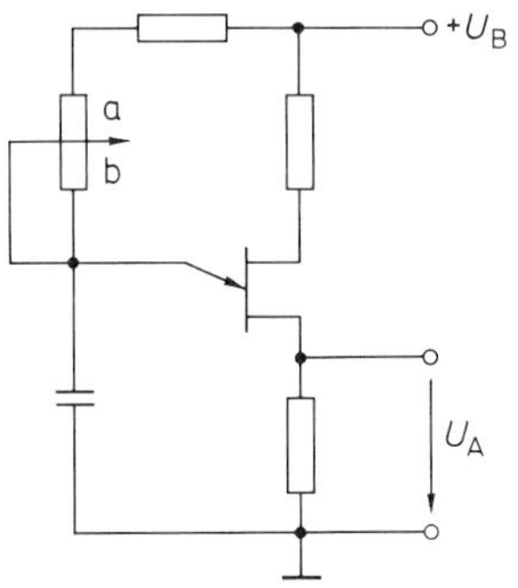

a) Die Amplitude von U_A wird größer

b) Die Periodendauer von U_A wird größer

c) Die Amplitude von U_A wird kleiner

d) Die Periodendauer von U_A wird kleiner

e) Die erzeugten Nadelimpulse werden wesentlich breiter

Wertigkeit **2** P — Bewertung P

Das Bild zeigt den schematischen Aufbau einer Vierschichtdiode.

Welche der Sperrschichten werden in Sperrichtung betrieben und verhindern einen Stromfluß, solange $U_{AK} < U_S$?

II. 9

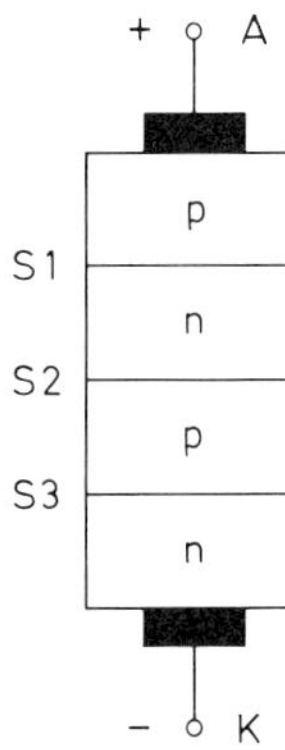

a) Nur S1 wird in Sperrichtung betrieben

b) Nur S2 wird in Sperrichtung betrieben

c) Nur S3 wird in Sperrichtung betrieben

d) S1, S2 und S3 werden in Sperrichtung betrieben

e) S1 und S3 werden in Sperrichtung betrieben

Wertigkeit **2** P — Bewertung P

II. 9

Das Bild zeigt eine Generatorschaltung mit Vierschichtdiode.

Welchen Verlauf hat die Ausgangsspannung U_A bezogen auf Masse?

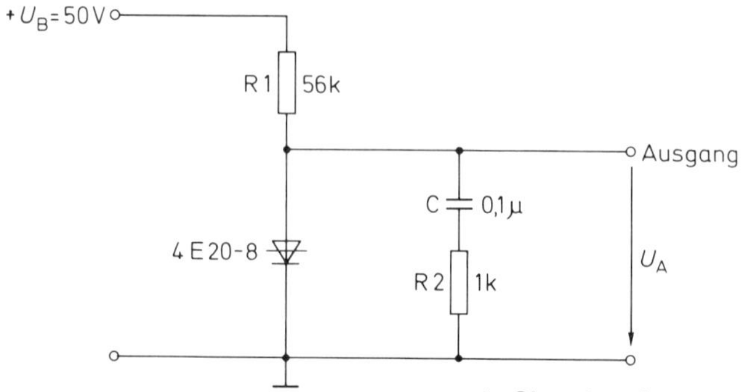

a) Sinusförmig
b) Rechteckförmig
c) Positive sinusförmige Halbwellen
d) Angenähert sägezahnförmig
e) Nadelimpulsförmig

Wertigkeit **2** P   Bewertung   P

II. 9

Das Bild zeigt eine Generatorschaltung mit Vierschichtdiode. Mit den angegebenen Werten von R1, R2 und C hat die Ausgangsspannung eine Frequenz $f \approx 420\,\text{Hz}$.

Welcher Betriebszustand stellt sich ein, wenn der Kondensator von $C = 0{,}1\,\mu\text{F}$ auf $C = 0{,}068\,\mu\text{F}$ verkleinert wird?

a) Die Frequenz von U_A wird kleiner
b) Die Amplitude von U_A wird kleiner
c) Die Frequenz von U_A wird größer
d) Die Amplitude von U_A wird größer
e) Die erzeugten Nadelimpulse werden wesentlich schmaler

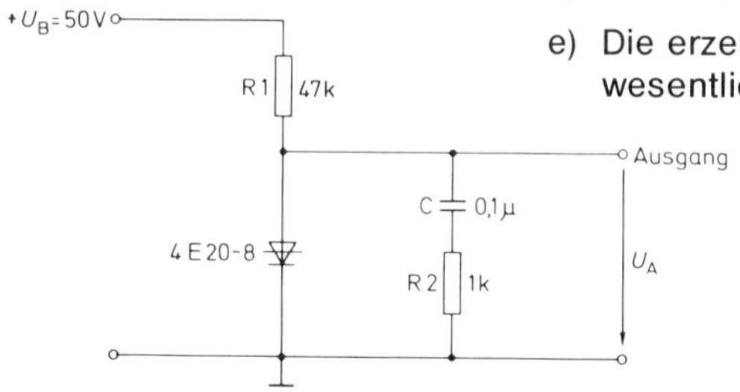

Wertigkeit **2** P   Bewertung   P

II. 9

Das Bild zeigt eine Generatorschaltung mit Diac.

Welche Signale treten als Ausgangsspannung U_A auf?

a) Nur positive Nadelimpulse
b) Nur negative Nadelimpulse
c) Positive und negative Nadelimpulse
d) Rechtecke mit positiver Polarität
e) Rechtecke mit negativer Polarität

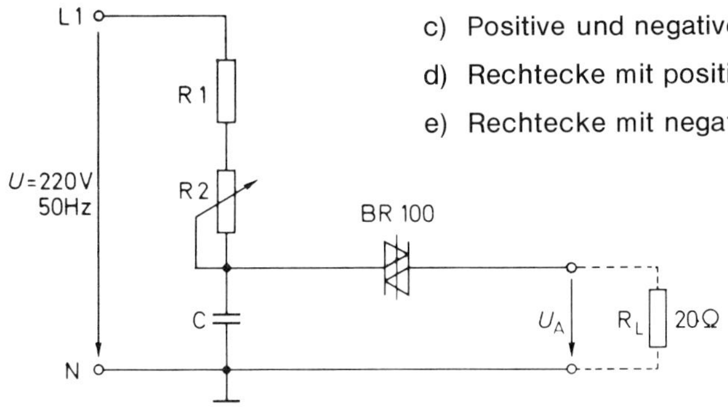

Wertigkeit **2** P

Bewertung P

II. 9

Das Bild zeigt eine Generatorschaltung mit Diac. Die Frequenz der Ausgangsspannung beträgt bei Mittelstellung des Potentiometers $f = 50$ Hz.

Welcher Betriebszustand stellt sich ein, wenn der Schleifer des Potentiometers von seiner Mittelstellung aus in Richtung des Anschlages b verstellt wird?

a) Die Periodendauer T von U_A wird kleiner
b) Die Amplitude von U_A wird kleiner
c) Die Periodendauer T von U_A wird größer
d) Die Amplitude von U_A wird größer
e) Der Anstieg der erzeugten Sägezahnspannung wird linearer

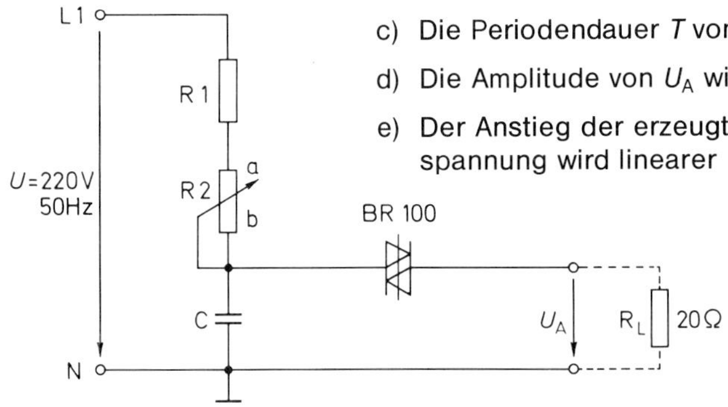

Wertigkeit **2** P

Bewertung P

In welchem der angegebenen Fälle ist die Zündung eines Diacs möglich?

II. 9

a) Im Vorwärtsbereich, wenn $U_F > U_{(BR)F}$ und im Rückwärtsbereich, wenn $U_R > U_{(BR)R}$

b) Nur im Vorwärtsbereich, wenn $U_F > U_{(BR)F}$

c) Nur im Rückwärtsbereich, wenn $U_R > U_{(BR)R}$

d) Nur wenn $U_F < U_{HF}$

e) Nur wenn $U_R < U_{HR}$

Wertigkeit **2** P

Bewertung P

Das Bild zeigt den schematischen Aufbau eines Diacs.

II. 9

Welche der Sperrschichten werden in Sperrichtung betrieben, wenn bei einem nicht gezündeten Diac A1 positiv gegenüber A2 ist?

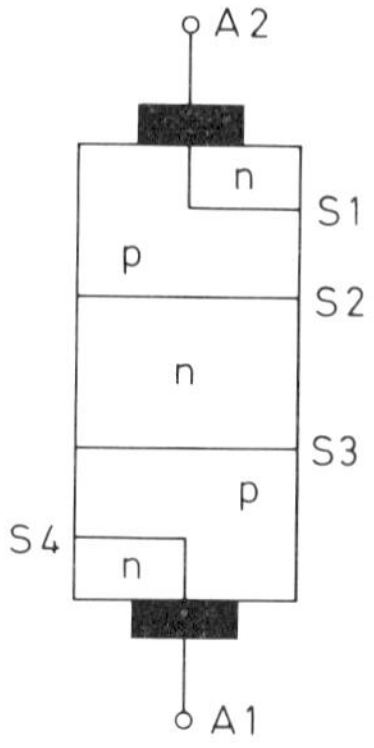

a) S1 und S3

b) S2 und S4

c) Nur S3

d) Nur S2

e) S1 und S4

Wertigkeit **2** P

Bewertung P

II. 9

Ein Thyristor ist über einen Verbraucher R_L an eine Gleichspannung $U_B = 100\,V$ angeschlossen.

Wie groß sind die Spannungen an den beiden Bauelementen?

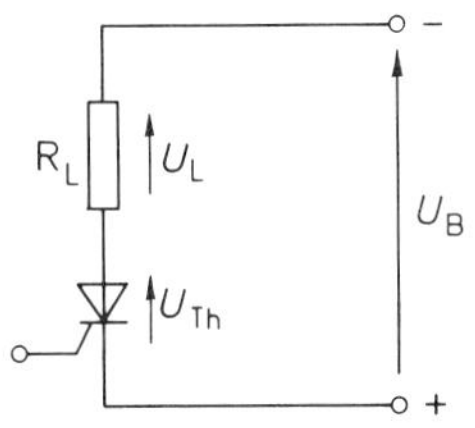

a) $U_{Th} \approx 100\,V$; $U_L \approx 0\,V$

b) $U_{Th} \approx 0\,V$; $U_L \approx 100\,V$

c) $U_{Th} \approx 50\,V$; $U_L \approx 50\,V$

d) $U_{Th} \approx 1{,}5\,V$; $U_L \approx 98{,}5\,V$

e) $U_{Th} \approx 70{,}7\,V$; $U_L \approx 29{,}3\,V$

Wertigkeit **2** P   Bewertung P

II. 9

Ein Thyristor ist über einen Verbraucher R_L an eine Gleichspannung $U_B = 100\,V$ angeschlossen.

Wie groß sind die Spannungen an den beiden Bauelementen, wenn der Thyristor gezündet ist?

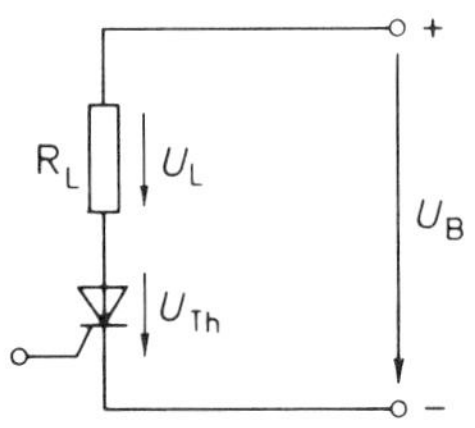

a) $U_{Th} \approx 70{,}7\,V$; $U_L \approx 29{,}3\,V$

b) $U_{Th} \approx 0\,V$; $U_L \approx 100\,V$

c) $U_{Th} \approx 50\,V$; $U_L \approx 50\,V$

d) $U_{Th} \approx 100\,V$; $U_L \approx 0\,V$

e) $U_{Th} \approx 1{,}5\,V$; $U_L \approx 98{,}5\,V$

Wertigkeit **2** P   Bewertung P

II. 9

Im Bild ist das charakteristische Zünddiagramm von Thyristoren dargestellt.

In welchem der drei Bereiche ist eine Zündung des Thyristors nicht möglich?

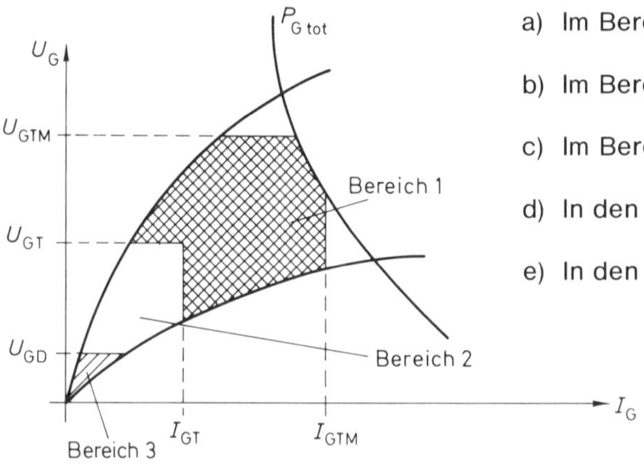

a) Im Bereiche 1

b) Im Bereich 2

c) Im Bereich 3

d) In den Bereichen 2 und 3

e) In den Bereichen 1 und 3

Wertigkeit **2** P

Bewertung P

II. 9

Das Bild zeigt die Temperaturabhängigkeit der oberen Zündspannung U_{GT} eines bestimmten Thyristortyps.

Wie groß ist die obere Zündspannung U_{GT} bei $T_J = 70\,°C$?

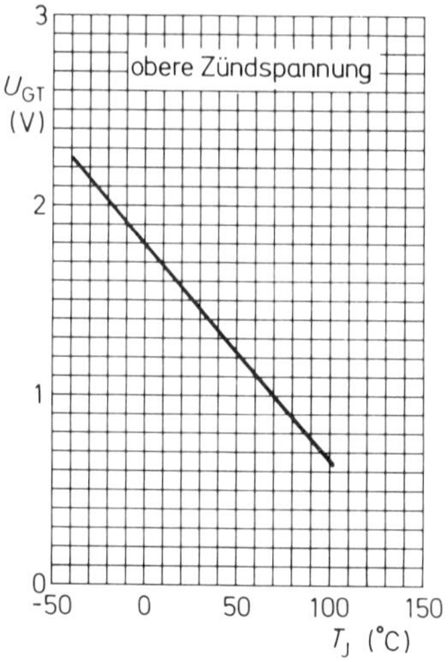

a) $U_{GT} = 1$ V

b) $U_{GT} = 1{,}75$ V

c) $U_{GT} = 1{,}2$ V

d) $U_{GT} = 1{,}9$ V

e) $U_{GT} = 1{,}55$ V

Wertigkeit **2** P

Bewertung P

II. 9

Das Bild zeigt die Durchlaßkennlinie für einen bestimmten Thyristortyp.

Wie groß ist der Mittelwert der Durchlaßspannung U_T, wenn bei $T_J = 100\,°C$ ein Strom $I_T = 5\,A$ durch den Thyristor fließt?

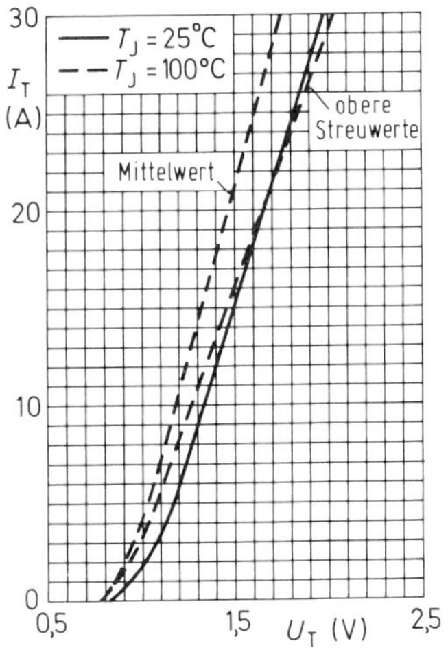

a) $U_T \approx 1{,}3$ V

b) $U_T \approx 1{,}6$ V

c) $U_T \approx 1{,}05$ V

d) $U_T \approx 1{,}18$ V

e) $U_T \approx 1{,}45$ V

Wertigkeit **2** P | Bewertung P

II. 9

Das Bild zeigt die Durchlaßkennlinien für einen bestimmten Thyristortyp.

Wie groß ist der Mittelwert der Durchlaßspannung U_T, wenn bei $T_J = 25\,°C$ ein Strom $I_T = 5\,A$ durch den Thyristor fließt?

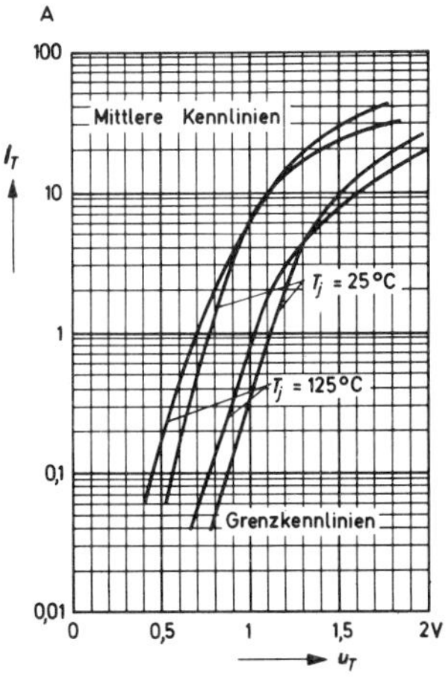

a) $U_T \approx 1{,}8$ V

b) $U_T \approx 0{,}95$ V

c) $U_T \approx 1{,}55$ V

d) $U_T \approx 0{,}7$ V

e) $U_T \approx 0{,}75$ V

Wertigkeit **2** P | Bewertung P

II. 9

Das Bild zeigt die Temperaturabhängigkeit des Haltestromes I_H bei einem bestimmten Thyristortyp.

Wie groß ist der Haltestrom I_H bei $T_J = 85\,°C$?

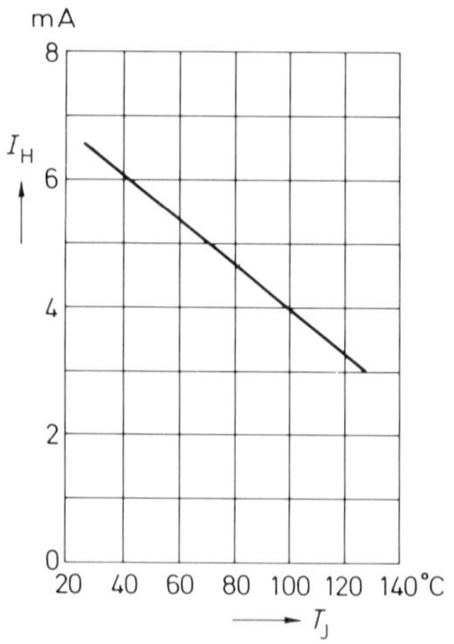

a) $I_H \approx 5{,}7$ mA

b) $I_H \approx 4{,}2$ mA

c) $I_H \approx 6{,}1$ mA

d) $I_H \approx 4{,}5$ mA

e) $I_H \approx 3{,}5$ mA

Wertigkeit **2** P

Bewertung P

II. 9

Bei Betrieb an Wechselspannung können Thyristoren während der positiven Halbwelle zu verschiedenen Zeitpunkten gezündet werden.

Wie wird der im Bild angegebene Winkel θ bezeichnet?

a) θ = Zündverzögerungswinkel

b) θ = Phasenwinkel

c) θ = Stromflußwinkel

d) θ = Kompensationswinkel

e) θ = Phasenverschiebungswinkel

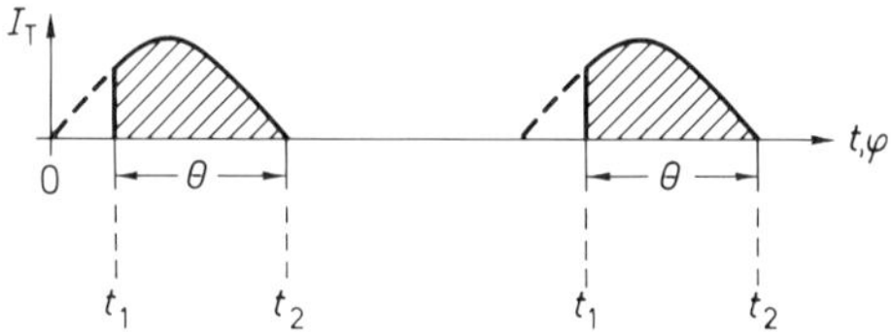

Wertigkeit **2** P

Bewertung P

II. 9

In dem Diagramm sind die Durchlaßverluste P_T als Funktion von I_{TAV} für verschiedene Stromflußwinkel θ in Form von Kennlinien für einen bestimmten Thyristortyp angegeben.

Wie groß ist die Durchlaßverlustleistung P_T bei $\theta = 60°$ und $I_{TAV} = 400$ mA?

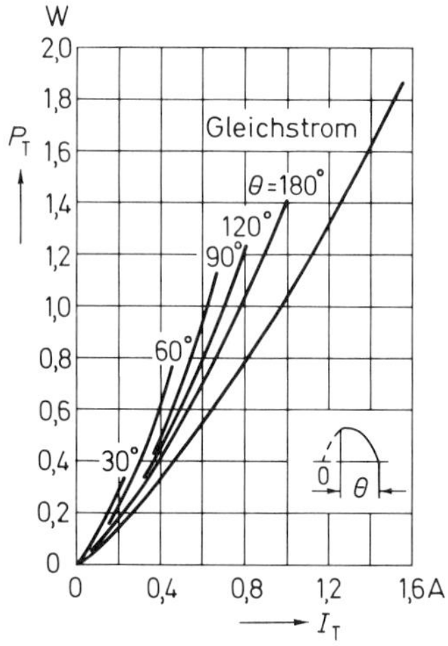

a) $P_T \approx 0{,}65$ W

b) $P_T \approx 0{,}7$ W

c) $P_T \approx 0{,}9$ W

d) $P_T \approx 1{,}2$ W

e) $P_T \approx 1{,}4$ W

Wertigkeit **2** P

Bewertung P

II. 9

Bei der Auswahl der Spannungsklasse eines Thyristors soll ein Sicherheitsfaktor Berücksichtigung finden. Er gibt an, um welchem Faktor die Spitzensperrspannung des Thyristors größer sein soll als der Spitzenwert der Betriebsspannung.

Wie groß ist dieser übliche Sicherheitsfaktor?

a) 5 bis 10

b) 0,2 bis 0,5

c) 1,5 bis 3

d) 80 bis 100

e) 15 bis 30

Wertigkeit **2** P

Bewertung P

II. 9

Zu den wichtigsten Grenzdaten eines Thyristors gehört der Dauergrenzstrom I_{TAV}.

Wie ist der Dauergrenzstrom I_{TAV} definiert?

a) I_{TAV} = höchstzulässiger Effektivwert eines dauernd durch den Thyristor fließenden Stromes

b) I_{TAV} = höchstzulässiger Augenblickswert des Stromes, der während einer Halbwelle durch den Thyristor fließt

c) I_{TAV} = höchstzulässiger Spitzenwert des Sperrstromes

d) I_{TAV} = höchstzulässiger arithmetischer Mittelwert des Stromes, der bei $\theta = 180°$ durch den Thyristor fließt

e) I_{TAV} = höchstzulässiger Spitzenwert eines nichtperiodischen Durchlaßstromes

Wertigkeit **2** P

Bewertung P

II. 9

Das Diagramm zeigt die Abhängigkeit zwischen Dauerstrom I_{TAV}, Stromflußwinkel θ und Umgebungstemperatur T_U.

Welche Umgebungstemperatur T_U ist zulässig, wenn durch den Thyristor ein Dauer-Gleichstrom $I_{TAV} = 0{,}55$ A fließt?

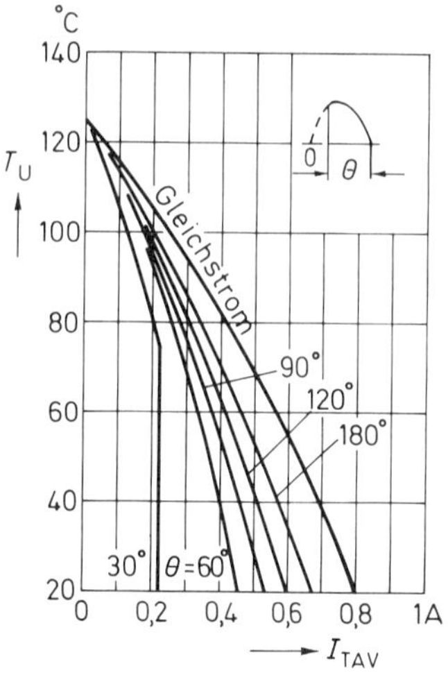

a) $T_U \approx$ 40 °C

b) $T_U \approx$ 60 °C

c) $T_U \approx$ 30 °C

d) $T_U \approx$ 120 °C

e) $T_U \approx$ 180 °C

Wertigkeit **2** P

Bewertung P

Wie erfolgt bei der dargestellten Schaltung die Zündung des Thyristors?	II. 9

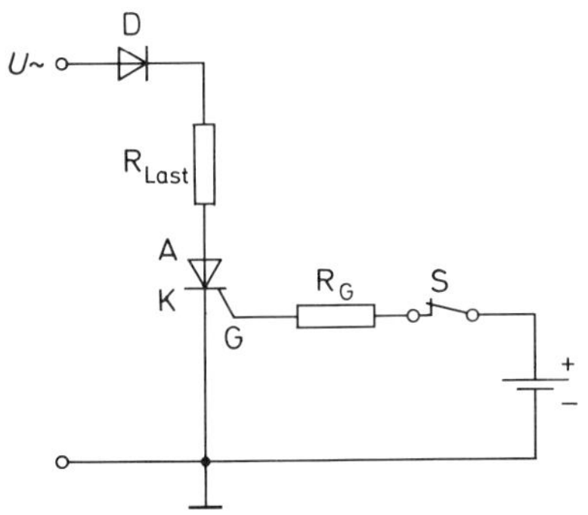

a) Zündung mit Gleichspannung in der negativen Halbwelle der Betriebsspannung

b) Zündung mit Gleichspannung in der positiven Halbwelle der Betriebsspannung

c) Zündung mit Gleichspannung jeweils beim Nulldurchgang der Betriebsspannung

d) Zündung mit Wechselspannung in der negativen Halbwelle der Betriebsspannung

e) Zündung mit Wechselspannung in der positiven Halbwelle der Betriebsspannung

Wertigkeit **2** P Bewertung P

Wie erfolgt bei der dargestellten Schaltung die Zündung des Thyristors?	II. 9

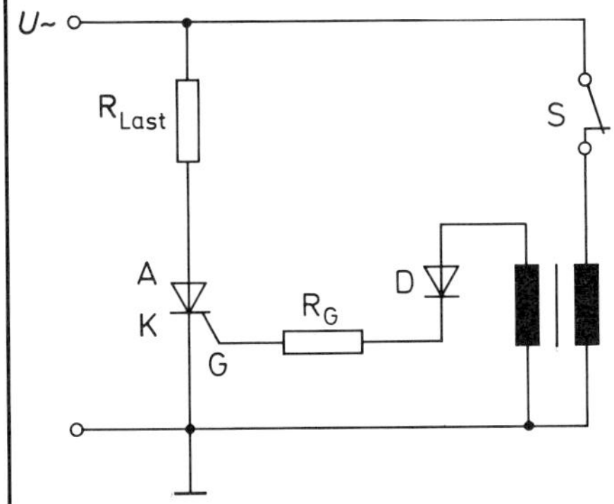

a) Zündung mit Wechselspannung in beiden Halbwellen der Betriebsspannung

b) Zündung in jeder negativen Halbwelle der Betriebsspannung

c) Zündung in jeder positiven Halbwelle der Betriebsspannung

d) Zündung mit Gleichspannung in jeder negativen Halbwelle der Betriebsspannung

e) Zündung mit Gleichspannung in jeder Halbwelle der Betriebsspannung

Wertigkeit **2** P Bewertung P

Welcher Betriebszustand stellt sich ein, wenn der Schalter S geschlossen wird?	II. 9

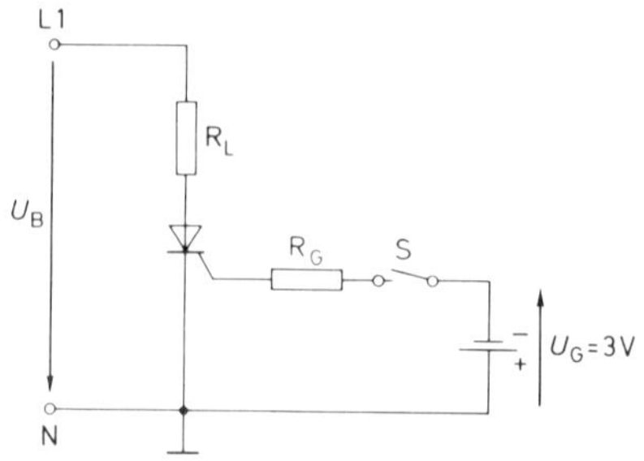

a) Der Thyristor wird überhaupt nicht gezündet, da die Steuerspannung falsch gepolt ist

b) Der Thyristor zündet nur in den positiven Halbwellen

c) Der Thyristor zündet nur in den negativen Halbwellen

d) Der Thyristor zündet in beiden Halbwellen

e) Der Thyristor zündet bei jedem Nulldurchgang der Betriebsspannung

Wertigkeit **2** P — Bewertung P

Wie wird in der angegebenen Schaltung der Thyristor gelöscht?	II. 9

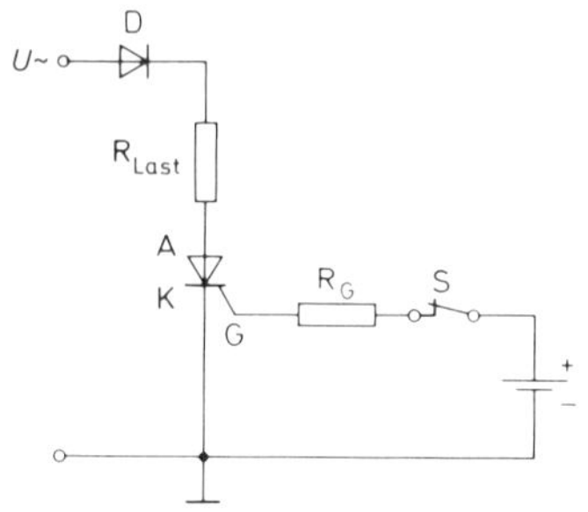

a) Durch Öffnen des Schalters S

b) Durch Umpolen der Steuerspannung

c) Durch Überbrücken der Diode D

d) Durch Überbrücken des Lastwiderstandes R_{Last}

e) Durch Unterschreiten des Haltestromes beim Nulldurchgang der Betriebsspannung

Wertigkeit **2** P — Bewertung P

II. 9

Bei der angegebenen Phasenanschnittsteuerung liefert ein Impulsgenerator in jeder Halbwelle der Betriebsspannung Zündimpulse ausreichender Dauer mit einem Zündverzögerungswinkel $\alpha = 90°$.

Welches der 5 Diagramme zeigt den charakteristischen Verlauf der Spannung U_R am Lastwiderstand?

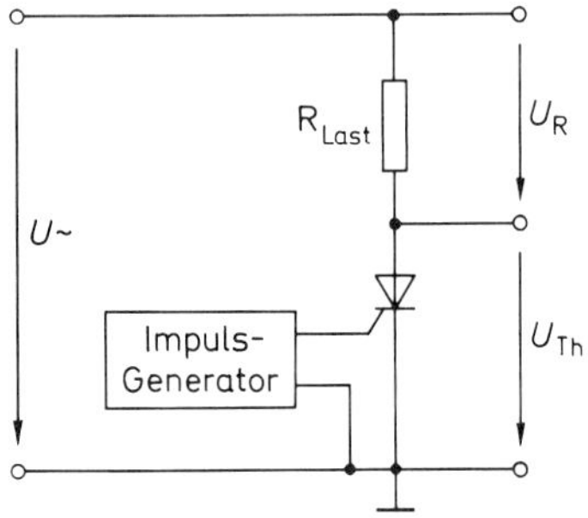

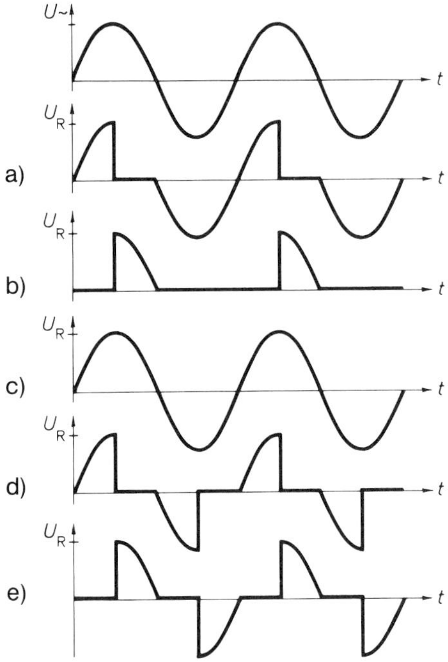

Wertigkeit **2** P

Bewertung P

II. 9

Bei der angegebenen Phasenanschnittsteuerung liefert ein Impulsgenerator in jeder positiven Halbwelle der Betriebsspannung Zündimpulse ausreichender Dauer mit einem Zündverzögerungswinkel $\alpha = 90°$.

Welches der 5 Diagramme zeigt den charakteristischen Verlauf der Spannung U_{Th} an den Thyristoren?

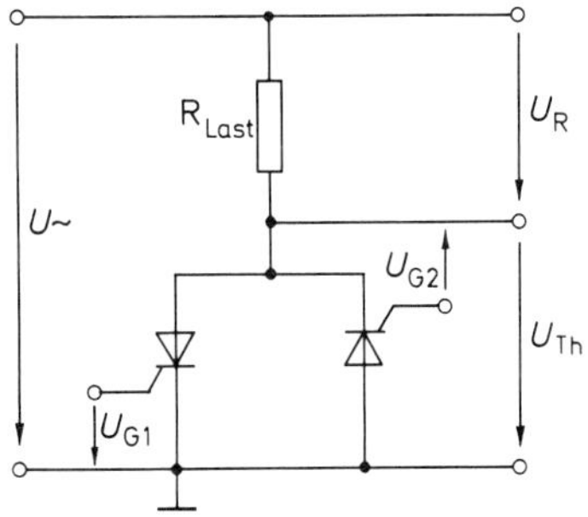

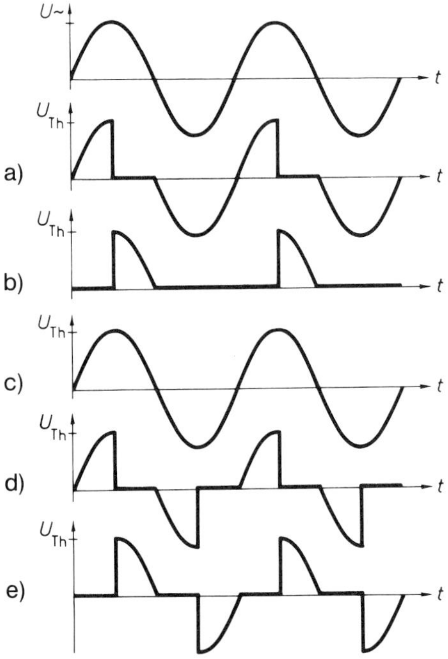

Wertigkeit **2** P

Bewertung P

II. 9

Bei der angegebenen Phasenanschnittsteuerung wird ein Heizwiderstand R_{Last} über einen Thyristor periodisch geschaltet. Ein Impulsgenerator liefert dabei in jeder positiven Halbwelle der Betriebsspannung Zündimpulse ausreichender Dauer mit einem Zündverzögerungswinkel $\alpha = 180°$.

Welche Leistung nimmt der Heizwiderstand dabei aus dem Netz auf?
($P_{max} = 100\,\%$, wenn R_{Last} direkt am Netz betrieben wird.)

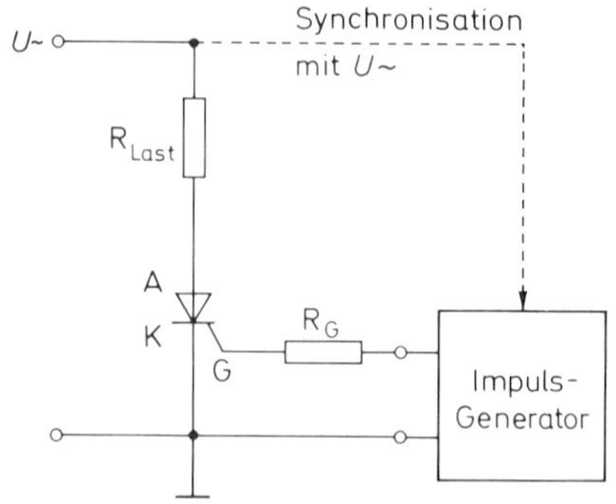

a) $P = 0\,\%$

b) $P = 25\,\%$

c) $P = 50\,\%$

d) $P = 75\,\%$

e) $P = 100\,\%$

Wertigkeit **2** P | Bewertung P

II. 9

Bei der angegebenen Phasenanschnittsteuerung wird ein Heizwiderstand R_{Last} über einen Thyristor periodisch geschaltet. Ein Impulsgenerator liefert dabei in jeder Halbwelle der Betriebsspannung Zündimpulse ausreichender Dauer mit einem Zündverzögerungswinkel $\alpha = 90°$.

Welche Leistung nimmt der Heizwiderstand dabei aus dem Netz auf?
($P_{max} = 100\,\%$, wenn R_{Last} direkt am Netz betrieben wird.)

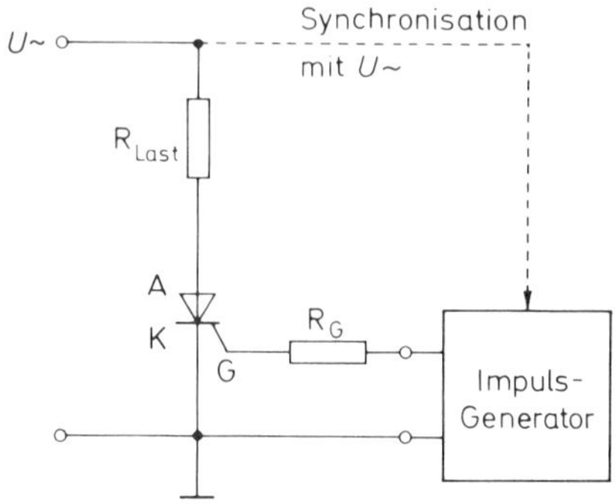

a) $P = 0\,\%$

b) $P = 25\,\%$

c) $P = 50\,\%$

d) $P = 75\,\%$

e) $P = 100\,\%$

Wertigkeit **2** P | Bewertung P

II. 9

Bei den angegebenen Phasenanschnittsteuerung wird ein Heizwiderstand R_{Last} über zwei Thyristoren periodisch geschaltet. Ein Impulsgenerator liefert dabei an beide Gates in jeder positiven Halbwelle der Betriebsspannung Zündimpulse ausreichender Dauer mit einem Zündverzögerungswinkel $\alpha \approx 0°$.

Welche Leistung nimmt der Heizwiderstand dabei aus dem Netz auf?
($P_{max} = 100\,\%$, wenn R_{Last} direkt am Netz betrieben wird.)

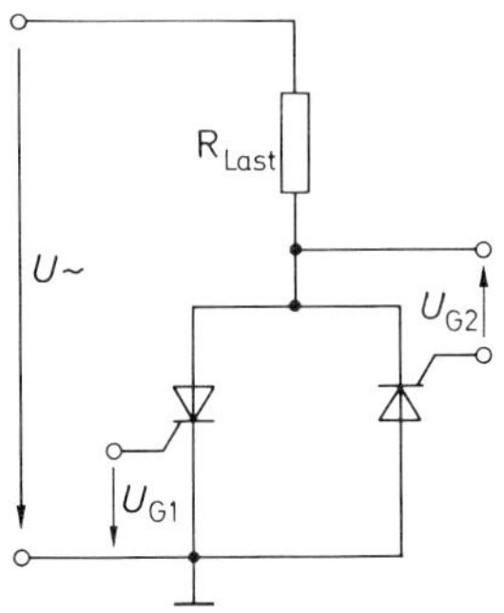

a) $P = 0\,\%$

b) $P = 25\,\%$

c) $P = 50\,\%$

d) $P = 75\,\%$

e) $P = 100\,\%$

Wertigkeit **2** P — Bewertung P

II. 9

Bei der angegebenen Phasenanschnittsteuerung wird ein Heizwiderstand R_{Last} über zwei Thyristoren periodisch geschaltet. Ein Impulsgenerator liefert dabei an beide Gates in jeder Halbwelle der Betriebsspannung Zündimpulse ausreichender Dauer mit einem Zündverzögerungswinkel $\alpha = 180°$.

Welche Leistung nimmt der Heizwiderstand dabei aus dem Netz auf?
($P_{max} = 100\,\%$, wenn R_{Last} direkt am Netz betrieben wird.)

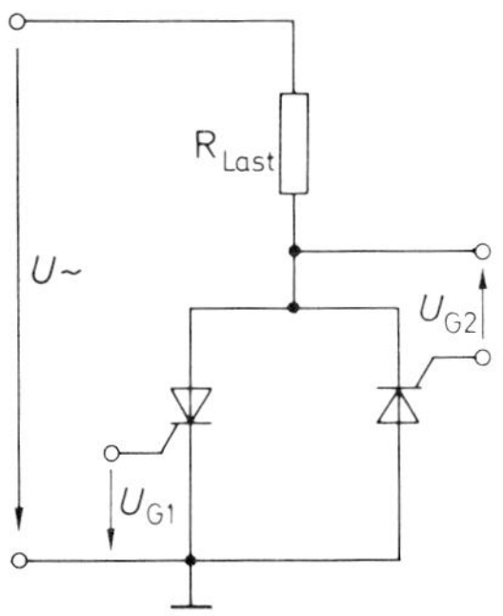

a) $P = 0\,\%$

b) $P = 25\,\%$

c) $P = 50\,\%$

d) $P = 75\,\%$

e) $P = 100\,\%$

Wertigkeit **2** P — Bewertung P

Das Bild zeigt eine Phasenanschnittsteuerung. | II. 9

Welche Betriebsart ist mit dieser Schaltung möglich?

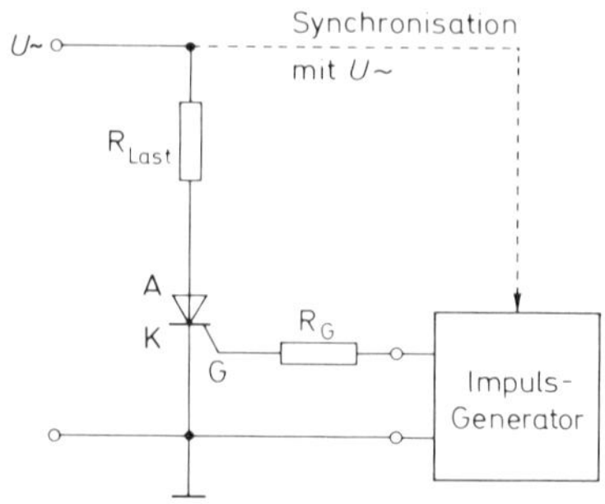

a) Vollwellenbetrieb, weil die Schaltung an Wechselspannung betrieben wird

b) Halbwellenbetrieb, weil der Thyristor in jeder Halbwelle gezündet werden kann

c) Vollwellenbetrieb, weil der Thyristor in jeder Halbwelle gezündet werden kann

d) Halbwellenbetrieb, weil der Thyristor nur in der positiven Halbwelle gezündet werden kann

e) Halbwellenbetrieb, weil der Thyristor nur in der negativen Halbwelle gezündet werden kann

Wertigkeit **2** P Bewertung P

Das Bild zeigt eine Phasenanschnittsteuerung. | II. 9

Welche Betriebsart ist mit dieser Schaltung möglich?

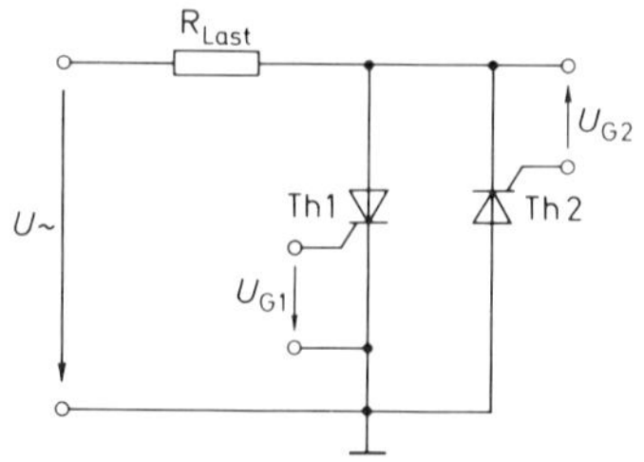

a) Vollwellenbetrieb, weil beide Thyristoren in jeder Halbwelle gezündet werden können

b) Halbwellenbetrieb, weil Th1 nur in der positiven und Th2 nur in der negativen Halbwelle gezündet werden kann

c) Halbwellenbetrieb, weil Th1 nur in der negativen und Th2 nur in der positiven Halbwelle gezündet werden kann

d) Vollwellenbetrieb, weil Th1 in der positiven und Th2 in der negativen Halbwelle gezündet werden kann

e) Vollwellenbetrieb, weil Th1 in der negativen und Th2 in der positiven Halbwelle gezündet werden kann

Wertigkeit **2** P Bewertung P

II. 9

Das Bild zeigt eine Phasenanschnittsteuerung.

Welche Betriebsart ist mit dieser Schaltung möglich?

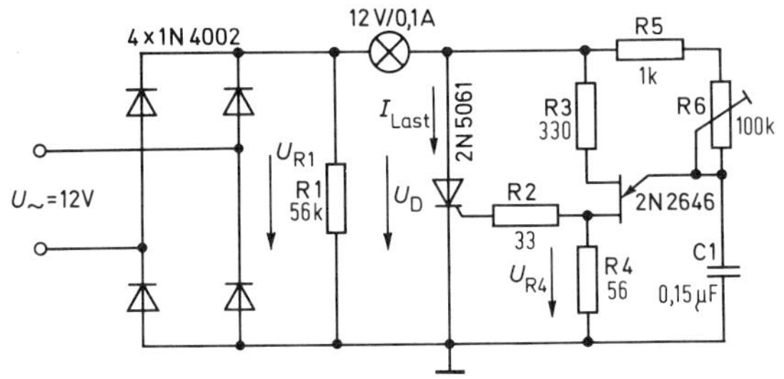

a) Vollwellenbetrieb, weil eine Gleichrichterbrücke vorhanden ist

b) Halbwellenbetrieb, weil nur ein Thyristor vorhanden ist

c) Vollwellenbetrieb, weil mehrere Dioden antiparallel geschaltet sind

d) Halbwellenbetrieb, weil der UJT nur in der positiven Halbwelle Zündimpulse abgeben kann

e) Halbwellenbetrieb, weil der Thyristor in jeder Halbwelle gezündet wird

Wertigkeit **2** P — Bewertung P

II. 9

Triacs werden in der Regel mit der I⁺-Steuerung und der III⁻-Steuerung betrieben.

Welche Polarität müssen die Spannungen U_{A2A1} und U_{GA1} bei der I⁺-Steuerung haben?

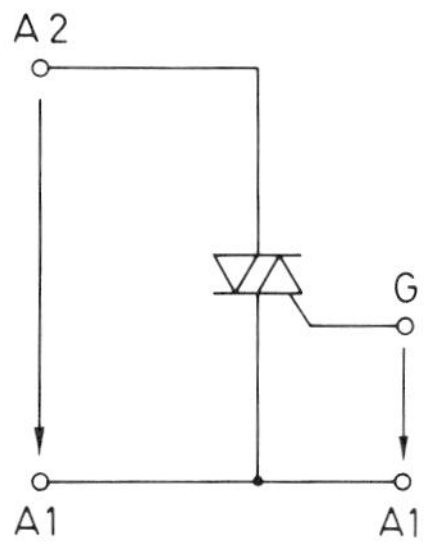

a) U_{A2A1} positiv ; U_{GA1} negativ

b) U_{A2A1} positiv ; U_{GA1} positiv

c) U_{A2A1} negativ ; U_{GA1} negativ

d) U_{A2A1} negativ ; U_{GA1} positiv

e) U_{A2A1} beliebig ; U_{GA1} positiv

Wertigkeit **2** P — Bewertung P

II. 9

Bei der angegebenen Phasenanschnittsteuerung liefert der Impulsgenerator in jeder negativen Halbwelle der Betriebsspannung Zündimpulse ausreichender Dauer mit einem Zündverzögerungswinkel $\alpha = 0°$.

Welches der 5 Diagramme zeigt den charakteristischen Verlauf der Spannung U_R am Lastwiderstand?

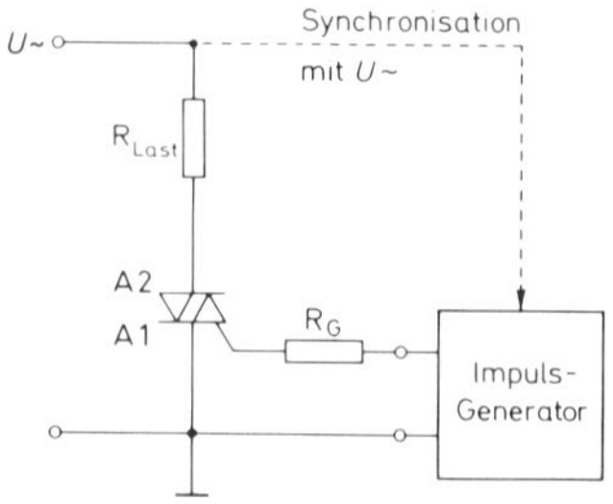

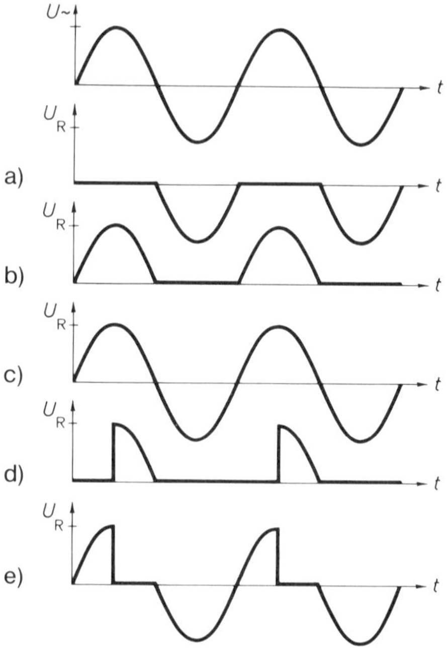

Wertigkeit **2** P

Bewertung P

II. 9

Bei der angegebenen Phasenanschnittsteuerung liefert der Impulsgenerator in jeder negativen Halbwelle der Betriebsspannung Zündimpulse ausreichender Dauer mit einem Zündverzögerungswinkel $\alpha = 90°$.

Welches der 5 Diagramme zeigt den charakteristischen Verlauf der Spannung U_{A2A1} am Triac?

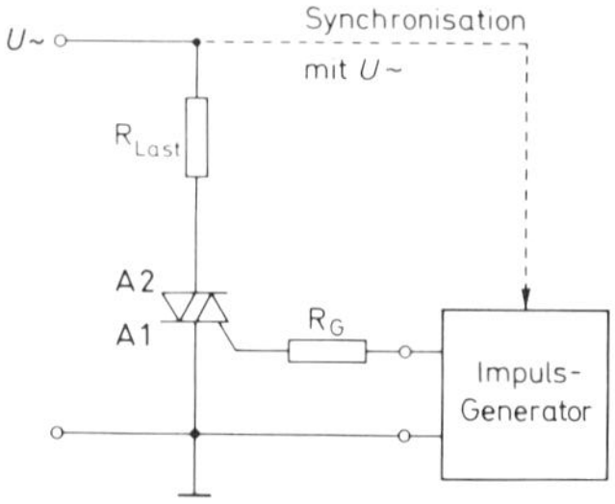

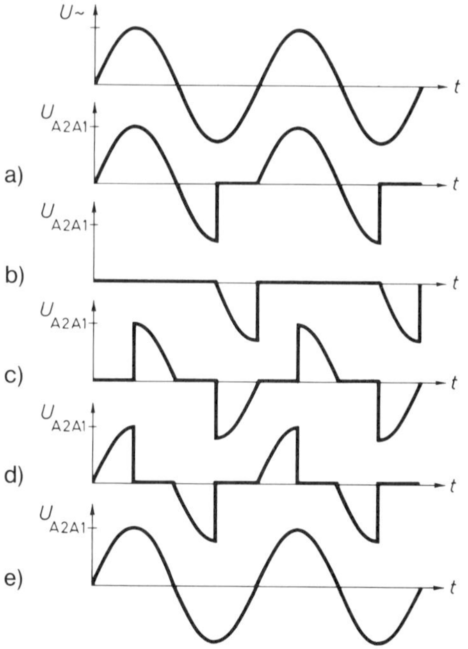

Wertigkeit **2** P

Bewertung P

II. 9

Bei der angegebenen Phasenanschnittsteuerung wird ein Heizwiderstand R_{Last} über einen Triac periodisch geschaltet. Ein Impulsgenerator liefert dabei in jeder positiven Halbwelle der Betriebsspannung Zündimpulse ausreichender Dauer mit einem Zündverzögerungswinkel $\alpha = 90°$.

Welche Leistung nimmt der Heizwiderstand dabei aus dem Netz auf? ($P_{max} = 100\,\%$, wenn R_{Last} direkt am Netz betrieben wird.)

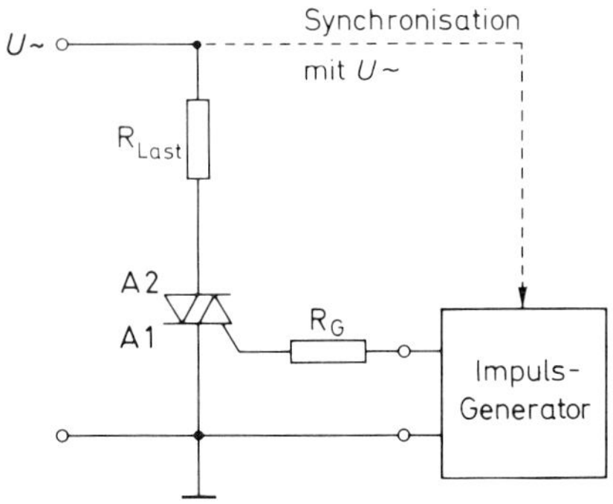

a) $P = 0\,\%$

b) $P = 25\,\%$

c) $P = 50\,\%$

d) $P = 75\,\%$

e) $P = 100\,\%$

Wertigkeit **2** P | Bewertung P

II. 9

Das Bild zeigt eine Phasenanschnittsteuerung mit Triac und Diac. Wenn der Schleifer des Potentiometers in Mittelstellung steht, wird im Lastwiderstand R_{Last} die Leistung $P_{Last} = 0{,}5\,P_{max}$ umgesetzt.

Welche der angegebenen Änderungen tritt ein, wenn der Schleifer des Potentiometers in Richtung des Anschlages b verstellt wird?

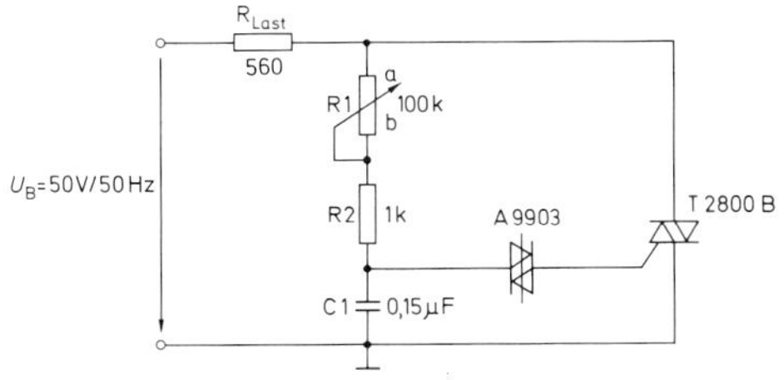

a) P_{Last} wird größer

b) P_{Last} wird kleiner

c) Zündverzögerungswinkel α wird kleiner

d) Stromflußwinkel θ wird größer

e) $U_{C1\,max}$ wird größer

Wertigkeit **2** P | Bewertung P

II. 9

Aus den Kennlinien eines Thyristors ist zu entnehmen, daß bei $T_J = 50\,°C$ zum sicheren Zünden eine obere Zündspannung $U_{GT} = 1{,}3\,V$ und ein oberer Zündstrom $I_{GT} = 40\,mA$ erforderlich sind.

Welchen maximalen Wert darf bei der angegebenen Schaltung der Gatewiderstand R_G haben, damit eine sichere Zündung gewährleistet ist?

RECHNUNG

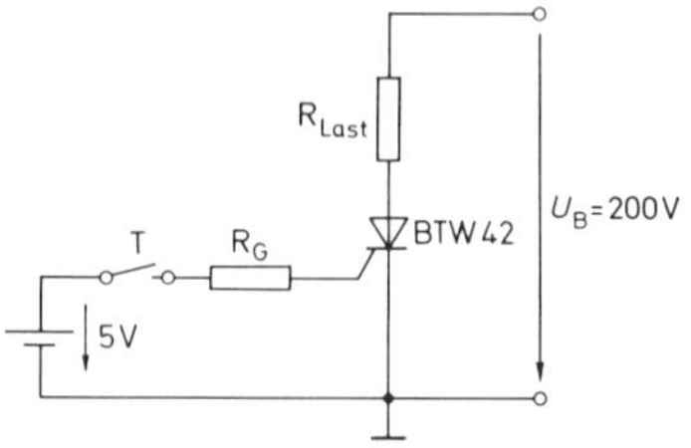

a) $R_{G\,max} = 32{,}5\ \Omega$

b) $R_{G\,max} = 92{,}5\ \Omega$

c) $R_{G\,max} = 125\ \Omega$

d) $R_{G\,max} = 925\ \Omega$

e) $R_{G\,max} = 92{,}5\ k\Omega$

Wertigkeit **3** P

Bewertung P

II. 9

Aus den Kennlinien eines Thyristors ist zu entnehmen, daß bei $T_J = 70\,°C$ zum sicheren Zünden eine obere Zündspannung $U_{GT} = 1{,}2\,V$ und ein oberer Zündstrom $I_{GT} = 35\,mA$ erforderlich sind.

Welchen maximalen Wert darf bei der angegebenen Schaltung der Gatewiderstand R_G haben, damit eine sichere Zündung gewährleistet ist?

RECHNUNG

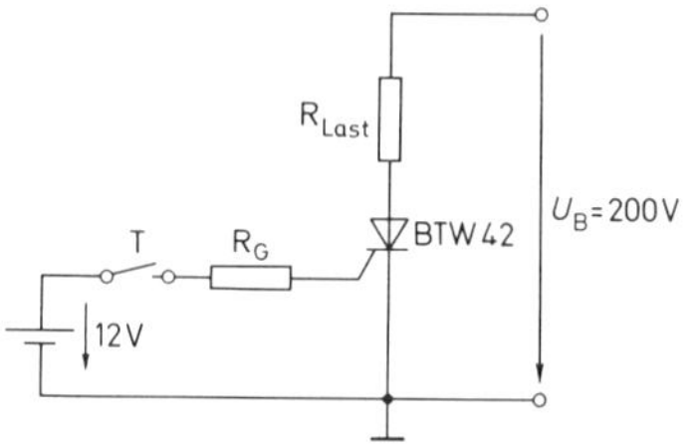

a) $R_{G\,max} = 34\ \Omega$

b) $R_{G\,max} = 340\ \Omega$

c) $R_{G\,max} = 343\ \Omega$

d) $R_{G\,max} = 3090\ \Omega$

e) $R_{G\,max} = 309\ \Omega$

Wertigkeit **3** P

Bewertung P

II. 9

Ein Thyristor wird in der angegebenen Schaltung betrieben. Bei einem Durchlaßstrom $I_T = 10\,A$ liegt am Thyristor eine Spannung $U_T = 1{,}2\,V$.

Wie groß sind die im Lastwiderstand und im Thyristor umgesetzten Leistungen P_{Last} und P_T?

RECHNUNG

$P_T = U_T \cdot I_T$

$P_T = 1{,}2V \cdot 10A$

$P_T = 12\,W$

$P_L = U_B - U_T \cdot I_T$

$P_L = 148{,}8V \cdot 10A$

$P_L = 1488\,W$

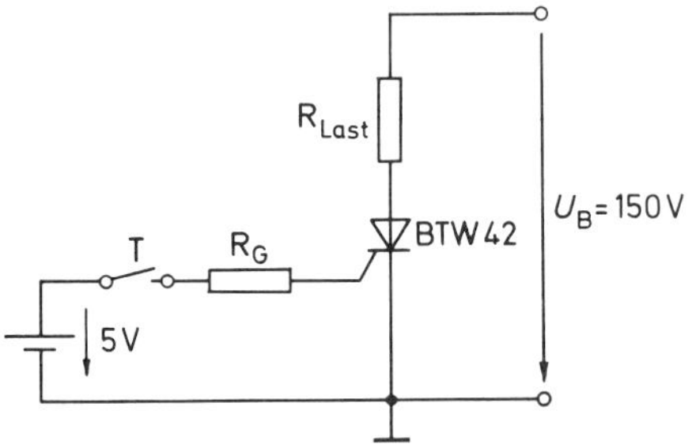

a) $P_{Last} = 1488\,W$; $P_T = 12\,W$ ✓

b) $P_{Last} = 12\,W$; $P_T = 1488\,W$

c) $P_{Last} = 1500\,W$; $P_T = 12\,W$

d) $P_{Last} = 12\,W$; $P_T = 12\,W$

e) $P_{Last} = 148\,W$; $P_T = 12\,W$

Wertigkeit **3** P   Bewertung   P

II. 9

Als Lastwiderstand eines Thyristors sind zwei verschiedene Heizwiderstände zusammengeschaltet. Im leitenden Zustand fällt am Thyristor eine Spannung $U_T = 1{,}2\,V$ ab.

Welche Leistung wird im Lastwiderstand R1 umgesetzt?

RECHNUNG

$U_{R1} = U_{ges} - U_T$

$U_{R1} = 100\,V - 1{,}2\,V$

$U_{R1} = 98{,}8\,V$

$P = \frac{U^2}{R} = \frac{98{,}8V^2}{100}$

$P = 97{,}614\,W$

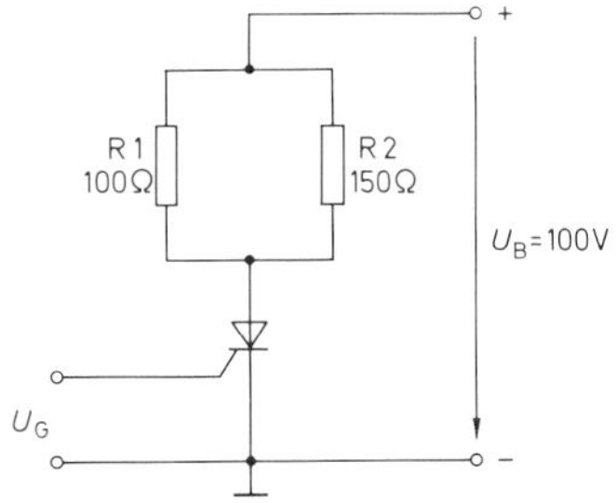

a) $P_{R1} = 65\,W$

b) $P_{R1} = 66{,}6\,W$

c) $P_{R1} = 97{,}6\,W$ ✓

d) $P_{R1} = 100\,W$

e) $P_{R1} = 163\,W$

Wertigkeit **3** P   Bewertung   P

Als Lastwiderstand eines Thyristors sind zwei verschiedene Heizwiderstände zusammengeschaltet. Im leitenden Zustand fällt am Thyristor eine Spannung $U_T = 1{,}2\,V$ ab.	II. 9

Welche Leistung P_{ges} wird in den beiden Lastwiderständen umgesetzt?

RECHNUNG

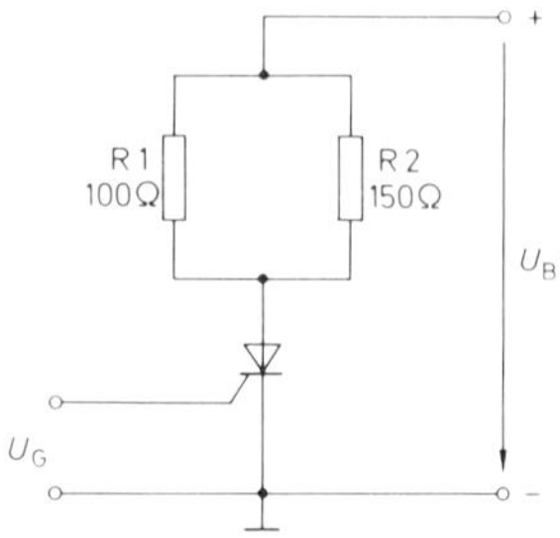

a) $P_{ges} = 166\ W$ ☐

b) $P_{ges} = 163\ W$ ☐

c) $P_{ges} = 100\ W$ ☐

d) $P_{ges} = 97{,}6\,W$ ☐

e) $P_{ges} = 66{,}6\,W$ ☐

Wertigkeit **3** P | Bewertung P

Als Lastwiderstand eines Thyristors sind zwei verschiedene Heizwiderstände zusammengeschaltet. Im leitenden Zustand fällt am Thyristor eine Spannung $U_T = 1{,}2\,V$ ab.	II. 9

Wie groß ist der Durchlaßstrom I_T, der durch den Thyristor fließt?

RECHNUNG

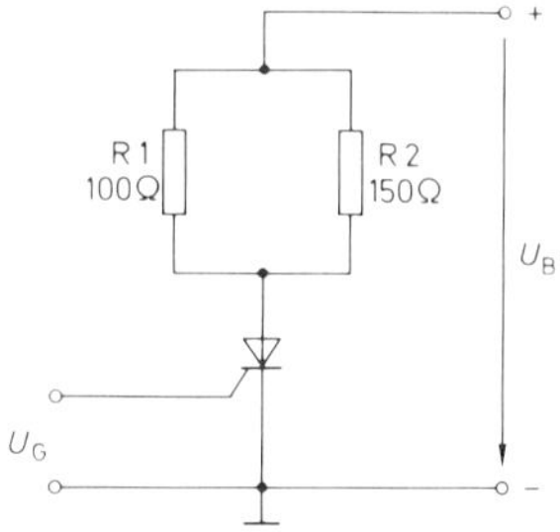

a) $I_T = 2{,}67\,A$ ☐

b) $I_T = 1{,}67\,A$ ☐

c) $I_T = 1{,}65\,A$ ☐

d) $I_T = 0{,}99\,A$ ☐

e) $I_T = 0{,}66\,A$ ☐

Wertigkeit **3** P | Bewertung P

II. 9

Bei der angegebenen Phasenanschnittsteuerung wird der Triac in jeder Halbwelle mit einem Zündverzögerungswinkel $\alpha = 30°$ gezündet. Dadurch wird die im Heizwiderstand $R_{Last} = 220\,\Omega$ umgesetzte Leistung P_α auf 96 % der maximal möglichen Leistung P_{max} reduziert.
Wie groß ist die im Lastwiderstand umgesetzte Leistung P_α, wenn der Spannungsabfall am Triac vernachlässigt werden kann?

RECHNUNG

$P_{RLast} = \frac{U^2}{R_{Last}} = \frac{220\,V^2}{220\,\Omega}$

$P_{RLast} = 220\,W$

P_α = 96 % von P_{RLast}

$P_\alpha = 211{,}2\,W$

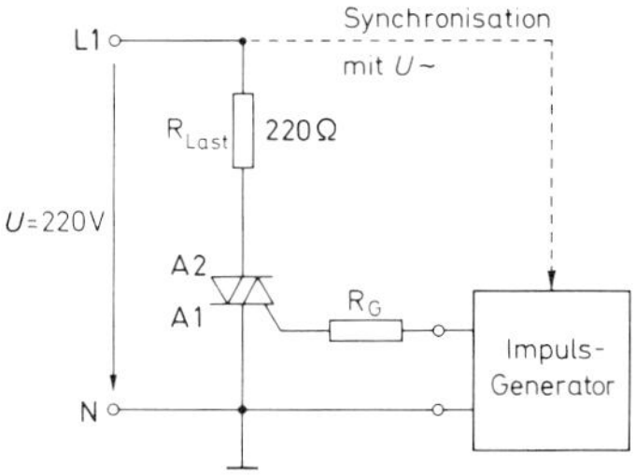

a) $P_\alpha = 77\,W$
b) $P_\alpha = 149{,}6\,W$
c) $P_\alpha = 176\,W$
d) $P_\alpha = 211{,}2\,W$ ☒
e) $P_\alpha = 220\,W$

Wertigkeit **3** P Bewertung P

II. 9

Bei der angegebenen Phasenanschnittsteuerung wird der Triac in jeder Halbwelle mit einem Zündverzögerungswinkel $\alpha = 105°$ gezündet. Dadurch wird die im Heizwiderstand $R_{Last} = 220\,\Omega$ umgesetzte Leistung P_α auf 35 % der maximal möglichen Leistung P_{max} reduziert.
Wie groß ist die im Lastwiderstand umgesetzte Leistung P_α, wenn der Spannungsabfall am Triac vernachlässigt werden kann?

RECHNUNG

$P_{RLast} = \frac{U^2}{R_{Last}} = \frac{220\,V^2}{220\,\Omega}$

$P_{RLast} = 220\,W$

P_α = 35 % von P_{RLast}

$P_\alpha = 77\,W$

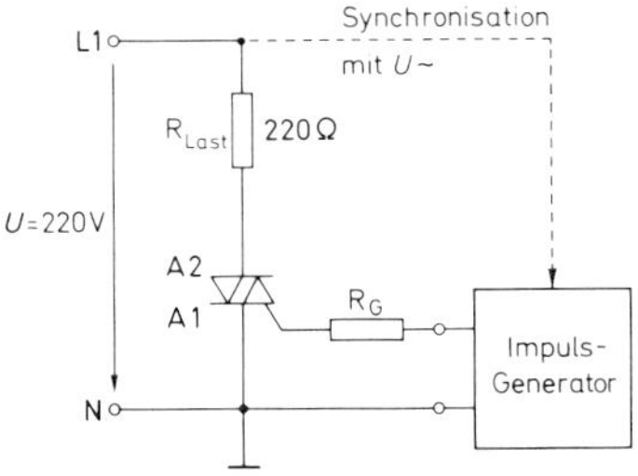

a) $P_\alpha = 77\,W$ ☒
b) $P_\alpha = 149{,}6\,W$
c) $P_\alpha = 176\,W$
d) $P_\alpha = 211{,}2\,W$
e) $P_\alpha = 220\,W$

Wertigkeit **3** P Bewertung P

II. 9

Bei der angegebenen Phasenanschnittsteuerung wird der Triac so angesteuert, daß der Zündverzögerungswinkel in jeder Halbwelle $\alpha = 45°$ beträgt. Dadurch wird die im Heizwiderstand $R_{Last} = 100\,\Omega$ umgesetzte Leistung P_α auf 90 % der maximal möglichen Leistung P_{max} reduziert.
Wie groß ist der Durchlaßstrom I_{eff} bei $\alpha = 45°$, wenn der Spannungsabfall am Triac vernachlässigt wird?

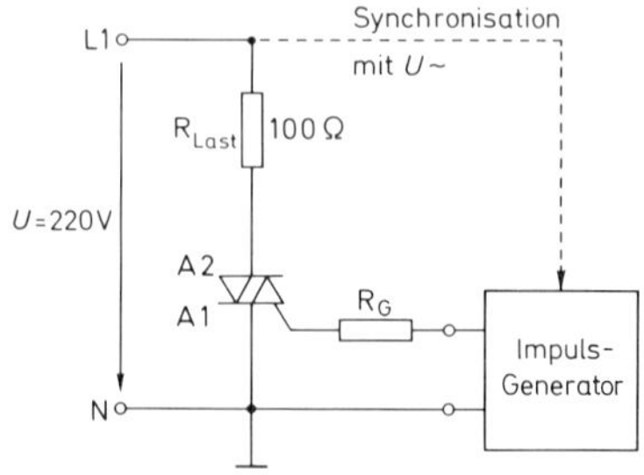

RECHNUNG

$P_{RLast} = \frac{U^2}{R_{Last}}$

$P_{RLast} = 484\,W$

P_α = 90% vom P_{RLast}

$P_\alpha = 435,6\,W$

$I_{eff} = \frac{P_\alpha}{U} = \frac{435,6\,W}{220\,V} = 1,98\,A$

a) $I_{eff} = 0,11\,A$

b) $I_{eff} = 0,44\,A$

c) $I_{eff} = 1,1\,A$

d) $I_{eff} = 1,98\,A$

e) $I_{eff} = 2,09\,A$

Wertigkeit **3** P | Bewertung P

II. 9

Bei der angegebenen Generatorschaltung läßt sich die Ladezeit t des Kondensators bis zum Zünden der Vierschichtdiode mit Hilfe der Gleichung

$t \approx R1 \cdot C \cdot \ln \frac{U_B}{U_B - U_S}$ (R2 vernachlässigt) ermitteln.

Welche Frequenz hat die Ausgangsspannung U_a, wenn die Schaltspannung der Vierschichtdiode $U_S = 20\,V$ beträgt?

RECHNUNG

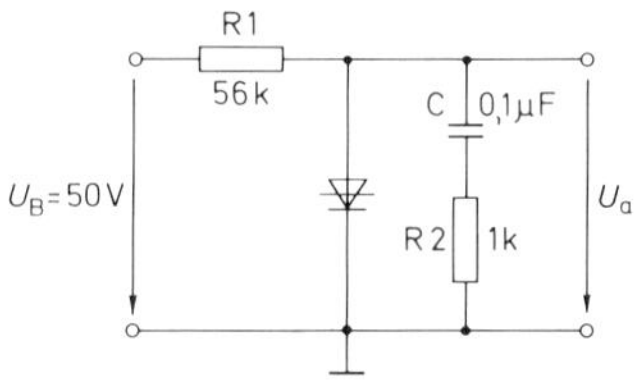

$t = 56\,k\Omega \cdot 0,1\,\mu F \cdot \ln \frac{50\,V}{30\,V}$

$t = 2,86\,ms$

$f = \frac{1}{T}$ $f = \frac{1}{2,86\,ms}$

$f = 349,5\,Hz$

a) $f \approx 108\,Hz$

b) $f \approx 350\,Hz$

c) $f \approx 589\,Hz$

d) $f \approx 1080\,Hz$

e) $f \approx 3490\,Hz$

Wertigkeit **3** P | Bewertung P

II. 9

Bei der angegebenen Generatorschaltung läßt sich die Ladezeit t des Kondensators bis zum Zünden der Vierschichtdiode mit Hilfe der Gleichung

$t \approx R1 \cdot C \cdot \ln \dfrac{U_B}{U_B - U_S}$ (R2 vernachlässigt) ermitteln.

Welcher Wert muß für R1 gewählt werden, wenn die Ausgangsspannung U_a die Frequenz $f = 250$ Hz haben soll und die Schaltspannung der Vierschichtdiode $U_S = 30$ V beträgt?

$T = \frac{1}{f}$

RECHNUNG

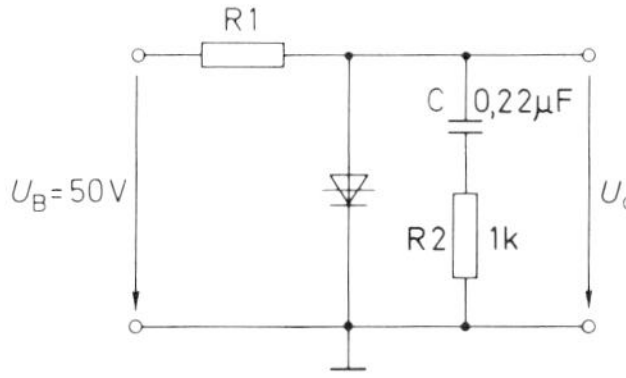

$R_1 \approx \dfrac{t}{C \cdot \ln \dfrac{U_B}{U_B - U_S}}$

$R_1 \approx \dfrac{4\,ms}{22\,\mu F \cdot \ln \dfrac{50V}{50V-30V}}$

$R \approx 19{,}84\,k\Omega \doteq 20\,k\Omega$

a) $R1 \approx$ 2 kΩ

b) $R1 \approx$ 12 kΩ

c) $R1 \approx$ 20 kΩ

d) $R1 \approx$ 25 kΩ

e) $R1 \approx$ 56 kΩ

Wertigkeit **3** P Bewertung P

II. 9

Bei der angegebenen Generatorschaltung läßt sich die Ladezeit t bis zum Zünden des UJT mit Hilfe der Gleichung $t \approx R_V \cdot C \cdot \ln \dfrac{U_B}{U_B - U_{EP}}$ ermitteln.

Welcher Wert muß für den Widerstand R_V gewählt werden, wenn die Ausgangsspannung U_a die Frequenz $f = 180$ Hz haben soll und die Höckerspannung $U_{EP} = 8{,}2$ V beträgt?

$T = \frac{1}{f}$ $T = 5{,}55\,ms$

RECHNUNG

$R_V \approx \dfrac{t}{C \ln \dfrac{U_B}{U_B - U_{EP}}}$

$R_V \approx \dfrac{5{,}5\,ms}{0{,}1 \ln \dfrac{20V}{11{,}8V}}$

$R_V = 104{,}24\,k\Omega$

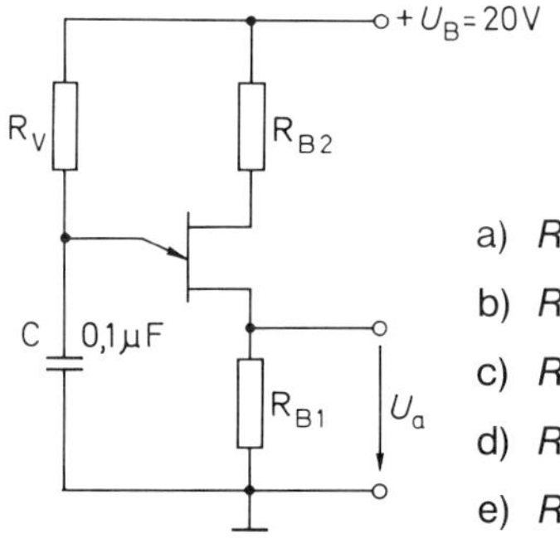

a) $R_V \approx$ 4,7 kΩ

b) $R_V \approx$ 10,4 kΩ

c) $R_V \approx$ 47 kΩ

d) $R_V \approx$ 68 kΩ

e) $R_V \approx$ 105 kΩ

Wertigkeit **3** P Bewertung P

Informationen
über die bundeseinheitlichen Elektronik-Lehrgänge

Das bundeseinheitliche Elektronik-Schulungsprogramm ist stufenweise nach dem Baukastenprinzip aufgebaut. Es besteht aus den 3 Grundlehrgängen:

I. Elektrotechnische Grundlagen der Elektronik
II. Bauelemente der Elektronik
III. Grundschaltungen der Elektronik

sowie den Fachlehrgängen

IV A Leistungselektronik
IV B Meß- und Regelungstechnik
IV C Mikrocomputer
IV D Digitale Steuerungstechnik

Zum Abschluß eines jeden Lehrganges kann der Teilnehmer freiwillig eine Prüfung ablegen. Die Durchführung der Prüfung erfolgt ebenfalls nach einheitlichen Richtlinien. Die bestandene Abschlußprüfung nach dem Lehrgang III ist Voraussetzung für die Teilnahme an den verschiedenen Fachlehrgängen, die sich dann mit den unterschiedlichsten Spezialgebieten befassen.
Mit diesem Schulungsprogramm werden in erster Linie Gesellen, Facharbeiter und Meister aus allen elektronikanwendenden Wirtschaftsbereichen angesprochen. Die Lehrgänge sind also bevorzugt auf den Praktiker ausgerichtet und werden daher praxisnah gestaltet. Es wird keine »Kreide-Elektronik« oder »Demonstrationselektronik« betrieben. Der theoretische Teil ist auf das notwendige Maß beschränkt und jeder Teilnehmer muß selbständig elektronische Schaltungen meßtechnisch untersuchen und die Meßergebnisse auswerten.
Auf diese Weise werden praktische Erfahrungen auch im Umgang mit dem Oszilloskop und anderen Meß- und Prüfgeräten gesammelt. Die »Anerkannten Elektronik-Schulungsstätten« sind entsprechend ausgestattet.
Nur in diesen »Anerkannten Elektronik-Schulungsstätten« kann der »Elektronik-Teil des Berufsbildungspasses« als Qualifikationsnachweis erworben werden. Er besteht aus einer blauen Umschlaghülle im Format DIN A 6 mit dem Aufdruck »Berufsbildungspaß«, in die eine Stammkarte mit den Personalien des Inhabers eingeschoben wird. In diese Paßhülle können die einzelnen Teilnahme- und Prüfungsbescheinigungen sowie die Maßnahmeblätter eingeheftet werden. Für jeden Lehrgang ist ein eigenes Maßnahmeblatt vorgesehen. Es enthält den Rahmenlehrplan für den jeweiligen Lehrgang, sowie Angaben über dessen Dauer. Auf der Rückseite befindet sich eine vorgedruckte Bescheinigung über die Ablegung der entsprechenden Prüfung.
Das Verzeichnis der »Anerkannten Elektronik-Schulungsstätten« kann bei der Leitstelle, Heinz-Piest-Institut, 3000 Hannover 1, Wilhelm-Busch-Straße 18, Telefon (0511) 70 28 31, kostenlos angefordert werden.

Aufbau des Schulungsprogramms

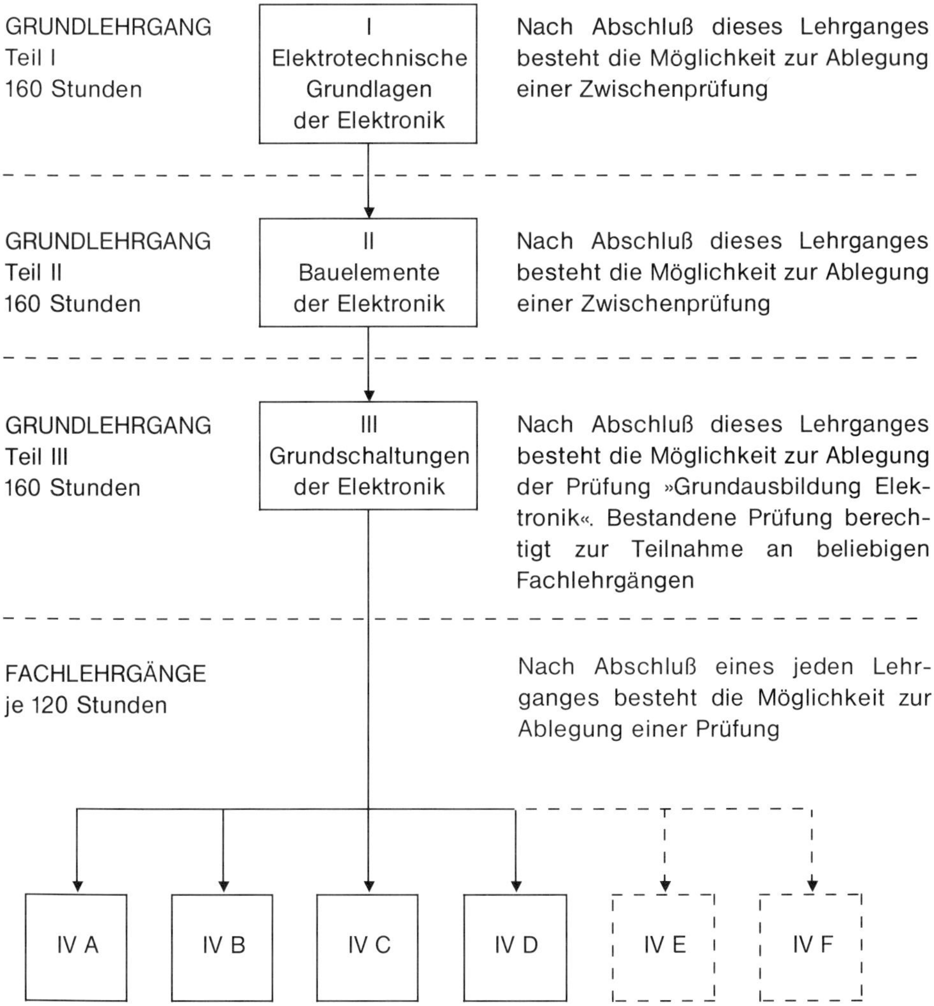

IV A Leistungselektronik
IV B Meß- und Regelungstechnik
IV C Mikrocomputer
IV D Digitale Steuerungstechnik

(Die Reihe der Fachlehrgänge wird noch erweitert und auf andere Gebiete ausgedehnt. Die Lehrgänge laufen parallel.)

Notizen

Notizen

Notizen

Notizen

Notizen